MuPAD Reports

Holger Naundorf
Ein denotationales Modell
für parallele objektbasierte
Systeme

MuPAD Reports

Herausgegeben von
Prof. Dr. rer. nat. Benno Fuchssteiner, Universität-GH Paderborn
Institut für Automatisierung und Instrumentelle Mathematik
(Automath)

MuPAD ist ein universelles (*general purpose*) paralleles Computeralgebra-System, das an der Universität-GH Paderborn entwickelt wird. Aktuelle Programmversionen stehen auf dem FTP-Server der Universität-GH Paderborn[1] zur Zeit für Windows 95, Apple Macintosh System 7.x sowie die gängigen UNIX-Systeme zur Verfügung.

MuPAD Reports informiert über die grundlegenden Strukturen und Wirkungsweisen von Computeralgebra-Systemen am Beispiel von MuPAD. Die Reihe gibt Einblick in die technischen und theoretischen Grundlagen des Entwurfs von Systemen zur symbolischen Verarbeitung mathematisch-technischer Sachverhalte.

Aktuelle Informationen zu MuPAD und der projektbegleitenden Forschung sind im World-Wide-Web[2] zu finden. Eine detaillierte Beschreibung des Systems und seiner Programmiersprache (incl. CD) wird im *User's Manual* [MuPAD][3] gegeben.

---

[1] Ftp-server: `math-ftp.uni-paderborn.de/MuPAD/`
[2] Web-Page: `http://math-www.uni-paderborn.de/MuPAD/`
[3] Web-Page Teubner: `http://www.teubner.de`
Wiley: `http://www.wiley.co.uk` bzw. `http://www.wiley.com`

Ein denotationales Modell für parallele objektbasierte Systeme

Von Holger Naundorf
Universität-Gesamthochschule Paderborn

Springer Fachmedien Wiesbaden GmbH

Holger Naundorf

Geb. 1968; 1987 bis 1992 Studium der Mathematik und der Informatik an der Uni-GH Paderborn; seit 1992 wiss. Mitarbeiter der MuPAD Projektgruppe im Fachbereich Mathe-Inf. der Uni-GH Paderborn. Dort ist er im Bereich des Entwurfs und der Implementierung von CA-Systemen tätig. Seine Arbeitsschwerpunkte liegen in der Garbage Collection, der Integration von Objektorientierung in Computeralgebra und der Parallelität. 1996 promovierte er mit dieser Arbeit über ein Modell für objektbasierte Systeme.

Diese Arbeit ist als Dissertation an der Universität-Gesamthochschule Paderborn im Fachbereich Mathematik/Informatik entstanden.

Dissertation eingereicht am: 07. 12. 1995
Tag der mündlichen Prüfung: 23. 05. 1996
Dekan: Prof. Dr. P. Bender
Erster Referent: Prof. Dr. B. Fuchssteiner
Zweiter Referent: Prof. Dr. M. Broy
Dritter Referent: Prof. Dr. E.-E. Doberkat
Vierter Referent: Prof. Dr. G. Agha

Die Deutsche Bibliothek – CIP-Einheitsaufnahme

Naundorf, Holger:
Ein denotationales Modell für parallele objektbasierte Systeme
/ von Holger Naundorf. – Stuttgart : Teubner, 1997
  (MuPAD-Reports)
  Zugl.: Paderborn, Gesamthochsch., Diss., 1996
  ISBN 978-3-519-02197-1   ISBN 978-3-322-94700-0 (eBook)
  DOI 10.1007/978-3-322-94700-0

Vorwort des Herausgebers

Mathematics is the basis of technological progress and technological progress is a key for international competitiveness. Automating an important part of the mathematical problem solving process is a key technology for a nation that wishes to control structure and accelerate technological progress. The automation of the solution of mathematical problems is a powerful lever with which human productivity and expertise can be amplified many times.
– Aus A. C. Hearn, Ann Boyle and B.F. Caviness (eds): Future Directions for Research in Symbolic Computation, Siam Reports on Issues in the Mathematical Sciences, Philadelphia, 1990

Computeralgebra-Systeme (CA-Systeme) stellen dem Ingenieur und Naturwissenschaftler fast alle notwendigen Formeln und Algorithmen seiner täglichen Praxis zur Verfügung. Sie setzen Formeln fehlerfrei ineinander ein, bestimmen Ableitungen, lösen Gleichungen, zeichnen Graphiken, verdeutlichen Geometrie und berechnen die benötigten Resultate mit beliebiger Präzision. Außerdem erlauben sie eine mühelose funktionale Programmierung anspruchsvoller Sachverhalte. Computeralgebra wird deshalb den Umgang kommender Generationen mit Mathematik wesentlich prägen und deren Verständnis von Wissenschaft und Technik entscheidend beeinflussen.

Trotzdem nutzen zu viele Anwender ein CA-System als Black Box, ohne sich über die Interna der Systeme und die damit verbundenen Schwächen und Stärken Gedanken zu machen. Neben dem Verständnis der den Funktionsbibliotheken zugrunde liegenden Algorithmen ist aber eine elementare Kenntnis der grundlegenden Strukturen und Wirkungsweisen eines CA-Kerns die Voraussetzung zum effizienten Einsatz solcher Systeme. Leider werden solche technischen Details von vielen Entwicklern und Herstellern nicht offengelegt. Trotz der heute großen Zahl von Anwendern von CA-Systemen besteht deshalb ein Mangel an Kenntnissen über die technischen Grundlagen von Computeralgebra. Diesem Mangel abzuhelfen dient diese Reihe MuPAD-Reports.

MuPAD steht als Abkürzung für Multi Processing Algebra Data Tool. Um Aufgaben und Probleme neuer Dimension lösen zu können, bietet MuPAD neben der Möglichkeit des sequentiellen Arbeitens Versionen, die auf parallelen Rechnerarchitekturen aufbauen; die Zielarchitektur ist ein Netzwerk von Shared Memory Maschinen. MuPAD ist modular aufgebaut und leicht portierbar. Das System erlaubt dem Nutzer die Schaffung eigener Datentypen und ermöglicht objektorientiertes Programmieren. Es ist eines der ersten europäischen universellen CA-Systeme. Die Entwicklung von MuPAD versteht sich als eine Dienstleistung für den Forschungsbereich.

Paderborn im Oktober 1996   Benno Fuchssteiner

Vorwort

Seit der Einführung der ersten objektbasierten Sprache Simula [18, 98] hat sich immer mehr herauskristallisiert, daß solche Sprachen sehr gut zur Beschreibung fast aller Arten von Problemen geeignet sind und die Entwicklung sehr großer Programmpakete gut unterstützen. Für die heute noch vorherrschenden sequentiellen objektbasierten Sprachen steht ein adäquates und sehr gut verstandenes Modell in Form von abstrakten Datentypen (ADT) zur Verfügung [43, 123, 80, 23, 180]. Für die im Zeitalter der parallelen und verteilten Rechner immer wichtiger werdenden parallelen objektbasierten Sprachen existiert ein entsprechendes Modell dagegen nicht.

Ein Großteil der heutigen Software wird zum Steuern, Regeln und Erfassen von Daten benutzt und muß deshalb mit den Prozessen der realen Welt Kontakt aufnehmen — diese Kombination von Software und realer Welt wird hybrides System genannt. Dabei auftretende Probleme sind sowohl die Kombination von diskreten und kontinuierlichen Phänomenen als auch die Forderung an die Software, Zeitschranken einzuhalten — realzeitfähig zu sein. Auch für dieses Problem existiert noch kein befriedigendes Modell.

Im ersten Teil der vorliegenden Arbeit wird ein denotationales Modell für parallele objektbasierte Systeme[1] — *gMobS* genannt (*g*eneral *M*odel for *o*bject *b*ased *S*ystems) — vorgestellt, mit dem auch hybride Systeme und Realzeit modelliert werden können. Es handelt sich dabei um eine Verallgemeinerung der bereits seit langem eingesetzten Prozeßnetze (dataflow networks [181, 182, 183, 90, 25, 51, 26, 89, 149, 161]) auf Netzwerke mit unendlich vielen Komponenten mit diskreter und kontinuierlicher Zeit und kontinuierlicher Kommunikation.

Im zweiten Teil der Arbeit wird *gMobS* benutzt, um die Grundlagen der Semantik von MuPAD zu beschreiben. Die Art der Definition der Semantik ist sehr nah an die wirkliche Implementation von MuPAD angelehnt und ermöglicht deshalb ein tieferes Verständnis dieser Implementation. Zudem ist eine formale Semantik Voraussetzung, um die Korrektheit von MuPAD-Programmen und dem MuPAD-Kern selbst beweisen zu können.

In den Anhängen werden die Parallelität und die sehr mächtigen objektorientierten Eigenschaften von MuPAD informell beschrieben und mit anderen Systemen verglichen.

Paderborn im Oktober 1996 Holger Naundorf

---

[1] Ein Spezialfall der parallelen objektbasierten Systeme sind die sequentiellen objektbasierten Systeme.

Inhaltsverzeichnis

II Eine denotationale Semantik für MuPAD 109

Abbildungsverzeichnis

Tabellenverzeichnis

Kapitel 1

Einleitung

In der Kybernetik und der System- und Kontrolltheorie wird versucht, jede Situation/jedes Problem als eine Menge/ein System von Objekten aufzufassen. Die Objekte dieses Systems kommunizieren lediglich mit Hilfe von Nachrichten. Ein solches System von (kommunizierenden) Objekten wird in dieser Arbeit objektbasiertes System (object-based system) genannt. Die Implementation oder der Zustand eines Objekts kann nicht abgefragt werden – jedes Objekt kapselt (encapsulation) seine Implementation und seinen Zustand ein (ein Objekt muß nicht einmal einen Zustand haben).

Ein Unternehmen z.B. besteht aus einer Anzahl von Menschen – Objekten –, die unabhängig voneinander arbeiten. Diese Menschen tauschen untereinander Informationen durch Nachrichten aus. Das gesamte Unternehmen funktioniert, da sich jedes Objekt entsprechend seinen Bestimmungen gegenüber anderen Objekten (und der Außenwelt wie z.B. einem Kunden) verhält. Wie dieses Verhalten implementiert ist, wie z.B. ein Mensch seinen Schreibtisch ordnet, ist dabei unerheblich (solange er seine Bestimmungen einhält). Ein Unternehmen kann also als ein objektbasiertes System aufgefaßt werden.

Eine interessante Eigenschaft von objektbasierten Systemen ist, daß sie inhärent parallel sind, da die Objekte unabhängig voneinander arbeiten. Da die Objekte außerdem lediglich durch Nachrichten miteinander kommunizieren, lassen sich viele objektbasierte Systeme sehr gut auf Parallelrechnern, die auf dem Message-Passing Paradigma basieren, simulieren.

In der Kybernetik [172] wird festgestellt, daß sich große Teile der Umwelt eines Menschen (und auch der Mensch selbst) gut mit Hilfe von objektbasierten Systemen modellieren lassen. Aber auch in der Informatik treten objektbasierte Systeme an vielen Stellen auf:

Schaltkreise und Schaltwerke bestehen aus Objekten (den Gattern), die durch Nachrichten (elektrische Spannungen) miteinander kommunizieren. Zu beachten ist, daß Schaltkreise nur funktionieren können, wenn sich die Objekte an enge Zeitbestimmungen halten. Außerdem kommunizieren die Objekte kontinuierlich miteinander.

Neuronale Netze bestehen aus Objekten (den Neuronen), die durch Nachrichten (meistens rationalen Zahlen) miteinander kommunizieren. Auch neuronale Netze funktionieren nur, wenn sich die Objekte an enge Zeitbestimmungen halten, die Kommunikation ist in der Regel aber nicht kontinuierlich.

(Funktionale) Programme bestehen aus Objekten (einzelnen Funktionen), die die Argumente der Funktionen untereinander austauschen. Auf diese Weise werden (funktionale) Programme z.B. bei Prozeßnetzen (dataflow networks [181, 182, 183, 90, 25, 51, 26, 89, 149, 161]) und Single Assignment-Sprachen [73] betrachtet.

Daten wie Zahlen, Listen, Arrays, Bäume, Records etc. können als Objekte und objektbasierte Systeme aufgefaßt werden. Zur Beschreibung solcher objektbasierten Systeme wurden objektbasierte und -orientierte Sprachen entwickelt, deren erster Vertreter Simula [18, 98] war. Die bekanntesten objektorientierten Sprachen sind heute wahrscheinlich Smalltalk-80 [65], C++ [165], Eiffel [124] und CLOS [94]. All diese Sprachen sind sequentiell, d.h. in den durch diese Sprachen beschriebenen objektbasierten Systemen ist im wesentlichen immer nur ein Objekt aktiv, während die anderen Objekte warten (obwohl eine gewisse Parallelität mit Hilfe von Prozessen bzw. Threads eingeführt wurde). Da auf diese Weise das Potential objektbasierter Systeme nicht ausgereizt wird und Parallelität immer mehr an Bedeutung gewinnt, wurden parallele objektbasierte Sprachen wie ABCL [184, 83], POOL [12, 157], Act 1 [104], BETA [109, 22] und einige auf Eiffel (Distributed Eiffel [72], CEiffel [105], Eiffel// [34]), C++ (CC++ [97, 158], PANDA [15], Amber [41], Cool/C++ [74], DC++ [44]) und Smalltalk (Concurrent Smalltalk-90 [140], Distributed Smalltalk [16]) aufbauende Sprachen entwickelt.

Eines der wesentlichen Ergebnisse der Kybernetik und der Kontroll- und Systemtheorie war die Entwicklung formaler Modelle (denotationaler Domains, Universen) für die auftretenden objektbasierten Systeme. Ein Großteil dieser Modelle geht davon aus, daß die Nachrichten Elemente von metrischen Räumen sind und die Kommunikation der Objekte durch Differentialgleichungen beschreibbar ist ([101, 178] für System- und Kontrolltheorie und [14, 92, 110, 139] für die Kybernetik). Diese Voraussetzung ist für die in der Informatik auftretenden objektbasierten Systeme in der Regel nicht erfüllt.

In einem Teil der Literatur wird Systemtheorie aber auch sehr abstrakt entwickelt und schließt dabei allgemeine Objekte mit ein. Besonders interessant ist in diesem Zusammenhang der Begriff der *Time Systems*, die ein Spezialfall von Input/Output oder Terminal Systems sind [91, 117, 118, 42, 119, 159]. Die mit Hilfe von time systems beschriebenen Objekte werden z.B. durch two-level systems [117] zu Systemen von kommunizierenden Objekten zusammengefaßt. Dieser Formalismus wird in [78] zur formalen Beschreibung von verteilten Systemen benutzt.

Allerdings ist die Anzahl der Objekte in two-level systems fest und endlich, so daß insbesondere die durch objektbasierte Sprachen beschreibbaren objektbasierten Systeme nicht modelliert werden können. Außerdem wird nach Meinung des Autors nicht genug Wert auf die Trennung von Objekten und die Kommunikation zwischen den Objekten gelegt.

Auch in der Informatik werden die auftretenden objektbasierten Systeme formal modelliert. Es scheint kaum versucht worden zu sein, die in der Kontroll- und Systemtheorie entwickelten Formalismen zu übernehmen oder anzupassen. Keines der in der Informatik entwickelten Modelle hat die gleiche Universalität wie die two-level systems in der System- und Kontrolltheorie.

Die Semantik von objektbasierten Systemen, die durch sequentielle objektbasierte Sprachen beschrieben werden können, ist mit Hilfe von abstrakten Datentypen (ADT) [43,

123, 80, 23, 180] modellierbar. In einem parallelen objektbasierten System können Objekte mehrere Nachrichten gleichzeitig von anderen Objekten erhalten, da mehrere andere Objekte aktiv sein können. Durch ADTs ist das Verhalten von Objekten in solchen Fällen nicht allgemein spezifizierbar. Weiterhin besitzen Objekte, die durch ADTs beschrieben werden, eine Art Remote Procedure Call (RPC) Funktionalität. Dies bedeutet, daß ein Objekt aktiv wird, sobald es eine Nachricht erhält, und wieder inaktiv wird, wenn es die Antwort auf diese Nachricht zurückgesandt hat. In vielen parallelen objektbasierten Sprachen können (1) Objekte ständig, unabhängig von den einkommenden Nachrichten, aktiv sein (2) Objekte Methoden besitzen, die keine Antwortnachricht versenden (3) Objekte Methoden besitzen, die nach dem Senden der Antwort weiter aktiv sind. All diese Verhaltensweisen sind durch ADTs schlecht modellierbar. Aus diesen Gründen sind abstrakte Datentypen für die Modellierung von Objekten in parallelen objektbasierten Systemen nicht geeignet ([156] Kapitel 3.3). Während es für objektbasierte Systeme, die durch sequentielle objektbasierte Sprachen beschreibbar sind, im wesentlichen nur eine Art der Kommunikation gibt, können Objekte in allgemeinen objektbasierten Systemen auf eine Vielzahl von unterschiedlichen Weisen miteinander kommunizieren. Diese verschiedenen Möglichkeiten der Kommunikation müssen in einem denotationalen Domain berücksichtigt werden.

Die denotationale Semantik von Prozeßnetzen ist sehr gut erforscht [181, 182, 183, 90, 25, 51, 26, 89, 149, 161], die dort betrachteten Systeme bestehen allerdings aus einer festen endlichen Anzahl von Objekten, die eine statische Kommunikationsstruktur besitzen.

Ein sehr bekanntes Modell für Parallelität sind Petri-Netze [162], mit denen auch kontinuierliche Prozesse beschrieben werden können [46]. Auch objektbasierte Systeme werden mit Hilfe von Petri-Netzen modelliert [49]. Nach Ansicht des Autors betont die Modellierung objektbasierter Systeme durch Petri-Netze nicht genügend die entscheidende Eigenschaft, daß der Zustand und die Implementation von Objekten verborgen werden.

Ein wichtiger Schritt für das Verständnis und die Modellierung von Parallelität war die Entwicklung von Prozeß-Calculi wie CCS (Calculus of Communicating Sequences) [130] und CSP (Communicating Sequential Processes) [77]. Diese Domains sind allerdings für die Modellierung objektbasierter Systeme nicht mächtig genug, da sie nur statische Kommunikationsstrukturen erlauben. Deshalb wurde aus CCS der π-Calculus [138, 125, 129, 128, 127, 145] entwickelt, mit dem auch dynamische Kommunikationsstrukturen modelliert werden können. Im Modell der Prozeß-Calculi kommunizieren Objekte genau dann miteinander, wenn sie die korrespondierende Kommunikation (handshaking) durchführen wollen. Auf diese Weise wird die Einführung einer Übertragungseinheit, die die Nachrichten zwischen den Objekten vermittelt, vermieden. Es setzt aber voraus, daß ein kommunikationswilliges Objekt von allen anderen Objekten weiß, welche Kommunikationen diese durchführen wollen. Dies widerspricht dem Prinzip der Einkapselung des Zustands von Objekten. Da die Einkapselung die entscheidende Eigenschaft von objektbasierten Systemen ist, hält der Autor Prozeß-Calculi zur Modellierung objektbasierter Systeme nicht für geeignet (obwohl objektbasierte Systeme in der Literatur mit Hilfe von Prozeß-Calculi modelliert werden). Dies gilt auch für auf dem π-Calculus aufbauende Modelle, in denen asynchrone Kommunikation modelliert wird [79].

Ein völlig anderer Weg wird vom Actor-Modell [76, 8, 5, 6, 86, 171, 7, 32] und der layered Semantik von POOL [10, 13, 12, 157] eingeschlagen. Die Modellierung geschieht sehr intuitiv. Ein objektbasiertes System besteht aus einer Anzahl von Objekten, die mit

Hilfe einer Übertragungseinheit kommunizieren. Durch die Kommunikation der Objekte untereinander wird die Einkapselung nicht verletzt. Um modellieren zu können, daß sich die Anzahl der aktiven Objekte während einer Rechnung vergrößert, hat jedes Objekt auch die Möglichkeit, neue Objekte zu erzeugen. Da dies nicht als Verschicken von Nachrichten angesehen werden kann, wird dadurch die Einkapselung von Objekten verletzt. Außerdem entsteht eine auffällige Asymmetrie zwischen Objekten, die nicht mehr an einer Rechnung beteiligt sind, – sie existieren einfach weiter, ohne Einfluß zu nehmen – und Objekten, die neu an einer Rechnung beteiligt werden.

Das Actor-Modell und die layered Semantik von POOL können nur eine sehr eingeschränkte Klasse von objektbasierten Systemen modellieren, da sowohl die Objekte als auch die Übertragungseinheit nur eine eingeschränkte Menge von Verhaltensmöglichkeiten haben. Ein objektbasiertes System selbst kann z.B. nicht wieder als Objekt aufgefaßt werden – mehrstufige oder gar rekursive Definitionen von objektbasierten Systemen sind nicht möglich.

Um diesem Problem zu begegnen, wird in [6, 7] der Begriff des offenen Systems eingeführt. Bei einem offenen System handelt es sich im Prinzip um ein objektbasiertes System. Die Entwicklung eines Formalismus für ein offenes System bedeutet aber, praktisch den gleichen Formalismus noch einmal einzuführen.

In dieser Arbeit wird ein neues denotationales Domain für objektbasierte Systeme – in dieser Arbeit *gMobS* (*g*eneral *M*odel for *o*bject-*b*ased *S*ystems) genannt – eingeführt, um das Verhalten von objektbasierten Systemen modellieren zu können. Dieses Domain ist insofern allgemein, daß intuitiv (wenigstens nach Intuition des Autors) alle Systeme modelliert werden können, in denen die Objekte nur durch Nachrichten miteinander kommunizieren (formal läßt sich dies nicht zeigen, da obige Forderung nicht formal ist). Damit kann *gMobS* als Modell in der Informatik, der Kybernetik und der System- und Kontrolltheorie verwendet werden.

gMobS basiert auf den beiden im folgenden näher erläuterten Konzepten:

1. einer universellen und abstrakten Beschreibung von Objekten. Unter Objekten werden dabei Einheiten verstanden, die ausschließlich durch Nachrichten mit ihrer Umgebung kommunizieren.

2. einer universellen Beschreibung von Mengen von Objekten, die nur die Möglichkeit haben, durch Nachrichten miteinander zu kommunizieren (allerdings kann eigentlich jede Kommunikation als Kommunikation durch Nachrichten angesehen werden).

Damit die Beschreibung von Objekten universell ist, muß jedes denkbare Verhalten beschrieben werden können. Eine bekannte Methode sind Traces [77, 149, 181] – Sequenzen von Eingaben werden Sequenzen von Ausgaben zugeordnet. Das Konzept der Traces (und damit dessen Mächtigkeit) kann dadurch variiert werden, daß endliche [77], unendliche [149] oder mit Zeitmarken [181] versehene Ein- und Ausgabesequenzen betrachtet werden.

Alle Trace-Konzepte haben gemeinsam, daß sie keinen kontinuierlichen Fluß oder unendlich viele Nachrichten in endlicher Zeit modellieren können. Eine natürliche Erweiterung des Konzepts der Traces auf den kontinuierlichen mit Zeit versehenen Fall sind die aus der System- und Kontrolltheorie aber auch der Kybernetik bekannten time systems [119]. In dieser Arbeit wird ein leicht abgewandeltes Konzept – unter dem Namen Ein-/ Ausgabebeschreibung – benutzt.

Die Beschreibung von Objekten mit Hilfe von Ein-/Ausgabebeschreibungen ist abstrakt, da nur das Verhalten und keine inneren Zustände oder ähnliche Informationen berücksichtigt werden. Zwei Objekte sind von einer Umgebung genau dann zu unterscheiden, wenn sie durch verschiedene Ein-/Ausgabebeschreibungen repräsentiert werden. Der Verzicht auf Zustände bei der Beschreibung von Objekten in *gMobS* impliziert nicht, daß die mit objektbasierten Sprachen definierbaren Objekte, die meist mit Hilfe von Zuständen beschrieben werden, nicht modelliert werden können. Vielmehr ist dieses Modell eine Verallgemeinerung, die solche und auch andere Objekte beschreiben kann und insgesamt abstrakter ist.

Damit ein Modell für objektbasierte Systeme universell ist, muß jede Art von Kommunikation zwischen den Objekten modellierbar sein.

Um mit *gMobS* alle Arten von Kommunikation zwischen den Objekten beschreiben zu können, wird die Übertragungseinheit selbst auch durch eine Ein-/Ausgabebeschreibung beschrieben. Alle Ausgaben der Objekte bilden zusammen als Kreuzprodukt die Eingabe für die Übertragungseinheit. Die Ausgabe der Übertragungseinheit ist auch ein Kreuzprodukt, welches als Komponenten die Eingabe für die einzelnen Objekte enthält. Ähnlich der layered Semantik von POOL werden Kommunikationen mit der Außenwelt mit Hilfe eines speziellen Objekts modelliert.

Da Objekte nur durch Nachrichten kommunizieren können, haben sie nicht die Möglichkeit, neue Objekte zu erzeugen. Um trotzdem modellieren zu können, daß unbegrenzt viele neue Objekte in eine Rechnung mit einbezogen werden, können mit *gMobS* Systeme mit unendlich vielen Objekten modelliert werden. Zu jedem Zeitpunkt sind jeweils nur endlich viele Objekte an einer Rechnung beteiligt. Wird ein neues Objekt benötigt, so wird ein bisher noch unbeteiligtes Objekt hinzugezogen – dies entspricht einer bei Petri-Netzen üblichen Technik [49, 17]. Auf diese Weise wird auch eine Symmetrie zwischen den nicht mehr und den noch nicht an einer Rechnung beteiligten Objekten erreicht.

Eine Rechnung zu einer Eingabe von außen ist ein Tupel von gültigen Ein-/Ausgabepaaren der Objekte und der Übertragungseinheit. Die Ausgaben der Objekte und die Eingabe von außen bilden zusammen die Eingabe für die Übertragungseinheit. Die Eingaben für die Objekte und die Ausgabe nach außen bilden zusammen die Ausgabe der Übertragungseinheit. Wenn es zu jeder Eingabe von außen eine Rechnung gibt, so definiert diese Rechnung eine Ausgabe nach außen, und ein objektbasiertes System kann auf kanonische Weise selbst als eine Ein-/Ausgabebeschreibung – also als Objekt – aufgefaßt werden.

Neu an dem denotationalen Modell *gMobS* ist, daß unendliche Netzwerke mit beliebiger Kommunikationsstruktur[1] benutzt werden und daß diskrete, kontinuierliche und hybride Systeme (eine Kombination von diskreten und kontinuierlichen Systemen) auf natürliche Weise beschrieben werden können.

Die Arbeit ist wie folgt gegliedert: In Teil I wird das Modell *gMobS* für objektbasierte Systeme entwickelt. Dafür wird zunächst das Modell der Ein-/Ausgabebeschreibungen für Objekte definiert und untersucht. Insbesondere werden sinnvolle Teilklassen der Ein-/Ausgabebeschreibungen herausgearbeitet, deren Eigenschaften untersucht und mit Ergebnissen aus der Literatur verglichen. Auf dem Begriff der Ein-/Ausgabebeschreibung

---

[1]Das zeitgleich und unabhängig entwickelte SYSLAB-Systemmodell [148, 99] ähnelt *gMobS*, ist allerdings weniger allgemein – es ist u.a. auf diskrete Zeit begrenzt.

aufbauend wird das Modell *gMobS* für objektbasierte Systeme entwickelt. Jedes objektbasierte System definiert selbst eine Ein-/Ausgabebeschreibung, kann also als Objekt aufgefaßt werden. Es wird untersucht, unter welchen Bedingungen ein objektbasiertes System selbst wieder eine sinnvolle Ein-/Ausgabebeschreibung definiert. Danach wird untersucht, wie *gMobS* eingesetzt werden kann, um eine denotationale Semantik einer objektorientierten Programmiersprache zu definieren.

In Teil II wird gezeigt, wie mit Hilfe von *gMobS* eine denotationale Semantik von MuPAD angegeben werden kann. Es handelt sich dabei nicht um eine vollständige Semantik von MuPAD — es wird nur die der prinzipielle Aufbau und das funktionale Zusammenspiel der Datenstrukturen beschrieben, während auf die konkreten MuPAD-Funktionen nicht eingegangen wird. Das Verständnis der beschriebenen Semantik ermöglicht allerdings einen tiefen Einblick in den prinzipiellen Aufbau und die Programmierung des Kerns (das Verschicken von Nachrichten entspricht dem Aufruf von Funktionen). Außerdem ist die vorliegende Semantik relativ einfach, wenn auch wegen der Größe des Projekts mit großem Arbeitsaufwand, zu einer vollständigen denotationalen Semantik von MuPAD zu erweitern.

Da MuPAD ein sehr komplexes und strukturell nicht objektbasiertes sondern funktionales System ist, in dem allerdings auch Seiteneffekte auftreten, wird auf diese Weise die Mächtigkeit und die gute Handhabbarkeit von *gMobS* demonstriert. Außerdem wird dadurch gezeigt, wie auch funktionale Systeme als objektbasierte Systeme aufgefaßt werden können.

In den Anhängen werden zunächst die in dieser Arbeit benutzten Definitionen und Sätze (teilweise mit Beweisen) aufgeführt[2]. Danach wird eine Einführung in die vom Autor entwickelten und implementierten Konzepte der Parallelität und der Objektorientiertheit innerhalb von MuPAD gegeben.

Ich möchte mich an dieser Stelle recht herzlich bei allen Mitgliedern der Arbeitsgruppe MuPAD bedanken, die mir sowohl durch das hervorragende Arbeitsklima als auch durch Ermutigung und anregende Diskussionen eine große Hilfe bei der Anfertigung dieser Arbeit waren. Die Arbeitsgruppe besteht neben ihrem Leiter, meinem Betreuer, Prof. Dr. B. Fuchssteiner derzeit aus Klaus Drescher, Andreas Kemper, Oliver Kluge, Karsten Morisse, Dr. Gudrun Oevel, Thorsten Schulze, Gerald Siek, Andreas Sorgatz, Dr. Paul Zimmermann und meiner Person.

Außerdem möchte ich mich herzlich bei allen Personen bedanken, die mich beim Korrekturlesen meiner Arbeit unterstützt haben. Meiner Frau Helga möchte ich zusätzlich für ihre große Geduld und weitere Unterstützung danken, die sie im Verlauf der Fertigstellung dieser Arbeit aufgebracht hat.

---

[2]Anhang A ist damit eine Erweiterung des Kapitels 3

Teil I

Ein allgemeines Modell für objektbasierte Systeme

Ein wichtiger Schritt zum Verständnis von objektbasierten Systemen ist die Entwicklung eines Domains, das für die Modellierung aller objektbasierten Systeme benutzt werden kann.

In diesem Teil der Arbeit wird zunächst ein allgemeines Modell für Objekte eingeführt und untersucht, das auf der abstrakten Systemtheorie [119] basiert. Es handelt sich um eine Verallgemeinerung des Konzepts der Traces [77, 182, 89]. Dieses Modell für Objekte ist in der Hinsicht allgemein, daß jedes Verhalten eines Objekts in Abhängigkeit von der Zeit und den erhaltenen Nachrichten beschrieben werden kann. Insbesondere können auch alle Objekte modelliert werden, die mit Hilfe von Zuständen beschrieben werden können. Dieses Modell ist außerdem in der Hinsicht abstrakt, daß zwei Objekte sich genau dann unterscheiden, wenn sie verschiedene Verhaltensweisen zeigen und damit von ihrer Umgebung als verschieden identifiziert werden können.

Anschließend wird ein Modell eingeführt, das intuitiv jedes System modellieren kann, welches aus Objekten besteht, die lediglich durch Nachrichten miteinander kommunizieren. Jedes solche System kann auf kanonische Weise selbst wieder als ein Objekt aufgefaßt werden. Im weiteren Verlauf wird untersucht, unter welchen Bedingungen ein solches System ein Objekt mit "schönen" Eigenschaften repräsentiert.

Diese beiden Modelle werden in dieser Arbeit zusammen $gMobS$ genannt.

Teil I dieser Arbeit hat im einzelnen folgenden Aufbau:

Im ersten Abschnitt werden allgemeine Anforderungen an ein allgemeines Modell für objektbasierte Systeme aufgeführt. Im zweiten Abschnitt werden grundlegende Definitionen für dieses Kapitel getroffen. Im dritten Abschnitt wird ein allgemeines abstraktes Modell für Objekte – die Ein-/Ausgabebeschreibungen – eingeführt. Im vierten Abschnitt werden Möglichkeiten aufgezeigt, wie Objekte in diesem Modell beschrieben werden können. Im fünften Abschnitt wird $gMobS$, ein allgemeines Modell für objektbasierte Systeme, formal definiert und untersucht. Im sechsten Abschnitt werden Möglichkeiten zur Definition von Objekten beschrieben, die auf $gMobS$ zurückgreifen. Im siebten Abschnitt wird gezeigt, wie objektbasierte Systeme komponiert, d.h. zusammengesetzt werden können. Dabei wird auch auf rekursive Strukturen eingegangen. Der achte Abschnitt untersucht, wie objektbasierte Systeme in kleinere Systeme (unter Ausnutzung der Komponierbarkeit) zerlegt werden können, um ein besseres Verständnis des Gesamtsystems zu erhalten. Im neunten Abschnitt wird kurz darauf eingegangen, wie $gMobS$ als Modell für die denotationale Semantik von objektbasierten Sprachen benutzt werden kann. Im zehnten Abschnitt schließlich werden die Ergebnisse dieses Teils in die Literatur eingeordnet.

Kapitel 2

Allgemeines Design

In dieser Arbeit wird ein allgemeines Modell für objektbasierte Systeme – *gMobS* genannt – entwickelt. Um den Begriff "allgemein" rechtfertigen zu können, muß zunächst definiert werden, was zu modellieren ist.

Nach Meinung des Autors ist die entscheidende und einzige inhärente Eigenschaft von objektbasierten Systemen, daß sie aus Objekten bestehen, die ihren Zustand und ihre Implementation einkapseln (encapsulation), wobei der Begriff der Einkapselung noch weiter als üblich gefaßt werden sollte. Einkapselung bedeutet, daß ein Objekt nur Informationen mit Hilfe von Nachrichten bekommt und daß es Veränderungen nur mit Hilfe von Nachrichten anfordern kann. Insbesondere bedeutet dies, daß ein Objekt nicht selbst neue Objekte erzeugen kann. Die Einkapselung geht sogar so weit, daß überhaupt nicht bekannt ist, ob ein Objekt mit Hilfe von Zuständen implementiert ist, denn dies schränkt die Implementation des Verhaltens eines Objekts bereits wieder ein. Kommunikation mit Hilfe von Nachrichten ist dabei nur ein Modell und hat nichts mit einer wirklichen Implementation zu tun. Ein Modell für objektbasierte Systeme sollte nach Ansicht des Autors deshalb folgende Forderung erfüllen:

> Es sollten genau die Systeme modelliert werden können, die aus Einheiten bestehen, die Informationen nur mit Hilfe von Nachrichten erhalten und Informationen auch nur mit Hilfe von Nachrichten weitergeben.

Intuitiv (wenigstens nach der Intuition des Autors) kann das in dieser Arbeit vorgestellte Modell *gMobS* genau diese Systeme modellieren, da mit *gMobS* jedes Verhalten der Objekte und auch jede Kommunikation der (möglicherweise unendlich vielen) Objekte untereinander und mit der Außenwelt modelliert werden kann. Das hier vorgestellte Modell ist also in dieser Hinsicht allgemein. Formal ist diese Allgemeinheit nicht zu beweisen, da die obige Charakterisierung der zu modellierenden Systeme nicht formal ist.

Im folgenden werden Eigenschaften identifiziert, die ein allgemeines Modell besitzen sollte.

2.1 Objekte

2.1.1 Beschreibung von Objekten

Da *gMobS* ein allgemeines Modell für objektbasierte Systeme sein soll, muß *gMobS* auch ein allgemeines Modell für Objekte enthalten. Weiterhin sollte das Modell für Objekte von einer konkreten Implementation abstrahieren. Prozeß-Calculi und Petri-Netze liefern diese Abstraktheit nicht – es müssen Äuqivalenzklassen von Prozessen bzw. Netzen betrachtet werden. Außerdem ist es nicht offensichtlich, daß mit Hilfe von Prozeß-Calculi jedes denkbare Verhalten von Objekten modelliert werden kann.

Ein mächtiges Konzept zur Beschreibung von Objekten sind unendliche [149] oder mit Zeitmarken versehene [181] Traces. Allerdings sind kontinuierliche Prozesse nicht modellierbar.

Eine Erweiterung des Trace-Konzepts auf den kontinuierlichen Fall sind die in der abstrakten System- und Kontrolltheorie eingeführten time systems [119]. Mit Hilfe dieses Formalismus ist jedes Verhalten, das ein Objekt nach außen zeigen kann, beschreibbar.

Ein Vorteil von time systems gegenüber Prozeß-Calculi und Petri-Netzen besteht darin, daß die Implementation eines Objekts in keiner Weise dessen Beschreibung miteingeht. Auf diese Weise wird die entscheidende Eigenschaft von Objekten, ihre Implementation und ihren Zustand einzukapseln, respektiert. Prozeß-Calculi und Petri-Netze geben eine konkrete Implementation eines Objekts an und eine Abstraktheit des Objektbegriffs muß mit Hilfe von Äquivalenzrelationen erreicht werden.

2.1.2 Anzahl der Objekte eines Systems

In allen objektbasierten Sprachen haben Objekte (bzw. die von den Objekten ausgeführten Methoden) die Möglichkeit, neue Objekte zu erzeugen. Dies wird auch benötigt, um die Mächtigkeit von objektbasierten Sprachen zu erhalten (sonst würde es sich nur um eine Art Prozeß-Netzwerke handeln).

Dieses Erzeugen von neuen Objekten gibt es auch in den bisherigen Modellen für objektbasierte Systeme wie dem Actor-Modell oder der layered Semantik von POOL. Es scheint dem Autor aber kaum möglich, dieses Erzeugen von neuen Objekten als reines Verschicken von Nachrichten aufzufassen. Vielmehr verändert ein Objekt seine Umgebung dadurch direkt. Dies widerspricht dem Prinzip der Einkapselung. Dem Autor scheint deshalb ein Modell, in dem eine unendliche Anzahl von Objekten existieren kann, die zum geeigneten Zeitpunkt in eine Rechnung mit einbezogen werden können, für sinnvoller. Diese Technik entspricht einer bei Petri-Netzen üblichen Technik [49, 17].

Wenn keine Objekte erzeugt werden, besteht eine interessante Symmetrie zwischen den Objekten, die noch nicht aktiv an einer Rechnung beteiligt sind – noch nicht "erzeugt" sind – und den Objekten, die nicht mehr an einer Rechnung beteiligt sind – "gelöscht" wurden.

2.2 Zeit

2.2.1 Globale Zeit

In der Literatur wird darauf hingewiesen, daß es in verteilten Systemen nicht sinnvoll ist, eine globale Uhr vorauszusetzen [8, 150, 169]. Vielmehr hat jedes Objekt seine eigene Uhr. Die verschiedenen Uhren der verschiedenen Objekte können mit unterschiedlicher Geschwindigkeit laufen. Dem Autor scheint es dagegen durchaus sinnvoll, so wie in [102] von der Existenz einer globalen Zeit auszugehen. Selbst in einem relativistischen System kann man eine globale Zeit einführen, indem die Zeit eines der Objekte als globale Zeit festgelegt wird. Die Uhren, die in den anderen Objekten sitzen, können diese globale Zeit (abgesehen von sowieso unvermeidlichen Meßungenauigkeiten) nicht direkt messen. Wenn die Objekte ihre relative Geschwindigkeit zu dem Objekt kennen, so können sie ihre eigene Zeit entsprechend umrechnen (mit entsprechenden Ungenauigkeiten).

In dieser Arbeit wird davon ausgegangen, daß eine globale Zeit existiert. Hat ein Objekt nicht die Möglichkeit, die globale Zeit exakt zu messen, so wird das Objekt dadurch undeterminiert (wenn es nicht ohnehin schon undeterminiert war).

2.2.2 Kontinuierliche Zeit

In dieser Arbeit wird nicht genau festgelegt, welche Menge zur Repräsentation von Zeit benutzt wird, allerdings kann nicht jede Menge verwendet werden. Der Autor erachtet es als wichtig, daß die Menge der nicht-negativen reellen Zahlen zur Repräsentation von Zeit benutzt werden kann, da physikalische Prozesse natürlicher Weise mit Hilfe der reellen Zahlen als Zeit beschrieben werden. Auch physikalische Prozesse sollen mit Hilfe von *gMobS* beschreibbar sein, um zum einen der Allgemeinheitsforderung von *gMobS* zu entsprechen und zum anderen, um auf natürliche Weise das Zusammenspiel von physikalischen Prozessen und Computerprogrammen modellieren zu können.
Wichtig erscheint dem Autor auch, daß die Menge der natürlichen Zahlen zur Repräsentation von Zeit benutzt werden kann, da dies die Menge ist, die traditioneller Weise in der Informatik verwendet wird. Zu beachten ist, daß die Menge der nicht-negativen rationalen Zahlen aus technischen Gründen nicht eingesetzt werden kann (im Beweis von Satz (6.15) könnte eine Rechnung nicht beliebig fortgesetzt werden). Dies ist nach Meinung des Autors kein echtes Problem, da immer, wenn die rationalen Zahlen als Zeit verwendet werden sollen, auch die reellen Zahlen benutzt werden können.

2.3 Kommunikation

2.3.1 Kommunikation durch Handshaking

Milner vertritt in dem Buch [130] die Meinung, daß Kommunikation und Parallelität komplementär zueinander stehen und daß Kommunikation mit Hilfe von Handshaking das grundlegende Konzept sein sollte. Am Beispiel von Schaltkreisen und neuronalen Netzen erkennt man, daß Kommunikation und Parallelität nur komplementär zueinander sind, wenn die Rechnungen der Objekte nicht durch die Zeit automatisch synchronisiert werden. Denn Schaltkreise und neuronale Netze sind in einem sehr hohen Maße parallel, obwohl sie ständig miteinander kommunizieren. Der Handshaking Mechanismus hat zumindest im Zusammenhang mit einem objektbasierten Modell den Nachteil, daß dadurch das Prinzip der Einkapselung verletzt wird, da ein Objekt den internen Zustand der anderen Objekte kennen muß, um mit ihnen kommunizieren zu können. Eine kontinuierliche Kommunikation scheint mit Handshaking kaum modellierbar.

2.3.2 Verschicken von Nachrichten

In den durch objektbasierte Sprachen beschriebenen objektbasierten Systemen legen die verschickenden Objekte fest, für welches andere Objekt die Nachricht bestimmt ist. In Schaltwerken dagegen ist den Objekten (den Gattern) nicht bekannt, an welches andere Objekt ihre Nachrichten geliefert werden. Ein allgemeines Modell für objektbasierte Systeme muß es also erlauben (aber nicht erzwingen), daß die Objekte des Systems keinen Einfluß auf das Ziel der Nachricht nehmen.

2.3.3 Übertragung von Nachrichten

In den durch objektbasierte Sprachen beschriebenen objektbasierten Systemen ist in der Regel sichergestellt, daß die versandten Nachrichten unverfälscht beim Ziel ankommen (auch das Ankommen wird garantiert). Außerdem werden keine Nachrichten von der Übertragungseinheit zwischen den Objekten erzeugt.

Befindet sich ein Schaltkreis in einer Umgebung mit elektromagnetischen Wellen, so können die von den Gattern versandten elektrischen Impulse verändert oder sogar gelöscht werden. Es können sogar neue elektrische Impulse erzeugt werden. Ein allgemeines Modell für objektbasierte Systeme muß also auch modellieren können, daß Nachrichten nicht ausgeliefert oder verfälscht und daß neue Nachrichten erfunden werden.

2.3.4 Akzeptieren von Nachrichten

In vielen durch objektbasierte Sprachen (z.B. POOL [12, 11], Orient84/K [85]) beschriebenen objektbasierten Systemen wird eine Nachricht nur an ein Objekt ausgeliefert, wenn dieses Objekt bereit ist, diese Nachricht zu akzeptieren. Dies widerspricht dem Prinzip der Einkapselung, da man einem Objekt nicht ansehen kann, ob es eine Nachricht akzeptieren wird oder nicht.

Ein Objekt kann also nicht verhindern, daß es eine Nachricht bekommt. Allerdings hat es die Möglichkeit, sich über eine nicht erwünschte Nachricht durch entsprechende eigene Nachrichten zu beschweren. Es hat in einem solchen Fall auch die Möglichkeit, sich völlig undeterministisch (chaotisch) zu verhalten. Ein ähnlicher Standpunkt wird im Modell der Message-Passing-Systems [102] und dem Modell der Input/Output Automata [107] eingenommen.

2.3.5 Kontinuierliche Kommunikation

Es gibt reale Objekte wie z.B. Spannungsquellen, die kontinuierlich Nachrichten versenden. Um der allgemeinen Zielsetzung von *gMobS* gerecht zu werden, müssen auch solche Objekte modellierbar sein. Da der Autor das Modellieren kontinuierlicher Nachrichten als kaum aufwendiger erachtet als das Modellieren diskreter Nachrichten, scheint es dem Autor gerechtfertigt, nicht von der Allgemeinheitsforderung abzurücken.

Die Objekte eines mit Hilfe einer Programmiersprache definierten objektbasierten Systems tauschen in der Regel nur endlich viele Nachrichten in endlicher Zeit aus, so daß die Ein- und Ausgaben eines Objekts mit Hilfe von Folgen (z.B. mit Zeitmarken versehen) beschrieben werden können. Computer-Programme müssen allerdings auch mit der Außenwelt kommunizieren und diese sendet häufig kontinuierlich Nachrichten. So liegt z.B. an einem Analog-Digital-Wandler kontinuierlich eine Spannung an und nicht nur dann, wenn gemessen wird. Wird die Eingabe lediglich durch die Spannung zu den Meßzeitpunkten beschrieben, so verändert die Auswechslung des Analog-Digital-Wandlers durch einen Wandler mit anderen Meßzeitpunkten die Eingabe von außen.

Besteht ein objektbasiertes System aus unendlich vielen Objekten, die lediglich endlich viele Nachrichten in endlicher Zeit verschicken, so kann das System als ganzes unendlich viele Nachrichten in endlicher Zeit versenden – das System ist also nicht mit Hilfe von Traces beschreibbar. Bei einer Beschreibung der Objekte mit Hilfe von Traces müßte die Menge der betrachteten objektbasierten Systeme auf Systeme eingeschränkt werden, in denen zu jedem Zeitpunkt nur endlich viele Objekte aktiv sind. Dies schränkt zwar die Anwendbarkeit des Modells nicht wirklich ein, da wohl alle sinnvollen Systeme dieser Forderung genügen, aber der formale Umgang mit solchen Systemen wird aufwendiger.

2.4 Hierarchisierung

Die Objekte eines objektbasierten Systems kommunizieren in der Regel nicht nur untereinander, sondern auch mit der Außenwelt. Auf diese Weise stellt jedes objektbasierte System wieder ein Objekt dar, das innerhalb eines anderen objektbasierten Systems benutzt werden kann. Diese hierarchische Eigenschaft von objektbasierten Systemen sollte in einem allgemeinen Modell ausdrückbar sein. Insbesondere deshalb, weil kompliziertere Probleme sich häufig in Hierarchien zerlegen und nur so überhaupt wirklich verstehen lassen.

Kapitel 3

Definitionen

An dieser Stelle werden Definitionen getroffen und Sätze aufgeführt, die für das Verständnis dieses Teils der Arbeit wichtig und nicht selbstverständlich sind. Ausführlichere Definitionen und Beweise werden im Anhang geliefert.

(3.1) Definition: $\mathcal{T} \subset \mathbb{R}_+$ ist eine Menge, für die gilt:

1. $0 \in \mathcal{T}$ [Eigentlich wird nur benötigt, daß $\mathcal{T}$ ein kleinstes Element hat, aber diese Forderung vereinfacht den Formalismus.]

2. $\forall \emptyset \neq A \subset \mathcal{T} : \sup(A) \in \mathcal{T} \cup \{\infty\}$

3. $\sup(\mathcal{T}) = \infty$ [Dies ist eine rein technische Forderung, um den Formalismus etwas zu vereinfachen. Die Theorie könnte auch ohne die Forderung durchgeführt werden.]

$\mathcal{T}$ ist in dieser Arbeit keine feste Menge, sondern vielmehr der Prototyp der Mengen, die als Zeitskala benutzt werden können. Sollte es in speziellen Fällen auf die konkrete Menge ankommen, so wird sie im Zusammenhang fest definiert. In der Regel wird es sich um die Mengen $\mathbb{N}$ oder $\mathbb{R}_+$ handeln.

Für den größten Teil dieser Arbeit müßte lediglich gefordert werden, daß gilt: $\mathcal{T} \subset \mathbb{R}$. Um nicht immer zwischen verschiedenen Anforderungen an $\mathcal{T}$ wechseln zu müssen und da $\mathcal{T}$ auch mit obigen Forderungen sehr allgemein ist, gelten obige Forderungen während der ganzen Arbeit. $\qquad\square$

(3.2) Definition: Sei A eine Menge, dann ist $\mathcal{P}^E(A)$ die Menge aller endlichen Teilmengen von A. $\qquad\square$

(3.3) Definition: Seien A und B Mengen, dann heißt $R \subset A \times B$ (binäre) Relation (von A nach B). Anstatt $(a,b) \in R$ wird auch manchmal $b \in R(a)$ oder aRb geschrieben.

1. $Vb(R) = \{a \in A \mid \exists b \in B : (a,b) \in R\}$ heißt Vorbereich von R

2. Es ist $(A \to B) = \{f \subset A \times B \mid f \text{ ist funktional und total }\}$. Für $f \in (A \to B)$ wird statt $b \in f(a)$ auch $b = f(a)$ geschrieben.

   Für $f \in (A \to B)$ und $\tau \in B$ ist $\mathcal{MT}_\tau(f) = \{a \in A \mid f(a) \neq \tau\}$

$\qquad\square$

(3.4) Bemerkung: Sei I eine Indexmenge und A und B_i für $i \in I$ Mengen, dann werden die Funktionenräume $(A \to \prod_{i \in I} B_i)$ und $\prod_{i \in I}(A \to B_i)$ auf die kanonische Weise ohne weitere Hinweise miteinander identifiziert. $\square$

(3.5) Bemerkung: Sei I eine Indexmenge und A_i für $i \in I$ Mengen, dann gilt für $j \in I$:
$\wp_j : \prod_{i \in I} A_i \to A_j, (x_i)_{i \in I} \mapsto x_j.$ $\square$

(3.6) Bemerkung: Seien A, B Mengen und $R \subset A \times B$ eine Relation und sei $a \in A$. Die Schreibweise

1. $\forall (a, b) \in R$ ist eine Abkürzung für $\forall b \in B$ mit $(a, b) \in R$

2. $\exists (a, b) \in R$ ist eine Abkürzung für $\exists b \in B$ mit $(a, b) \in R$

Diese Schreibweise wird auch benutzt, wenn b gegeben ist und a mit einem Quantor versehen werden soll. $\square$

(3.7) Satz: (Wohlordnungssatz) Sei S eine Menge, dann gibt es eine Wohlordnung $\leq$ auf S, d.h. jede Teilmenge $A \subset S$ hat ein kleinstes Element bzgl. $\leq$. $\square$

(3.8) Satz: (Zorn'sches Lemma) Sei $(A, \leq)$ induktiv geordnet, dann besitzt A ein maximales Element, d.h. es gilt: $\exists m \in A \, \forall a \in A : (m \leq a \Rightarrow m = a)$ $\square$

(3.9) Definition: Sei $A \subset \mathbb{R}_+$ und B eine Menge, und seien
$f, g \in (A \to B)$, dann gilt für $t_0 \in \mathbb{R}_+ \cup \{\infty\}$:
$f =_{t_0} g :\Leftrightarrow \forall t \in A, t < t_0 : f(t) = g(t)$ $\square$

(3.10) Definition: Sei A eine durch $<$ geordnete Menge. Seien $a_1, a_2 \in A$.

1. $A_{a_1}^{a_2} = \{a \in A \mid a_1 \leq a < a_2\}$

2. Sei B eine Menge, und sei $f \in (A \to B)$.
   $f_{a_1}^{a_2} = \{(a, b) \in f \mid a_1 \leq a < a_2\}$

    $\square$

(3.11) Definition:

1. Sei A eine Menge. $\mathcal{F} \subset \mathcal{T} \times A$ heißt verallgemeinerte Folge von $\mathcal{T}$ in A, falls gilt:

   (a) $\mathcal{F}$ ist funktional

   (b) $Vb(\mathcal{F})$ ist wohlgeordnet mit der Ordnung auf $\mathbb{R}$, d.h.für alle $t_1 \in Vb(\mathcal{F})$ existiert ein $t_2 \in Vb(\mathcal{F})$, so daß gilt:
   $t_1 \neq \max(Vb(\mathcal{F})) \Rightarrow t_1 < t_2$ und für alle $t \in Vb(\mathcal{F})$ gilt: $\neg(t_1 < t < t_2)$.

   (c) $\forall t \in Vb(\mathcal{F}) : \{\hat{t} \in Vb(\mathcal{F}) \mid \hat{t} \leq t\}$ ist abgeschlossen in $\mathbb{R}$.
   Diese Forderung ist gleichbedeutend mit der Forderung:
   $\forall A \subset Vb(\mathcal{F}) : \sup(A) \in Vb(\mathcal{F}) \cup \{\sup(Vb(\mathcal{F}))\}$.

2. $\mathcal{FM}_{\mathcal{T}}^{A}$ ist die Menge aller verallgemeinerten Folgen von $\mathcal{T}$ in A.

3. Für eine verallgemeinerte Folge $\mathcal{F} \in \mathcal{FM}_{\mathcal{T}}^{A}$ und $(t, a) \in \mathcal{F}$ heißt
$\hat{t} = \min\{t_1 \in Vb(\mathcal{F}) \mid t_1 > t\}$ der Nachfolger von (t, a) bzw. t und $(\hat{t}, \mathcal{F}(\hat{t}))$ das
Nachfolgeelement von (t, a), bzw. t.

4. Für eine verallgemeinerte Folge $\mathcal{F} \in \mathcal{FM}_{\mathcal{T}}^{A}$ heißt $(t, a) \in \mathcal{F}$ oder $t \in Vb(\mathcal{F})$ Limes-Element, falls t nicht der Nachfolger eines $t_0 \in Vb(\mathcal{F})$ ist.

5. Eine verallgemeinerte Folge $\mathcal{F} \in \mathcal{FM}_{\mathcal{T}}^{A}$ hat Schrittweite $t \in \mathcal{T}$, falls für alle $t_0 \in Vb(\mathcal{F})$ mit Nachfolger t_1 gilt: $t_1 - t_0 \leq t$

6. Für eine verallgemeinerte Folge $\mathcal{F} \in \mathcal{FM}_{\mathcal{T}}^{A}$ ist $\sup(\mathcal{F}) = \sup(Vb(\mathcal{F}))$

7. Eine verallgemeinerte Folge $\mathcal{F} \in \mathcal{FM}_{\mathcal{T}}^{(\mathcal{T} \to A)}$ heißt konsistent, falls gilt:
$\forall (t_1, I_1), (t_2, I_2) \in \mathcal{F} : I_1 =_{\min(t_1, t_2)} I_2$
$\mathcal{F}$ heißt echt konsistent, falls $\mathcal{F}$ eine konsistente Folge ist und gilt: $\sup(\mathcal{F}) = \infty$.

8. Eine verallgemeinerte Folge $\mathcal{F} \in \mathcal{FM}_{\mathcal{T}}^{(\mathcal{T} \to A)}$ heißt verträglich mit
$f \in (\mathcal{T} \to A)$, falls gilt: $\forall (t, f_t) \in \mathcal{F} : f =_t f_t$

9. Seien $\mathcal{F}_1, \mathcal{F}_2 \in \mathcal{FM}_{\mathcal{T}}^{A}$ verallgemeinerte Folgen. $\mathcal{F}_1$ heißt kleiner als $\mathcal{F}_2$, $\mathcal{F}_1 < \mathcal{F}_2$,
falls gilt: $\forall \hat{t} \in Vb(\mathcal{F}_1) : \{(t, a) \in \mathcal{F}_1 \mid t \leq \hat{t}\} = \{(t, a) \in \mathcal{F}_2 \mid t \leq \hat{t}\}$

$\square$

(3.12) Bemerkung: Sei A eine Menge und $\mathcal{F} \in \mathcal{FM}_{\mathcal{T}}^{A}$ eine verallgemeinerte Folge.
Dann ist $\sup(\mathcal{F}) = \infty$ genau dann, wenn $Vb(\mathcal{F})$ abgeschlossen ist und jedes $t \in Vb(\mathcal{F})$
einen Nachfolger hat. $\square$

(3.13) Bemerkung: (Prinzip der vollständigen Induktion für verallgemeinerte Folgen)
Sei A eine Menge, $f \in (A \to \{TRUE, FALSE\})$ und $\mathcal{F} \in \mathcal{FM}_{\mathcal{T}}^{A}$. Es gelte:

1. $f(\min(Vb(\mathcal{F}))) = TRUE$

2. Für alle $t_0 \in Vb(\mathcal{F})$, für die für alle $t \in Vb(\mathcal{F})$ mit $t < t_0$ gilt: $f(\mathcal{F}(t)) = TRUE$,
gilt: $f(\mathcal{F}(t_0)) = TRUE$

Dann gilt für alle $t \in Vb(\mathcal{F})$: $f(\mathcal{F}(t)) = TRUE$. $\square$

(3.14) Bemerkung:

1. $<$ ist eine partielle Ordnung auf $\mathcal{FM}$.

2. Sei $M \subset \mathcal{FM}$ eine Menge verallgemeinerter Folgen. Für jede linear (bzgl. $<$)
geordnete Menge $M_0 \subset M$ sei $(\bigcup_{\mathcal{F} \in M_0} \mathcal{F}) \in M$, dann existiert zu jedem $\mathcal{F}_0 \in M$
eine in M maximale verallgemeinerte Folge $\mathcal{F}_1 \in M$ mit: $\mathcal{F}_0 < \mathcal{F}_1$.

$\square$

(3.15) Definition: Sei B eine Menge. Sei $d^B_{\mathcal{T}} : (\mathcal{T} \to B)^2 \to [0,1]$ mit

$$\forall f,g \in (A \to B) : d^B_A(f,g) = \begin{cases} 0 & : \quad f = g \\ 2^{-\sup_{\mathcal{T}}\{t \in \mathcal{T} \mid f =_t g\}} & : \quad \text{sonst} \end{cases}$$

$\square$

(3.16) Bemerkung: Sei B eine Menge. $((\mathcal{T} \to B), d^B_{\mathcal{T}})$ ist ein vollständiger metrischer Raum, für den gilt:

Sei $\mathcal{F} \in \mathcal{FM}^{(\mathcal{T} \to B)}_{\mathcal{T}}$ eine echt konsistente verallgemeinerte Folge, dann existiert genau ein mit $\mathcal{F}$ verträgliches $I \in (\mathcal{T} \to B)$: $\forall (t_1, I_1) \in \mathcal{F} : I_1 =_{t_1} I$

I wird Grenzwert von $\mathcal{F}$ genannt: $I = \lim(\mathcal{F})$. $\square$

(3.17) Definition: Ein Tupel $A = (\mathcal{I}^A, \mathcal{O}^A, \mathcal{Z}^A, \mathcal{U}^A, \mathcal{S}^A, \mathcal{OP}^A)$ heißt (Mealy-)Automat, falls gilt:

1. $\mathcal{I}^A$ ist eine Menge. Diese Menge gibt an, welche Eingaben der Automat akzeptiert.

2. $\mathcal{O}^A$ ist eine Menge. Diese Menge gibt an, welche Ausgaben der Automat durchführen kann.

3. $\mathcal{Z}^A$ ist eine Menge. Diese Menge gibt an, in welchen Zuständen sich der Automat befinden kann.

4. $\mathcal{U}^A \subset (\mathcal{Z}^A \times \mathcal{I}^A) \times \mathcal{Z}^A$ ist total, und es gilt:
   $\forall z_1 \in \mathcal{Z}^A \, \forall i \in \mathcal{I}^A : |\{z_2 \in \mathcal{Z}^A \mid ((z_1,i),z_2) \in \mathcal{U}^A\}| < \infty$ (Der Automat verzweigt nur endlich).

   Diese Relation bestimmt, wie sich der Zustand des Automaten in Abhängigkeit von der Eingabe verändern kann. Dabei bedeutet
   $((z_1,i),z_2) \in \mathcal{U}^A$, daß der Automat, wenn er im Zustand z_1 ist und die Eingabe i erhält, in den Zustand z_2 übergehen kann.

5. $\mathcal{S}^A \in \mathcal{Z}^A$ gibt an, von welchem Anfangszustand aus eine Rechnung dieses Automaten startet.

6. $\mathcal{OP}^A \in ((\mathcal{Z}^A \times \mathcal{I}^A) \to \mathcal{O}^A)$. Diese Funktion bestimmt, welche Ausgaben ein Automat durchführt. Dabei bedeutet $o = \mathcal{OP}^A(z,i)$, daß der Automat im Zustand z bei Eingabe i die Ausgabe o tätigt.

A heißt endlicher Automat, wenn $\mathcal{Z}^A$ endlich ist.

A heißt determiniert, wenn $\mathcal{U}^A$ funktional ist. $\square$

(3.18) Definition: Sei $A = (\mathcal{I}^A, \mathcal{O}^A, \mathcal{Z}^A, \mathcal{U}^A, \mathcal{S}^A, \mathcal{OP}^A)$ ein Automat.

1. Sei $I \in (\mathbb{N} \to \mathcal{I}^A)$. $R \in (\mathbb{N} \to \mathcal{Z}^A)$ heißt Rechnung von A zur Eingabe I, falls gilt:

   (a) $R(0) = \mathcal{S}^A$

   (b) $\forall n \in \mathbb{N} : ((R(n), I(n)), R(n+1)) \in \mathcal{U}^A$

2. Eine Rechnung R zu einer Eingabe I heißt stark fair, wenn gilt:
   $\forall z, \hat{z} \in \mathcal{Z}^A \ \forall i \in \mathcal{I}^A :$
   $((|\{n \in \mathbb{N} \mid R(n) = z \wedge I(n) = i\}| = \infty \wedge ((z, i), \hat{z}) \in \mathcal{U}^A)$
   $\Rightarrow |\{n \in \mathbb{N} \mid R(n) = z \wedge I(n) = i \wedge R(n+1) = \hat{z}\}| = \infty)$

   Eine Rechnung ist also stark fair, wenn sie einen Übergang, der sich ihr unendlich oft bietet, auch unendlich oft nimmt. Es gibt noch andere Begriffe von Fairness [54] – da Fairness in dieser Arbeit nur für Beispiele benutzt wird, wird an dieser Stelle nicht weiter auf dieses Konzept eingegangen.

3. Sei R eine Rechnung zur Eingabe I. $O \in (\mathbb{N} \to \mathcal{O}^A)$ heißt Ausgabe zur Eingabe I und Rechnung R, wenn gilt:

   $$\forall n \in \mathbb{N} : O(n) = \mathcal{OP}^A(R(n), I(n))$$

4. $\mathcal{OP}^{A^*} = \{(I, O) \in ((\mathbb{N} \to \mathcal{I}^A) \times \mathcal{Z}^A) \times (\mathbb{N} \to \mathcal{O}^A) \mid$ Es existiert eine Rechnung R zur Eingabe I mit Ausgabe O $\}$

$\square$

Kapitel 4

Ein-/ Ausgabebeschreibungen

Ein allgemeines Modell für objektbasierte Systeme benötigt zunächst ein allgemeines Modell für Objekte. Ein allgemeines Modell für Objekte sollte der herausragenden Eigenschaft von Objekten Rechnung tragen – sie verbergen ihre Implementation und ihren gegenwärtigen Zustand (falls sie überhaupt einen haben sollten). Dies bedeutet, daß Objekte möglichst nicht durch Zustände beschrieben werden sollten. Sowohl das Actor-Modell [8, 5], POOL [12, 11] als auch auf Klassen aufbauende Modelle behandeln nur ganz spezielle Arten von Objekten und verbergen nicht deren Zustand. Außerdem sind Systeme von Objekten in diesen Modellen nicht wieder Objekte, so daß keine Hierarchien aufgebaut werden können. Die Definition von Prozessen in CSP [77] dagegen geschieht nur mit Hilfe der mit der Außenwelt stattfindenden Kommunikationen, also ohne Zustände der Objekte. Außerdem sind zusammengesetzte Prozesse selbst wieder Prozesse. Die Kommunikation in CSP verletzt allerdings das Prinzip der Einkapselung und die Prozesse können keine kontinuierlichen Vorgänge beschreiben. Außerdem ist es z.B. nicht möglich, faire Rechnungen durchzuführen/Lebendigkeit von Prozessen auszudrücken, da sich die Beschreibung der Prozesse nur auf jeweils endliche Anfangsstücke bezieht.

Versucht man nun, die Nachteile von CSP zu beseitigen, so kommt man auf natürliche Weise zu dem Begriff der Ein-/Ausgabebeschreibung. Dieser Begriff entspricht ziemlich genau dem Begriff des Message-Passing-Systems in [102] (dort allerdings nur im Zusammenhang mit temporaler Logik). Es handelt sich um eine kanonische Erweiterung des Begriffes der unendlichen Traces [89, 29] auf einen Fall mit Zeit. Der Begriff der Ein-/ Ausgabebeschreibung entspricht fast völlig dem aus der System- und Kontrolltheorie bekannten Begriff des time systems [78, 119].

Objekte werden später Ein-/Ausgabebeschreibungen mit besonderen Eigenschaften sein.

4.1 Ein-/Ausgabebeschreibung

(4.1) Definition: Ein Tupel $\mathcal{D} = (\mathcal{I}^M, \mathcal{O}^M, \mathcal{U})$ heißt Ein-/Ausgabebeschreibung, wenn gilt:

1. $\mathcal{I}^M \neq \emptyset$ ist eine Menge. Diese Menge beschreibt, welche Eingaben dieser Ein-/ Ausgabebeschreibung gegeben werden können.

2. $\mathcal{O}^M \neq \emptyset$ ist eine Menge. Diese Menge beschreibt die Ausgaben, die von dieser Ein-/ Ausgabebeschreibung ausgegeben werden können. Es müssen nicht alle Ausgaben dieser Menge durchgeführt werden, dies ist also etwas wie der Wertebereich einer Funktion.

3. $\mathcal{U} \subset (\mathcal{T} \to \mathcal{I}^M) \times (\mathcal{T} \to \mathcal{O}^M)$ ist total oder $\mathcal{U} = \emptyset$.

   Diese Menge ordnet jeder Eingabe I mindestens eine Ausgabe O zu oder ist leer. Falls $\mathcal{U}$ total ist, so heißt $\mathcal{D}$ auch echte Ein-/Ausgabebeschreibung. $(I, O) \in \mathcal{U}$ heißt Ein-/Ausgabepaar.

$\mathcal{DS}_{\mathcal{I}}^{\mathcal{O}}$ ist die Menge aller Ein-/Ausgabebeschreibungen $(\mathcal{I}^M, \mathcal{O}^M, \mathcal{U})$, für die gilt:

1. $\mathcal{I} = \mathcal{I}^M$

2. $\mathcal{O} = \mathcal{O}^M$

Die Ein-/Ausgabebeschreibung $\top := \top_{\mathcal{I}^M}^{\mathcal{O}^M} := (\mathcal{I}^M, \mathcal{O}^M, \emptyset)$ wird benötigt, damit $\mathcal{DS}_{\mathcal{I}}^{\mathcal{O}}$ ein Verband (bzgl. einer später eingeführten Ordnung) ist. $\qquad\qquad\square$

Intuitiv ordnet eine Ein-/Ausgabebeschreibung jeder vollständigen Eingabe I – eine vollständige Eingabe definiert für jeden Zeitpunkt eine Eingabe, deshalb $I \in (\mathcal{T} \to \mathcal{I}^M)$ – mindestens eine vollständige Ausgabe O zu – eine vollständige Ausgabe definiert für jeden Zeitpunkt eine Ausgabe, deshalb $O \in (\mathcal{T} \to \mathcal{O}^M)$. Zu beachten ist dabei, daß bei der Definition der zu einer vollständigen Eingabe I gehörenden vollständigen Ausgabe O alle Informationen über die getätigte Eingabe gegeben sind. Bei der Zuordnung von Ausgaben zu Eingaben mit Hilfe von Automaten oder abstrakten Datentypen stehen zu jedem Zeitpunkt dagegen nur die bis zu diesem Zeitpunkt getätigten Eingaben als Information zur Verfügung. Nach diesen informationstheoretischen Argumenten kann jede Schnittstelle, die durch einen Automaten und einen abstrakten Datentyp beschrieben werden kann, durch eine Ein-/Ausgabebeschreibung spezifiziert werden.

Es ist wichtig, daß einer Ein-/Ausgabebeschreibung bei der Festlegung der Ausgabe die gesamte Eingabe zur Verfügung steht, damit Ein-/Ausgabebeschreibungen Lebendigkeitseigenschaften beschreiben können, d.h. ausdrücken können, daß irgendwann in der Zukunft etwas geschehen wird.

Der Begriff der Ein-/Ausgabebeschreibung unterscheidet sich vom Begriff der abstract time systems bzw. time systems in [119] Def. 5.2 nur dahingehend, daß eine Ein-/Ausgabebeschreibung auf jede Eingabe reagieren können muß. Dies wird so definiert, da die Umwelt nicht notwendiger Weise Rücksicht auf die Wünsche eines Objekts nimmt. Dies ist kein Widerspruch zu den Theorien, in denen für die Objekte nicht für jede Eingabe die Ausgabe definiert wird. In diesen Theorien wird nur untersucht, was passiert, wenn sich das Objekt in einer Umgebung befindet, die sich dem Objekt entsprechend verhält. Ein Zusammenhang zwischen den nicht totalen times systems und Ein-/Ausgabebeschreibungen wird später durch die Teil-Ein-/Ausgabebeschreibungen in Kapitel 5 hergestellt.

(4.2) Bemerkung: Im folgenden wird sowohl eine vollständige Eingabe $I \in (\mathcal{T} \to \mathcal{I}^M)$ als auch eine einzelne Eingabe $I(t)$ zu einem Zeitpunkt t als Eingabe bezeichnet. Welcher Typ von Eingabe gemeint ist, geht aus dem Kontext hervor.

Entsprechend wird sowohl eine vollständige Ausgabe $O \in (\mathcal{T} \to \mathcal{O}^M)$ als auch eine einzelne Ausgabe $O(t)$ zu einem Zeitpunkt t als Ausgabe bezeichnet. Welcher Typ von Ausgabe gemeint ist, geht aus dem Kontext hervor. $\square$

(4.3) Bemerkung: Auf den ersten Blick scheinen objektbasierte Sprachen und Ein-/Ausgabebeschreibungen nicht zueinander zu passen, denn Objekte in objektbasierte Sprachen erhalten nur ab und zu eine Nachricht, während die Ein-/Ausgabebeschreibungen ständig Nachrichten bekommen.

Das Nichterhalten einer Nachricht kann allerdings auch als das Erhalten einer leeren oder Standard-Nachricht (in dieser Arbeit immer mit τ bezeichnet) interpretiert werden. Genauso kann das Nichtversenden als Versenden einer leeren oder Standard-Nachricht angesehen werden. Dies entspricht dem in [31] gewählten Ansatz, dort allerdings nur für diskrete Zeit.

Ein weiteres Problem ist, daß es sich bei diesem Modell um ein Modell mit Zeit handelt und Modelle ohne Zeit in dieses Modell einbettbar sein sollen. Dies geschieht, indem man einem Objekt ohne Zeit die Möglichkeit einräumt, ab dem Zeitpunkt des Erhaltes einer Nachricht, auf diese Nachricht zu reagieren, das Objekt aber zu keiner Aktion zwingt, außer daß die Aktion irgendwann einmal durchgeführt werden muß – dies ist eine Lebendigkeitseigenschaft, die das Objekt erfüllen muß. $\square$

(4.4) Beispiel: Die Ein-/Ausgabebeschreibung $\mathcal{D}_{Stack} = (\mathcal{I}^M_{Stack}, \mathcal{O}^M_{Stack}, \mathcal{U}_{Stack})$ repräsentiere einen Stack von Werten aus der Menge X, dann können die Mengen der möglichen Ein- und Ausgaben z.B. wie folgt aussehen (an dieser Stelle wird nicht die Semantik, also die Menge $\mathcal{U}_{Stack}$ definiert, da lediglich verdeutlicht werden soll, wie ein typisches Interface aussieht; wie mit Hilfe von Ein-/Ausgabebeschreibungen abstrakte Datentypen modelliert werden können (mit denen auch sequentielle Stacks zu beschreiben sind) wird in Kapitel 7.2 gezeigt):

1. $\mathcal{I}^M_{Stack} = \{new(), empty(), pop(), top()\} \cup \{push(x) \mid x \in X\} \cup \{\tau\}$

2. $\mathcal{O}^M_{Stack} = X \cup \{TRUE, FALSE\} \cup \{\tau\}$

Die vom Stack empfangenen Nachrichten sind – mit Ausnahme der leeren Nachricht τ – syntaktisch Funktionsaufrufe, um daran zu erinnern, wie in vielen Programmiersprachen eine Nachricht an ein Objekt geschickt und wie z.B. in [123] S.55 ein Stack als ADT spezifiziert wird. Es handelt sich aber um Nachrichten und nicht um Funktionsaufrufe. Zu beachten ist, daß die Argumente der Funktionen in [123] S.55, die das Objekt repräsentieren, in den Nachrichten nicht auftauchen, da es für Ein-/Ausgabebeschreibungen unsinnig ist, das Objekt in den Nachrichten zu kodieren.

In den Nachrichten, die vom Stack verschickt werden, ist der Empfänger der Nachricht nicht kodiert, dieser Stack kümmert sich also nicht um das Ziel seiner Nachrichten. Dies kann geändert werden, indem den Nachrichten noch ein Adressfeld zugeordnet wird.

Innerhalb eines endlichen Zeitintervalls wird der Stack normalerweise nur zu endlich vielen Zeitpunkten eine Nachricht ungleich der leeren Nachricht τ erhalten oder verschicken.

Erhält der Stack in endlicher Zeit unendlich viele Nachrichten, so kann man sich verschiedene Reaktionen des Stacks vorstellen. So könnte er im folgenden ein beliebiges Verhalten an den Tag legen (in CSP [77] CHAOS genannt), oder er könnte nur noch die leere Nachricht τ verschicken. Eine große Anzahl von anderen Reaktionen auf diese Ausnahmesituationen ist möglich und beschreibbar.

Genauso gibt es viele mögliche Verhaltensweisen, die der Stack in anderen Ausnahmesituationen aufweisen kann – z.B. wenn ein leerer Stack die Nachricht $pop()$ erhält.

In der Regel ist es allerdings sinnvoll, die Umgebung von dem aufgetretenen Fehler in Kenntnis zu setzen. Aus diesem Grund sollte das Objekt noch eine Nachricht $ERROR$ versenden können, die das Objekt verschickt, wenn es eine unerwartete Sequenz von Nachrichten erhalten hat – für eine genauere Spezifikation des aufgetretenen Fehlers ist auch eine Vielzahl von weiteren Fehlernachrichten möglich. □

(4.5) Beispiel: Sei $\mathcal{T} \in \{\mathbb{R}_+, \mathbb{N}\}$. Sei N eine Menge mit $\tau \notin N$, $N_\tau = N \cup \{\tau\}$. Sei $\phi \subset N \times N$. Sei $\mathcal{D}_{Buf(N_\tau,\phi)} = (N_\tau, N_\tau, \mathcal{U}_{Buf(N_\tau,\phi)})$ mit
$\mathcal{U}_{Buf(N_\tau,\phi)} = \{(I,O) \in (\mathcal{T} \to N_\tau) \times (\mathcal{T} \to N_\tau) \mid \exists f : \mathcal{MT}_\tau(I) \to \mathcal{MT}_\tau(O) :$

1. f ist bijektiv [alle Nachrichten werden genau einmal berücksichtigt]

2. $\forall t \in \mathcal{MT}_\tau(I) : f(t) \geq t$ [Nachrichten werden erst verschickt, nachdem sie erhalten wurden]

3. $\forall t \in \mathcal{MT}_\tau(I) : I(t) = O(f(t))$ [Nachrichten werden nicht verändert]

4. $\forall t_0, t_1 \in \mathcal{MT}_\tau(I) : (t_0 < t_1 \land f(t_0) > f(t_1) \Rightarrow (I(t_1), I(t_0)) \in \phi)$ [eine Nachricht überholt eine andere Nachricht nur, wenn dies durch ϕ erlaubt wird]

}

$\mathcal{D}_{Buf(N_\tau,\phi)}$ repräsentiert also einen Buffer, der die empfangenen Nachrichten ungleich τ speichert und zu irgendeinem Zeitpunkt, der nicht vor dem Empfang liegt, wieder abschickt. Eine Nachricht n_1 wird dabei nur dann eher als n_2 abgeschickt, falls n_1 eher als n_2 angekommen ist, oder wenn n_1 die Nachricht n_2 überholen darf, was durch $(n_1, n_2) \in \phi$ festgelegt wird.

Dies bedeutet, daß $\mathcal{D}_{Buf(N_\tau,\emptyset)}$ ein Buffer ist, der die einkommenden Nachrichten in genau der empfangenen Reihenfolge wieder abschickt. $\mathcal{D}_{Buf(N_\tau,N\times N)}$ ist dagegen ein Buffer, von dem zwar alle Nachrichten weitergeleitet werden, die Reihenfolge aber beliebig verändert werden kann.

Der Buffer kann auch in einem endlichen Zeitintervall eine unendliche Anzahl von Nachrichten ungleich τ erhalten.

Diese Klasse von Ein-/Ausgabebeschreibungen wird später noch eine wichtige Rolle spielen, da mit der Hilfe dieser Buffer determinierte Ein-/Ausgabebeschreibungen zu Ein-/ Ausgabebeschreibungen ohne Zeit mit guten Eigenschaften umgewandelt werden können. □

Folgendes Beispiel beschreibt ein typisches in der Kontrolltheorie vorkommendes Objekt. Dieses Beispiel demonstriert auch, wie ein Objekt typischerweise mit Sequenzen von Nachrichten, die es nicht versteht, umgehen sollte. In diesem Beispiel darf das Objekt, sobald der Anfang der Eingabe nicht mehr integrierbar ist, mit beliebigen Werten antworten. In solchen Fällen gibt das Objekt also keine Information mehr nach außen.

(4.6) Beispiel: Sei $\mathcal{T} = \mathbb{R}_+$ und $\mathcal{D}_f = (\mathbb{R}, \mathbb{R}, \mathcal{U}_f)$ mit

$$\mathcal{U}_f = \{(I, O) \in (\mathcal{T} \to \mathbb{R}) \times (\mathcal{T} \to \mathbb{R}) \mid$$

$$\forall t \in \mathcal{T} : (\textstyle\int_0^t I(x)dx \text{ existiert} \Rightarrow O(t) = \int_0^t I(x)dx)\} \qquad\qquad \square$$

In der Informatik spielen Automaten eine wichtige Rolle. So können z.B. Turing-Maschinen als (nicht endliche) Automaten aufgefaßt werden. Im folgenden wird gezeigt, wie mit Hilfe von Automaten Ein-/Ausgabebeschreibungen definiert werden können bzw. wie mit Hilfe von Ein-/Ausgabebeschreibungen die Kommunikation von Automaten mit der Außenwelt modelliert werden kann. Dieses Beispiel zeigt insbesondere die Mächtigkeit des Konzepts der Ein-/Ausgabebeschreibungen, da die Kommunikation jedes Automaten modelliert werden kann (es gibt aber Ein-/Ausgabebeschreibungen, für die es keinen Automaten gibt, der diese Kommunikation aufweist).

(4.7) Beispiel: Sei $A = (\mathcal{I}^A, \mathcal{O}^A, \mathcal{Z}^A, \mathcal{U}^A, \mathcal{S}^A, \mathcal{OP}^A)$ ein Mealy-Automat, sei $\mathcal{T} = \mathbb{N}$. Die Ein-/Ausgabebeschreibung

1. $\mathcal{D}_A = (\mathcal{I}^A, \mathcal{O}^A, \mathcal{OP}^{A^*})$ heißt kanonische Ein-/Ausgabebeschreibung von A.

2. $\mathcal{D}_{A_F} = (\mathcal{I}^A, \mathcal{O}^A, \mathcal{U}_{A_F})$ heißt stark faire Ein-/Ausgabebeschreibung von A, falls gilt:

   $\mathcal{U}_{A_F} = \{(I, O) \in (\mathbb{N} \to \mathcal{I}^A) \times (\mathbb{N} \to \mathcal{O}^A) \mid$ Es gibt eine stark faire Rechnung R von A zur Eingabe I mit Ausgabe $O\ \}$

$$\square$$

(4.8) Beispiel: Sei $A_X = (\mathcal{I}_X^A, \mathcal{O}_X^A, \mathcal{Z}_X^A, \mathcal{U}_X^A, \mathcal{S}_X^A, \mathcal{OP}_X^A)$ [vgl. Abbildung 4.1] ein Automat mit:

1. $\mathcal{I}_X^A = \{0, 1\}$

2. $\mathcal{O}_X^A = \{0, 1\}$

3. $\mathcal{Z}_X^A = \{z_0, z_1\}$

4. $\mathcal{S}_X^A = z_0$

5. $\mathcal{U}_X^A = \{((z_0, 0), z_0), ((z_0, 1), z_0), ((z_0, 1), z_1), ((z_1, 0), z_0), ((z_1, 1), z_0)\}$

6. $\mathcal{OP}_X^A(z_0, i) = 0$ und $\mathcal{OP}_X^A(z_1, i) = 1$ für $i \in \{0, 1\}$

Dieser Automat hat als kanonische Ein-/Ausgabebeschreibung:
$\mathcal{D}_{A_X} = (\{0, 1\}, \{0, 1\}, \{(I, O) \mid \forall n \in \mathbb{N} : O(n) = 1 \Rightarrow I(n-1) = 1\}.$
Als stark faire Ein-/Ausgabebeschreibung hat A_X:
$\mathcal{D}_{A_{X_F}} = (\{0, 1\}, \{0, 1\},$
$\{(I, O) \mid$

1. $\forall n \in \mathbb{N} : O(n) = 1 \Rightarrow I(n-1) = 1$

2. O hat unendlich viele 1, falls I unendlich viele 1 hat

3. es gibt unendlich viele $n \in \mathbb{N}$ mit $O(n) = 0$ und $I(n) = 1$, falls I unendlich viele 1 hat

$\})$ $\qquad\qquad\qquad \square$

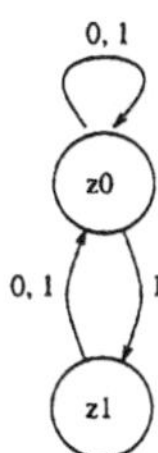

Abbildung 4.1: Automat A_X

(4.9) Bemerkung: In der Literatur über objektbasierte Sprachen wird als eines der wesentlichen Merkmale von Objekten genannt, daß sie einen Zustand besitzen. Die Wichtigkeit von Zuständen wird scheinbar durch die Modellierung von sequentiellen Objekten mit Hilfe von abstrakten Datentypen unterstützt. In *gMobS* werden Objekte aber ohne Einführung von Zuständen modelliert. Es stellt sich deshalb die Frage, ob die mit Hilfe von *gMobS* modellierten Objekte etwas mit den in objektbasierten Systemen normalerweise betrachteten Objekten zu tun haben.

Die Einführung von Zuständen in Objekte ist allerdings lediglich ein Hilfsmittel um auszudrücken, daß Objekte nicht nur in Abhängigkeit von einer einkommenden Nachricht, sondern auch in Abhängigkeit von früher eingegangen Nachrichten reagieren. Der Zustand soll den Unterschied zwischen Objekten und Funktionen verdeutlichen.

Bei der Definition einer Ein-/Ausgabebeschreibung werden vollständigen Eingaben vollständige Ausgaben zugeordnet. Bei der Definition der Ausgaben steht also die maximal mögliche Informationsmenge zur Verfügung. Mit Hilfe von Ein-/Ausgabebeschreibungen können damit insbesondere Schnittstellen, die mit weniger Informationen definiert werden können (bei der Definition von Schnittstellen mit Hilfe von Automaten oder abstrakten Datentypen – zwei der wichtigsten Konzepte der Informatik mit Zuständen – stehen zu jedem Zeitpunkt nur die Eingaben bis zu diesem Zeitpunkt zur Verfügung) beschrieben werden. Mit Hilfe von Ein-/Ausgabebeschreibungen sind damit alle Verhaltensweisen von Objekten modellierbar – die Vergangenheit, ja sogar die Zukunft kann in das Verhalten eines Objekts mit eingehen. Wie die durch einen Automaten (siehe (4.7) und (4.30)) – auch eine Turing-Maschine ist ein solcher Automat – oder durch einen abstrakten Datentyp (siehe Abschnitt 7.2) beschreibbaren Interfaces mit Hilfe von Ein-/Ausgabebeschreibungen modelliert werden können, wird in dieser Arbeit auch explizit durchgeführt. □

4.2 Determiniertheit

Eine Besonderheit liegt vor, wenn ein Objekt auf eine Eingabe (die Eingabe ist eine Funktion $I \in (\mathcal{T} \to \mathcal{I}^M)$) mit genau einer Ausgabe (einer Funktion $O \in (\mathcal{T} \to \mathcal{O}^M)$) antworten muß. Dies ist in der Realität nur selten der Fall (z.B. weil Objekte normalerweise keine genauen Uhren haben), aber determinierte Automaten z.B. haben selbst auch eine determinierte Ein-/Ausgabebeschreibung. Die Bedingungen für Determiniertheit ist sehr streng, da auch die Zeit mit eingeht. Objekte, die aus der Sicht von objektbasierten Sprachen determiniert sind, sind nach der folgenden Definition nicht determiniert. Es ist auch möglich, eine entsprechende Definition von Determiniertheit (oder auch Confluence [130]) auf der Basis dieses Modells zu treffen. Allerdings müssen dann bestimmte Nachrichten hervorgehoben und die Determiniertheit über die möglichen Reihenfolgen dieser Nachrichten definiert werden.

(4.10) Definition: Eine Ein-/Ausgabebeschreibung $\mathcal{D} = (\mathcal{I}^M, \mathcal{O}^M, \mathcal{U})$ heißt determiniert, wenn $\mathcal{U} \neq \emptyset$ funktional ist. Sonst heißt $\mathcal{D}$ nicht determiniert. □

Ein determinierte Ein-/Ausgabebeschreibung entspricht einem functional system in [119] Def. 2.2. Nach Meinung des Autors ist der Begriff determiniert aber aussagekräftiger, da er mehr das Konzept als das Innere wiederspiegelt.

(4.11) Bemerkung: Sei A ein determinierter Automat, dann gilt:

1. die kanonische und die stark faire Ein-/Ausgabebeschreibung von A stimmen überein.

2. die kanonische Ein-/Ausgabebeschreibung von A ist determiniert.

□

In der Regel interessiert es den Beobachter nicht, wenn ein Objekt auf eine Eingabe nicht wirklich mit allen Nachrichten antworten kann, die der Beobachter für möglich hält. Der Beobachter kann nicht einmal entscheiden, ob ein Objekt mit allen Nachrichten antworten kann, die er für möglich hält, da das Objekt im Verlauf von Testläufen nur mit einer Teilmenge der möglichen Antworten aufwarten kann und muß.

Auch ein nicht determiniertes Objekt kann bei einer beliebigen Anzahl von gleichen Probeläufen dieselbe Antwort geben, so daß der Beobachter nicht entscheiden kann, ob dieses Objekt determiniert ist oder nicht. Erst wenn das Objekt auf die gleiche Eingabe verschieden geantwortet hat, kann Nichtdeterminiertheit festgestellt werden.

Durch diese Betrachtung sieht man, daß ein Objekt immer durch ein Objekt ersetzt werden kann, das weniger Antwortmöglichkeiten hat. Dies motiviert folgende Definition:

(4.12) Definition: Seien $\mathcal{D}_1 = (\mathcal{I}_1^M, \mathcal{O}_1^M, \mathcal{U}_1)$, $\mathcal{D}_2 = (\mathcal{I}_1^M, \mathcal{O}_1^M, \mathcal{U}_2) \in \mathcal{DS}_{\mathcal{I}}^{\mathcal{O}}$. $\mathcal{D}_1$ heißt determinierter als $\mathcal{D}_2$, $\mathcal{D}_1 \succeq \mathcal{D}_2$, wenn gilt: $\mathcal{U}_1 \subset \mathcal{U}_2$ □

Obwohl die determinierter-Beziehung von Ein-/Ausgabebeschreibungen eine kanonische Beziehung ist, scheint sie in der Systemtheorie nicht eingeführt worden zu sein. Sie wird allerdings auch erst dadurch sinnvoll, daß die Ein-/Ausgabebeschreibungen total sind. Der Begriff determinierter entspricht für diskrete Zeit dem Begriff property refinement aus [27].

(4.13) Beispiel: Sei A ein Automat, dann ist die stark faire Ein-/Ausgabebeschreibung dieses Automaten determinierter als die kanonische Ein-/Ausgabebeschreibung.

Seien A_1 und A_2 zwei Automaten und es existiere ein Automatenhomomorphismus von A_1 nach A_2, dann ist die kanonische Ein-/Ausgabebeschreibung von A_1 determinierter als die kanonische Ein-/Ausgabebeschreibung von A_2.

Für die stark fairen Ein-/Ausgabebeschreibungen gilt eine entsprechende Aussage nicht, denn sei $A_1 = (\{0,1\}, \{0,1\}, \{z_0\}, \{z_0\}, \{((z_0,0), z_0), ((z_0,0), z_0)\}, \{((0, z_0), 0), ((1, z_0), 0)\})$ und $A_2 = A_X$ [vgl. (4.8)], dann existiert ein Automatenhomomorphismus von A_1 nach A_2

aber $(I \equiv 1, O \equiv 0)$ gehört zur stark fairen Ein-/Ausgabebeschreibung von A_1 und nicht zur stark fairen Ein-/Ausgabebeschreibung von A_2. $\qquad\square$

(4.14) Bemerkung: Seien $\mathcal{D}_1$ und $\mathcal{D}_2$ echte Ein-/Ausgabebeschreibungen mit $\mathcal{D}_1 \succeq \mathcal{D}_2$ und sei $\mathcal{D}_2$ determiniert, dann gilt: $\mathcal{D}_1 = \mathcal{D}_2$ $\qquad\square$

Beweis: $\mathcal{D}_1 = (\mathcal{I}_1^M, \mathcal{O}_1^M, \mathcal{U}_1)$ und $\mathcal{D}_2 = (\mathcal{I}_2^M, \mathcal{O}_2^M, \mathcal{U}_2)$, sei $\mathcal{D}_1 \succeq \mathcal{D}_2$. Sei $\mathcal{D}_2$ determiniert, d.h. $\mathcal{U}_2$ ist funktional. Sei $(I, O) \in \mathcal{U}_2$. Da $\mathcal{D}_1$ eine echte Ein-/Ausgabebeschreibung ist, existiert $(I, \hat{O}) \in \mathcal{U}_1 \subset \mathcal{U}_2$. Da $\mathcal{U}_2$ funktional, gilt: $O = \hat{O}$.
D.h. $(I, O) \in \mathcal{U}_1$ und damit gilt: $\mathcal{U}_1 = \mathcal{U}_2$. $\qquad\square$

4.3 Verbandstruktur

(4.15) Bemerkung: Die Relation $\succeq$ ist transitiv, reflexiv und antisymmetrisch, also eine partielle Ordnung. $\qquad\square$

(4.16) Definition: Sei S eine Menge und seien $\mathcal{D}_s = (\mathcal{I}_s^M, \mathcal{O}_s^M, \mathcal{U}_s) \in \mathcal{DS}_\mathcal{I}^\mathcal{O}$ für $s \in S$.

1. Sei $\mathcal{D} = (\mathcal{I}^M, \mathcal{O}^M, \mathcal{U})$ mit:

   $\mathcal{U} = \bigcup_{s \in S} \mathcal{U}_s$

   Dann ist $\mathcal{D} = \bigcup_{s \in S} \mathcal{D}_s$ die Vereinigung der $\mathcal{D}_S$.

2. Sei $\mathcal{D} = (\mathcal{I}^M, \mathcal{O}^M, \mathcal{U})$ mit:

$$\mathcal{U} = \begin{cases} \bigcap_{s \in S} \mathcal{U}_s & : \quad \bigcap_{s \in S} \mathcal{U}_s \text{ total} \\ \emptyset & : \quad \text{sonst} \end{cases}$$

   Dann ist $\mathcal{D} = \bigcap_{s \in S} \mathcal{D}_s$ der Schnitt der $\mathcal{D}_s$.

$\qquad\square$

(4.17) Satz: Sei S eine Menge und sei $D = \{\mathcal{D}_s \mid s \in S\} \subset \mathcal{DS}_\mathcal{I}^\mathcal{O}$. Dann gilt:

1. $\bigcap_{s \in S} \mathcal{D}_s$ ist die kleinste obere Schranke von D bzgl. $\succeq$.

2. $\bigcup_{s \in S} \mathcal{D}_s$ ist die größte untere Schranke von D bzgl. $\succeq$.

$\qquad\square$

Beweis: Sei S eine Menge und sei
$D = \{\mathcal{D}_s = (\mathcal{I}_s^M, \mathcal{O}_s^M, \mathcal{U}_s) \mid s \in S\} \subset \mathcal{DS}_\mathcal{I}^\mathcal{O}$.

1. Offensichtlich ist $\mathcal{D}_1 = (\mathcal{I}_1^M, \mathcal{O}_1^M, \mathcal{U}_1) = \bigcap_{s \in S} \mathcal{D}_s$ eine obere Schranke von D. Sei $\mathcal{D}_2 = (\mathcal{I}_2^M, \mathcal{O}_2^M, \mathcal{U}_2)$ eine obere Schranke von D.
   Sei $(I, O) \in \mathcal{U}_2$. Da $\mathcal{D}_2 \succeq \mathcal{D}_s$ für alle $s \in S$, gilt:
   $\forall s \in S : (I, O) \in \mathcal{U}_s$. D.h. $(I, O) \in \mathcal{U}_1$ oder $\mathcal{U}_1 = \emptyset$.

   Also ist $\mathcal{D}_2 \succeq \mathcal{D}_1$, und damit ist $\mathcal{D}_1$ die kleinste obere Schranke von D.

2. Offensichtlich ist $\mathcal{D}_1 = (\mathcal{I}_1^M, \mathcal{O}_1^M, \mathcal{U}_1) = \bigcup_{s \in S} \mathcal{D}_s$ eine untere Schranke von D. Sei $\mathcal{D}_2 = (\mathcal{I}_2^M, \mathcal{O}_2^M, \mathcal{U}_2)$ eine untere Schranke von D. Sei $(I, O) \in \mathcal{U}_1$. D.h. es gibt ein $s \in S$ mit $(I, O) \in \mathcal{U}_s$. Da $\mathcal{D}_s \succeq \mathcal{D}_2$ gilt: $(I, O) \in \mathcal{U}_2$.

   D.h. $\mathcal{D}_1 \succeq \mathcal{D}_2$ Also ist $\mathcal{D}_1$ die größte untere Schranke von D.

$$\square$$

(4.18) Bemerkung: $(\mathcal{DS}_{\mathcal{I}}^{\mathcal{O}}, \succeq)$ ist ein vollständiger Verband. Es gilt:

1. $\bigsqcup = \bigcap$

2. $\bigsqcap = \bigcup$

3. $\bot = (\mathcal{I}, \mathcal{O}, (\mathcal{T} \to \mathcal{I}) \times (\mathcal{T} \to \mathcal{O}))$

4. $\top = (\mathcal{I}, \mathcal{O}, \emptyset)$

$$\square$$

4.4 Eigenschaften

Die Definition von Ein-/Ausgabebeschreibungen ist sehr allgemein. Es gibt viele Ein-/ Ausgabebeschreibungen, für die es keine sinnvollen Anwendungen gibt und die nur sehr schwer zu beherrschen sind. Im folgenden werden deshalb Klassen von Ein-/Ausgabebeschreibungen definiert, für die es sinnvolle Anwendungen gibt. Besonders berücksichtigt werden dabei Klassen von Ein-/Ausgabebeschreibungen, die bei der Definition von objektbasierten Systemen sinnvoll sind.

Ein objektbasiertes System besteht aus einer Menge von Objekten – beschrieben durch Ein-/Ausgabebeschreibungen –, die mit Hilfe einer Übertragungseinheit, die selbst auch ein ganz normales Objekt – beschrieben durch eine Ein-/Ausgabebeschreibung – ist. Die Eingabe der Übertragungseinheit besteht aus den Ausgaben der Objekte und einer Eingabe von außen. Die Ausgabe der Übertragungseinheit besteht aus den Eingaben für die Objekte und einer Ausgabe nach außen.

Da man die Ein- und Ausgaben nach außen und die Ein- und Ausgaben an die Objekte trennen sollte, wird folgende Definition getroffen.

(4.19) Definition: Sei X eine Menge und für $x \in X$ sei $W(x)$ eine Menge. Sei $Z \subset X$, dann werden folgende Projektionen definiert:

1. $Int_Z(\prod_{x \in X} W(x)) = \prod_{x \in X \setminus Z} W(x)$

   das Kreuzprodukt aller Mengen von Nachrichten, die von den Objekten kommen/an die Objekte gehen (innen).

2. $Int_Z : \prod_{x \in X} W(x) \to \prod_{x \in X \setminus Z} W(x), \; (s_x)_{x \in X} \mapsto (s_x)_{x \in X \setminus Z}$

   die Funktion, die aus einem Tupel von Nachrichten das Tupel von Nachrichten auswählt, das von den Objekten kommt/zu den Objekten geschickt wird (innen).

 29

3. $Ext_Z(\prod_{x \in X} W(x)) = \prod_{x \in Z} W(x)$

   das Kreuzprodukt aller Mengen von Nachrichten, die von außen kommen/nach außen gehen.

4. $Ext_Z : \prod_{x \in X} W(x) \to \prod_{x \in X \setminus Z} W(x), (s_x)_{x \in X} \mapsto (s_x)_{x \in Z}$

   die Funktion, die aus einem Tupel von Nachrichten das Tupel von Nachrichten auswählt, das von außen kommt/nach außen geht.

$\square$

pre-causal

Sei $\mathcal{D}_{NR} = (\mathcal{I}_{NR}^M, \mathcal{O}_{NR}^M, \mathcal{U}_{NR})$ mit $\mathcal{T} = \mathbb{N}$, $\mathcal{I}_{NR}^M = \mathcal{O}_{NR}^M = \{0,1\}$ und $\mathcal{U}_{NR} = \{(I, O) \mid \forall n \in \mathbb{N} : O(n) = I(n+1)\}$. Die Ausgabe von $\mathcal{D}_{NR}$ zum Zeitpunkt n ist also die Eingabe zum Zeitpunkt $n+1$. In der Realität kann etwas derartiges nicht vorkommen, da ein Objekt nicht wissen kann, welche Eingaben es demnächst erhalten wird. Eine Ein-/Ausgabebeschreibung heißt pre-causal, wenn die zu einem Zeitpunkt getätigten Ausgaben nur von den bis zu diesem Zeitpunkt erhaltenen Eingaben abhängen. Das Problem besteht nun darin, die kausalen Zusammenhänge zu erkennen, da ja keine Rechnung, die die kausalen Zusammenhänge aufdecken könnte, existiert. Man kann sich dem Problem aber auf andere Weise nähern. Man kann sagen, daß eine Ein-/Ausgabebeschreibung die Ausgabe bis zu einem Zeitpunkt t_0 nicht von den zukünftigen Eingaben abhängig gemacht hat, wenn zu allen Eingaben, die bis zum Zeitpunkt t_0 gleich sind, bis zu diesem Zeitpunkt auch die gleichen Ausgaben gemacht werden können (vgl. [119] Def. 2.4).

causal

Es stellt sich heraus, daß der Begriff "pre-causal" zwar einige schöne Eigenschaften hat, aber innerhalb von objektbasierten Systemen kaum zu beherrschen ist, d.h. dem Autor (aber auch in der abstrakten Systemtheorie) ist es nicht gelungen, sinnvolle Eigenschaften von objektbasierten Systemen zu beweisen, wenn die Objekte lediglich als pre-causal vorausgesetzt werden. Deshalb wird der Begriff etwas verstärkt. Eine Ein-/Ausgabebeschreibung heißt causal, wenn sie als Vereinigung von pre-causal determinierten Ein-/Ausgabebeschreibungen geschrieben werden kann. In [119] Def. 2.1 wird der Begriff causal auf eine Weise definiert, die zunächst wenig mit dieser Definition zu tun hat. Der Zusammenhang zwischen der Definition in [119] und dieser Definition wird später in dieser Arbeit herausgearbeitet.

Für diskrete Zeit werden Objekte in [28, 31] mit Hilfe solcher Ein-/Ausgabebeschreibungen modelliert.

closed

In der Realität erhält ein Objekt nicht sofort die gesamte Eingabe, sondern immer nur eine kleine Fortsetzung – im diskreten Fall normalerweise genau die nächste Eingabe. Die

Fortsetzung der Ausgabe nach Erhalt einer neuen Eingabe kann modelliert werden durch eine Relation, die

1. einem Ein-/Ausgabepaar (I, O),

2. einem Zeitpunkt t_0, der angibt, bis zu welchem Zeitpunkt (I, O) das Ein-/Ausgabeverhalten modelliert,

3. einer neuen Eingabe I_1, die bis zum Zeitpunkt t_0 mit I übereinstimmt,

eine neue zu I_1 passende Ausgabe O_1 zuordnet, die bis zum Zeitpunkt t_0 mit O übereinstimmt.

Hat man eine konsistente verallgemeinerte Folge von solchen Fortsetzungen, so sollte es ein mit dieser Folge verträgliches Ein-/Ausgabepaar in der Ein-/Ausgabebeschreibung geben.

Existiert eine Relation mit diesen Eigenschaften, so wird eine Ein-/Ausgabebeschreibung als closed durch diese Relation bezeichnet. Die Ein-/Ausgabebeschreibung $\mathcal{D}_{NR}$ z.B. ist nicht closed.

Zu beachten ist, daß durch die Relation mit Hilfe von Rechnungen nicht unbedingt alle möglichen Ausgaben der Ein-/Ausgabebeschreibung erzeugt werden können. So ist es immer möglich, die Relation funktional zu wählen. Durch eine verallgemeinerte Folge von Eingaben wird dann (deterministisch!) immer die gleiche Ausgabe erzeugt.

output-complete

Bei der Definition von closed ging eine Relation ein, die benötigt wurde, um die Ausgabe so fortzusetzen, daß am Ende solcher Fortsetzungen ein gültiges Ein-/Ausgabepaar erzeugt wird. Es ist mühsam, eine solche Relation zu finden und anzuwenden. Es ist deshalb sinnvoll, die Ein-/Ausgabebeschreibungen hervorzuheben, die mit jeder sinnvollen Relation – insbesondere auch mit der größten sinnvollen – closed sind. Eine Ein-/Ausgabebeschreibung heißt deshalb output-complete, wenn man bei einer Verlängerung der Eingabe die Ausgabe beliebig nach den Regeln der Ein-/Ausgabebeschreibung fortsetzen kann und als Ergebnis solcher Fortsetzungen auf jeden Fall ein Ein-/Ausgabepaar erhält, das zu der Ein-/Ausgabebeschreibung gehört.

Dies bedeutet, daß die Ein-/Ausgabebeschreibung auch mit Hilfe der endlichen Anfangsstücke der möglichen Ein-/Ausgabepaare beschrieben werden könnte. Mit Hilfe von output-complete Ein-/Ausgabebeschreibungen können alle Sicherheitseigenschaften, aber keine Lebendigkeitseigenschaften ausgedrückt werden.

Der Begriff output-complete wird hier etwas anders verwendet als in [119] Def. 2.5, da eine output-complete Ein-/Ausgabebeschreibung auch pre-causal sein muß. Dies wird vorausgesetzt, da Ein-/Ausgabebeschreibungen, die nicht pre-causal sind, in dieser Arbeit uninteressant sind.

output-closed

Bei der Untersuchung von objektbasierten Systemen ist ein wichtiges Problem, eine große Klasse von objektbasierten Systemen zu identifizieren, die zu jeder Eingabe von außen eine Rechnung besitzen.

Sind die Objekte und die Übertragungseinheit nur pre-causal, so muß es nicht notwendiger Weise zu allen Eingaben Rechnungen geben. Garantiert man allerdings, daß die Übertragungseinheit ihre Ausgabe an die Objekte zu jedem Zeitpunkt wenigstens etwas fortsetzen kann, ohne irgend etwas über die Ausgaben der Objekte zu dieser Zeit zu wissen, so kann die Übertragungseinheit die Rechnung zu jedem Zeitpunkt weiter vorantreiben. Die Zeitspanne, um die die Übertragungseinheit die Rechnung vorantreiben kann, kann sich in Abhängigkeit von der bisherigen Ein-/Ausgabe und dem Zeitpunkt verändern.

Hat man eine konsistente verallgemeinerte Folge von solchen Fortsetzungen, so sollte es ein mit der Folge verträgliches Ein-/Ausgabepaar in der Ein-/Ausgabebeschreibung geben.

Da die Übertragungseinheit die Ausgabe nur an die Objekte und nicht auch nach außen für eine bestimmte Zeit vorantreiben können muß, wird zwischen der Ausgabe an die Objekte und nach außen unterschieden – es wird der Begriff intern output-closed eingeführt.

pre-delayed

Ein output-closed Objekt kann seine Ausgabe ohne Wissen über die Eingabe vorantreiben. Sei $\mathcal{D}_{NZ} = (\mathcal{I}^M_{NZ}, \mathcal{O}^M_{NZ}, \mathcal{U}_{NZ})$ mit $\mathcal{T} = \mathbb{N}$, $\mathcal{I}^M_{NZ} = \mathcal{O}^M_{NZ} = \{0,1\}$ und $\mathcal{U}_{NZ} = \{(I,O) \mid \forall n \in \mathbb{N} : O(n) = I(n)\}$. Diese Ein-/Ausgabebeschreibung ist pre-causal, da die Ausgabe nur von der Eingabe bis zu diesem Moment abhängt. Die Ausgabe zu einem Zeitpunkt t hängt aber von der Eingabe zum Zeitpunkt t ab – mit den Eingaben bis zum Zeitpunkt t ist nicht vorherzusagen, welche Ausgabe die Ein-/Ausgabebeschreibung zum Zeitpunkt $t+1$ durchführen wird. Das Objekt benötigt also keine Zeit, um auf die Eingabe zu reagieren. Dieses Objekt ist deshalb sicherlich nicht output-closed.

Benötigt ein Objekt allerdings zu jedem Zeitpunkt, bis zu dem eine Ein-/Ausgabe durchgeführt wurde, und zu jedem möglichen Ein-/Ausgabepaar eine gewisse Zeit, so scheint es intuitiv möglich zu sein, die Ausgabe um diese Zeit ohne das Wissen um die Eingabe voranzutreiben.

Diese Verzögerung ist allerdings nur bei der Kommunikation mit den Objekten notwendig. Bei der Kommunikation mit der Außenwelt kann ohne Verzögerung reagiert werden. Deshalb wird der Begriff intern pre-delayed eingeführt.

Wie schon bei der Definition von pre-causal muß ein kausaler Zusammenhang zwischen den Ein- und Ausgaben hergestellt werden. Die Lösung ist auch ganz analog zur Lösung bei dem Begriff pre-causal, bis auf die Tatsache, daß die Ausgabe zeitlich noch versetzt ist.

delayed

Wie schon bei dem Begriff pre-causal tritt auch bei dem Begriff pre-delayed das Problem auf, daß dieser Begriff zu allgemein ist, um ihn für eine Rechnung fassen zu können. Aus diesem Grund wird auch hier der Begriff auf eine Vereinigung von determinierten pre-delayed Ein-/Ausgabebeschreibungen zurückgeführt.

constantly pre-delayed

Ein Spezialfall des Begriffs pre-delayed liegt vor, wenn die Verzögerung, mit der ein Objekt auf Eingaben reagiert, nie kleiner als eine Zeitspanne t_0 wird.

Auch in anderer Literatur wird der Begriff der Verzögerung eingeführt [181, 182, 148, 99, 71], allerdings wird meistens lediglich konstante Verzögerung betrachtet. Zumindest wird vorausgesetzt, daß nicht mehr als endlich viele Kommunikationen in endlicher Zeit durchgeführt werden (non-Zeno Axiom). Die in dieser Arbeit eingeführte Verzögerung ist allgemeiner.

(4.20) Definition: Sei $\mathcal{D} = (\mathcal{I}^M, \mathcal{O}^M, \mathcal{U})$ eine Ein-/Ausgabebeschreibung. $\mathcal{D}$ heißt

1. pre-causal, falls gilt:

   $\forall(I,O) \in \mathcal{U}\ \forall t_0 \in \mathcal{T}\ \forall I_0 \in (\mathcal{T} \to \mathcal{I}^M)$ mit $I =_{t_0} I_0\ \exists(I_0, O_0) \in \mathcal{U} : O =_{t_0} O_0$

2. causal, falls es eine Menge S und determinierte pre-causal Ein-/Ausgabebeschreibungen $\mathcal{D}_s$ für $s \in S$ gibt, so daß gilt: $\mathcal{D} = \bigcup_{s \in S} \mathcal{D}_s$

3. closed durch $\phi \subset (\mathcal{U} \times \mathcal{T} \times (\mathcal{T} \to \mathcal{I}^M)) \times (\mathcal{T} \to \mathcal{O}^M)$ mit Schrittweite $0 \neq \check{\imath} \in \mathcal{T}^\infty$, falls ϕ total und gilt:

   (a) $\forall(I,O) \in \mathcal{U}, t_0 \in \mathcal{T}, I_1 \in (\mathcal{T} \to \mathcal{I}^M)$ mit $I =_{t_0} I_1\ \forall \hat{O} \in \phi((I,O), t_0, I_1)$:

       i. $(I_1, \hat{O}) \in \mathcal{U}$

       ii. $O =_{t_0} \hat{O}$

   (b) Für jede konsistente verallgemeinerte Folge $\mathcal{F} \in \mathcal{FM}_{\mathcal{T}}^{\mathcal{U}}$ mit Schrittweite $\check{\imath}$, für die für jedes Element $(t, (I_t, O_t)) \in \mathcal{F}$ mit Nachfolgeelement $(\hat{\imath}, (I_{\hat{\imath}}, O_{\hat{\imath}}))$ gilt:
   $O_{\hat{\imath}} \in \phi((I_t, O_t), t, \hat{I})$, gibt es ein mit $\mathcal{F}$ verträgliches $(I,O) \in \mathcal{U}$, d.h. es gilt:
   $\forall(t, (I_t, O_t)) \in \mathcal{F} : (I, O) =_t (I_t, O_t)$

   ϕ heißt Fortsetzungsrelation für $\mathcal{D}$ (mit Schrittweite $\check{\imath}$). $\mathcal{D}$ heißt closed (durch ϕ), falls die Schrittweite ∞ ist.

4. output-complete, falls $\mathcal{D}$ pre-causal ist und es für jede konsistente verallgemeinerte Folge $\mathcal{F} \in \mathcal{FM}_{\mathcal{T}}^{\mathcal{U}}$ ein mit $\mathcal{F}$ verträgliches $(I,O) \in \mathcal{U}$ gibt, d.h. es gilt:
   $\forall(t, (I_t, O_t)) \in \mathcal{F} : (I, O) =_t (I_t, O_t)$

5. intern output-closed bzgl. (Z_I, Z_O) durch
   $\phi \subset (\mathcal{U} \times \mathcal{T}) \times ((\mathcal{T} \to Int_{Z_O}(\mathcal{O}^M)) \times \mathcal{T})$, falls $\mathcal{D}$ pre-causal, ϕ total und gilt:

   (a) $\forall(I,O) \in \mathcal{U}\ \forall t \in \mathcal{T}\ \forall(O_1, t_1) \in \phi((I,O), t)\ \forall I_0 \in (\mathcal{T} \to \mathcal{I}^M)$ mit $I =_t I_0$ und $Ext_{Z_I}(I) = Ext_{Z_I}(I_0)\ \exists(I_0, O_0) \in \mathcal{U}$:

       i. $O =_t O_0$

       ii. $Int_{Z_O}(O_0) =_{t_1} O_1$

       iii. $t_1 > t$

   (b) Für jede konsistente verallgemeinerte Folge $\mathcal{F} \in \mathcal{FM}_{\mathcal{T}}^{\mathcal{U}}$ für die für jedes Element $(t, (I_t, O_t)) \in \mathcal{F}$ mit Nachfolgeelement $(\hat{\imath}, (I_{\hat{\imath}, O_{\hat{\imath}}}))$ gilt:

       i. $Ext_{Z_I}(I_t) = Ext_{Z_I}(I_{\hat{\imath}})$

       ii. $\exists(O_1, t_1) \in \phi((I_t, O_t), t) : t_1 \geq \hat{\imath} \wedge O_1 =_{\hat{\imath}} Int_{Z_O}(O_{\hat{\imath}})$

gibt es zu jedem $I \in (\mathcal{T} \to \mathcal{I}^M)$ ein mit $\mathcal{F}$ verträgliches $(I, O) \in \mathcal{U}$, d.h. es gilt:
$$\forall (t, (I_t, O_t)) \in \mathcal{F} : (I, O) =_t (I_t, O_t)$$

ϕ heißt Ausgabefortsetzungsrelation bzgl. (Z_I, Z_O).

Falls $Z_I = Z_O = \emptyset$, so heißt $\mathcal{D}$ output-closed.

6. intern pre-delayed bzgl. (Z_I, Z_O) (mit Verzögerungsfunktion $\hat{\phi} \in (\mathcal{U} \times \mathcal{T} \to \mathcal{T})$), falls $\mathcal{D}$ pre-causal und gilt:

$$\forall (I, O) \in \mathcal{U} \, \forall t \in \mathcal{T} \, \exists t < t_0 = \hat{\phi}((I, O), t) \in \mathcal{T} \, \forall \hat{I} \in (\mathcal{T} \to \mathcal{I}^M) \text{ mit } I =_t \hat{I} \text{ und}$$
$$Ext_{Z_I}(I) = Ext_{Z_I}(\hat{I}) \, \exists (\hat{I}, \hat{O}) \in \mathcal{U} :$$

   (a) $O =_t \hat{O}$

   (b) $Int_{Z_O}(O) =_{t_0} Int_{Z_O}(\hat{O})$

Falls $Z_I = Z_O = \emptyset$, so heißt $\mathcal{D}$ pre-delayed.

7. intern delayed bzgl. (Z_I, Z_O), wenn es eine Menge M und intern bzgl. (Z_I, Z_O) pre-delayed determinierte Ein-/Ausgabebeschreibungen $\mathcal{D}_m$ für $m \in M$ gibt mit:

$$\mathcal{D} = \bigcup_{m \in M} \mathcal{D}_m$$

8. constantly pre-delayed um $0 \neq t_0 \in \mathcal{T}$ bzgl. (Z_I, Z_O), falls $\mathcal{D}$ intern pre-delayed bzgl. (Z_I, Z_O) um die Verzögerungsfunktion $\hat{\phi}$ mit $\forall t \in \mathcal{T} : \hat{\phi}(t) = t + t_0$.

$\square$

(4.21) Beispiel: Sei A ein Automat, dann gilt:

1. Die stark faire/kanonische Ein-/Ausgabebeschreibung von A ist pre-causal.

2. Die kanonische Ein-/Ausgabebeschreibung von A ist output-complete (dies ist eine Verallgemeinerung von [119] Prop. 2.2, da dort nur endliche Automaten behandelt werden).

3. Die stark faire Ein-/Ausgabebeschreibung ist nicht unbedingt output-complete.

4. Weder die kanonische noch die stark faire Ein-/Ausgabebeschreibung müssen pre-delayed bzgl. $(\emptyset, \emptyset)$ sein.

$\square$

Beweis: Sei $A = (\mathcal{I}^A, \mathcal{O}^A, \mathcal{Z}^A, \mathcal{U}^A, \mathcal{S}^A, \mathcal{OP}^A)$ ein Automat mit (stark fairer) Ein-/Ausgabebeschreibung $\mathcal{D}_A = (\mathcal{I}^M_A, \mathcal{O}^M_A, \mathcal{U}_A)$.

1. Sei $(I, O) \in \mathcal{U}_A$, $t_0 \in \mathcal{T} = \mathbb{N}$ und $I_0 \in (\mathcal{T} \to \mathcal{I}^M_A)$ mit $I =_{t_0} I_0$. Es gibt eine (stark faire) Rechnung R zur Eingabe I mit Ausgabe O. Offensichtlich gibt es auch eine (stark faire) Rechnung R_0 zur Eingabe I_0 mit Ausgabe O_0, die bis zum Zeitpunkt t_0 mit R übereinstimmt. Also stimmt auch O_0 mit O bis zum Zeitpunkt t_0 überein. Folglich ist $\mathcal{D}_A$ pre-causal.

2. Sei $\mathcal{F} \in \mathcal{FM}_{\mathbb{N}}^{\mathcal{U}_A}$ eine konsistente verallgemeinerte Folge.
   Falls $n_0 = \sup(\mathcal{F}) \in \mathbb{N}$, so ist $\mathcal{F}(n_0) \in \mathcal{U}_A$ und mit $\mathcal{F}$ verträglich.

   Sei $\mathcal{F}$ nicht beschränkt. Für $(n, (I_n, O_n)) \in \mathcal{F}$ sei R_n die Folge der ersten n Zustände einer Rechnung von A zur Eingabe I_n mit Ausgabe O_n. Die R_n bilden einen endlich verzweigenden (da der Automat nur endlich verzweigt) unendlichen Baum. Nach Königs Lemma enthält dieser Baum einen unendlichen Pfad. Dieser Pfad definiert eine Rechnung von A zur Eingabe I mit Ausgabe O. Offensichtlich ist (I, O) verträglich mit $\mathcal{F}$. Also ist die kanonische Ein-/Ausgabebeschreibung von A output-complete.

3. Man betrachte den Automaten A_X [(4.8)]. (I, O) mit $I \equiv 1$ und $O \equiv 0$ gehört offensichtlich nicht zur stark fairen Ein-/Ausgabebeschreibung von A_X. Für $n \in \mathbb{N}$ gehört allerdings (I_n, O_n) mit $I_n(t) = 1$ für $t < n$, $I_n(t) = 0$ für $t \geq n$ und $O \equiv 0$ zur stark fairen Ein-/Ausgabebeschreibung von A_X.

4. Es läßt sich leicht ein Automat konstruieren, der als kanonische und stark faire Ein-/Ausgabebeschreibung $\mathcal{D}_{NZ}$ hat. $\mathcal{D}_{NZ}$ ist jedoch nicht pre-delayed bzgl. $(\emptyset, \emptyset)$.

□

(4.22) Satz: Sei S eine Menge und seien $\mathcal{D}_s$ für $s \in S$ Ein-/Ausgabebeschreibungen. Sei $\mathcal{D} = \bigcup_{s \in S} \mathcal{D}_s$, dann gilt:

1. $\forall s \in S : \mathcal{D}_s$ ist pre-causal $\Rightarrow \mathcal{D}$ ist pre-causal

2. $\forall s \in S : \mathcal{D}_s$ ist causal $\Rightarrow \mathcal{D}$ ist causal

3. $\forall s \in S : \mathcal{D}_s$ ist closed mit Schrittweite $\check{t} \Rightarrow \mathcal{D}$ ist closed mit Schrittweite $\check{t}$

4. $\forall s \in S : \mathcal{D}_s$ ist intern pre-delayed bzgl. (Z_I, Z_O)
   $\Rightarrow \mathcal{D}$ ist intern pre-delayed bzgl. (Z_I, Z_O)

5. $\forall s \in S : \mathcal{D}_s$ ist intern delayed bzgl. (Z_I, Z_O)
   $\Rightarrow \mathcal{D}$ ist intern delayed bzgl. (Z_I, Z_O)

6. $\forall s \in S : \mathcal{D}_s$ ist intern output-closed bzgl. $(Z_I, \emptyset)$
   $\Rightarrow \mathcal{D}$ ist intern output-closed bzgl. $(Z_I, \emptyset)$

□

Beweis: Sei S eine Menge und seien $\mathcal{D}_s = (\mathcal{I}_s^M, \mathcal{O}_s^M, \mathcal{U}_s)$ für $s \in S$ Ein-/Ausgabebeschreibungen, sei $\mathcal{D} = (\mathcal{I}^M, \mathcal{O}^M, \mathcal{U}) = \bigcup_{s \in S} \mathcal{D}_s$.

1. Für $s \in S$ sei $\mathcal{D}_s$ pre-causal. Es wird gezeigt, daß $\mathcal{D}$ pre-causal ist.

   Sei $(I, O) \in \mathcal{U}$, $t_0 \in \mathcal{T}$ und $I_0 \in (\mathcal{T} \to \mathcal{I}^M)$ mit $I =_{t_0} I_0$. Sei $s \in S$ mit $(I, O) \in \mathcal{U}_s$. Da $\mathcal{D}_s$ pre-causal, gibt es $(I_0, O_0) \in \mathcal{U}_s \subset \mathcal{U}$ mit $O =_{t_0} O_0$.

   Also ist $\mathcal{D}$ pre-causal.

2. Gilt offensichtlich nach Definition von causal.

3. Für $s \in S$ sei $\mathcal{D}_s$ durch ϕ_s mit Schrittweite $\check{t}$ closed.

   Sei $\leq$ eine Wohlordnung auf S. Nach dem Wohlordnungssatz existiert $\leq$. Für
   $x = ((I,O),t,I_0) \in \mathcal{U} \times \mathcal{T} \times (\mathcal{T} \to \mathcal{I}^M)$ mit $I =_t I_0$ sei
   $M(x) = \{s \in S \mid \exists(\hat{I},\hat{O}) \in \mathcal{U}_s : (I,O) =_t (\hat{I},\hat{O})\} \neq \emptyset$.

   Sei $m(x) = \min(M(x))$. Falls $(I,O) \in \mathcal{U}_{m(x)}$ sei $f(x) = (I,O)$. Sonst sei
   $f(x) \in \mathcal{U}_{m(x)}$ beliebig mit $(I,O) =_t f(x)$. Sei $\phi(x) = \phi_{m(x)}((f(x),t,I_0))$.

   Für $x = ((I,O),t,I_0) \in \mathcal{U} \times \mathcal{T} \times (\mathcal{T} \to \mathcal{I}^M)$ mit $\neg(I =_t I_0)$ sei $\phi(x)$ beliebig.

   Zu zeigen: ϕ ist eine Fortsetzungsrelation für $\mathcal{D}$ mit Schrittweite $\check{t}$.

   (a) ϕ ist offensichtlich total.

   (b) Sei $(I,O) \in \mathcal{U}$, $t_0 \in \mathcal{T}$ und $I_1 \in (\mathcal{T} \to \mathcal{I}^M)$ mit $I =_{t_0} I_1$. Sei $x = ((I,O),t,I_1)$.
       Da $\phi_{m(x)}$ eine Fortsetzungsrelation ist, gilt für alle
       $\hat{O} \in \phi(x) = \phi_{m(x)}(f(x),t,I_1)$: $(I_1,\hat{O}) \in \mathcal{U}_{m((I,O),t_0,I_1)} \subset \mathcal{U}$ und $O =_{t_0} \hat{O}$.

   (c) Sei $\mathcal{F} \in \mathcal{FM}_{\mathcal{T}}^{\mathcal{U}}$ eine konsistente verallgemeinerte Folge mit Schrittweite $\check{t}$. Für
       jedes Elemente $(t,(I_t,O_t)) \in \mathcal{F}$ mit Nachfolgeelement $(\hat{t},(I_{\hat{t}},O_{\hat{t}}))$ gelte:
       $O_{\hat{t}} \in \phi((I_t,O_t),t,I_{\hat{t}})$.
       Für $t \in Vb(\mathcal{F})$ sei $s_t = m((I_t,O_t),t,I_{\hat{t}})$.
       Sei $(\hat{t},(I_{\hat{t}},O_{\hat{t}})) \in \mathcal{F}$ und es gebe ein $s \in S$, so daß für alle $t \in Vb(\mathcal{F})$ mit $t < \hat{t}$
       gilt: $s = s_t$
       Es gibt ein $(\hat{I}_{\hat{t}},\hat{O}_{\hat{t}}) \in \mathcal{U}_{s_{\hat{t}}}$ mit $(I_{\hat{t}},O_{\hat{t}}) =_{\hat{t}} (\hat{I}_{\hat{t}},\hat{O}_{\hat{t}})$.
       Da $\mathcal{F}$ konsistent ist, gilt für alle $(t,(I_t,O_t)) \in \mathcal{F}$ mit $t < \hat{t}$:
       $(I_t,O_t) =_t (\hat{I}_{\hat{t}},\hat{O}_{\hat{t}})$.
       Also gilt: $s = s_t \leq s_{\hat{t}}$.
       Noch zu zeigen: $s \geq s_{\hat{t}}$

       1. Fall: $(\hat{t},(I_{\hat{t}},O_{\hat{t}}))$ ist ein Nachfolgeelement von $(t,(I_t,O_t))$.
          Dann gilt: $(I_{\hat{t}},O_{\hat{t}}) \in (I_{\hat{t}},\phi_s(f((I_t,O_t),t,I_{\hat{t}}),t,I_{\hat{t}})) \subset \mathcal{U}_s$.
          D.h. $s \geq s_{\hat{t}}$, also $s = s_{\hat{t}}$.
       2. Fall: $(\hat{t},(I_{\hat{t}},O_{\hat{t}}))$ ist ein Limes-Element.
          Sei $\mathcal{F}_1 = \{(t,(I_t,O_t)) \in \mathcal{F} \mid t < \hat{t}\}$.
          $\mathcal{F}_1$ ist eine konsistente verallgemeinerte Folge und es gibt ein mit $\mathcal{F}_1$
          verträgliches $(\hat{I}_{\hat{t}},\hat{O}_{\hat{t}}) \in \mathcal{U}_s$, d.h.: $\forall(t,(I_t,O_t)) \in \mathcal{F}_1 : (\hat{I}_{\hat{t}},\hat{O}_{\hat{t}}) =_t (I_t,O_t)$.
          $\Rightarrow (I_{\hat{t}},O_{\hat{t}}) =_{\hat{t}} (\hat{I}_{\hat{t}},\hat{O}_{\hat{t}})$
          D.h. $s \geq s_{\hat{t}}$, also $s = s_{\hat{s}}$.

       Nach dem Prinzip der vollständigen Induktion für verallgemeinerte Folgen gilt
       folglich: $\forall t \in Vb(\mathcal{F}) : s = s_t$.
       Damit wiederum existiert ein mit $\mathcal{F}$ verträgliches $(I,O) \in \mathcal{U}_s \subset \mathcal{U}$

   Also ist $\mathcal{D}$ closed durch ϕ mit Schrittweite $\check{t}$.

4. Für $s \in S$ sei $\mathcal{D}_s = (\mathcal{I}_s^M,\mathcal{O}_s^M,\mathcal{U}_s)$ intern pre-delayed bzgl. (Z_I,Z_O) mit Verzögerungsfunktion ϕ_s.

   $\mathcal{D}$ ist nach Unterpunkt (1) pre-causal.

Für $(I,O) \in \mathcal{U}$ sei $f(I,O) \in \{s \in S \mid (I,O) \in \mathcal{U}_s\}$.

Für $(I,O) \in \mathcal{U}$ und $t \in \mathcal{T}$ sei $\hat{\phi}((I,O),t) := \phi_{f(I,O)}((I,O),t)$.

Sei $(I,O) \in \mathcal{U}$, $t \in \mathcal{T}$ und $\hat{I} \in (\mathcal{T} \to \mathcal{I}^M)$ mit $I =_t \hat{I}$ und $Ext_{Z_I}(I) = Ext_{Z_I}(\hat{I})$.

Da $\mathcal{D}_{f(I,O)}$ intern pre-delayed bzgl. (Z_I, Z_O) mit Verzögerungsfunktion $\phi_{f(I,O)}$ gibt es ein $(\hat{I}, \hat{O}) \in \mathcal{U}_{f(I,O)} \subset \mathcal{U}$ mit $O =_t \hat{O}$ und $Int_{Z_O}(O) =_{\phi_{f(I,O)}((I,O),t)} Int_{Z_O}(\hat{O})$.

Also ist $\mathcal{D}$ intern pre-delayed bzgl. (Z_I, Z_O) mit Verzögerungsfunktion $\hat{\phi}$.

5. Gilt offensichtlich nach Definition von delayed.

6. Für $s \in S$ sei $\mathcal{D}_s$ intern output-closed durch ϕ_s bzgl. $(Z_I, Z_O = \emptyset)$. Zu beachten ist, daß $Z_O = \emptyset$!

$\mathcal{D}$ ist nach Unterpunkt (1) pre-causal.

Sei $\leq$ eine Wohlordnung auf S (diese existiert nach dem Wohlordnungssatz).

Für $x = ((I,O),t) \in \mathcal{U} \times \mathcal{T}$ sei
$M(x) = \{s \in S \mid \exists (\hat{I}, \hat{O}) \in \mathcal{U}_s : (I,O) =_t (\hat{I}, \hat{O})\} \neq \emptyset$.

Sei $m(x) = \min(M(x))$. Falls $(I,O) \in \mathcal{U}_{m(x)}$ sei $f(x) = (I,O)$.
Sonst sei $f(x) = (I_f, O_f) \in \mathcal{U}_{m(x)}$ beliebig mit $(I,O) =_t f(x)$ und $Ext_{Z_I}(I) = Ext_{Z_I}(I_f)$ ($f(x)$ existiert, da $\mathcal{D}_{m(x)}$ pre-causal).

Sei $\phi(x) = \phi_{m(x)}(f(x),t)$

Zu zeigen: ϕ ist eine Ausgabefortsetzungsrelation für $\mathcal{D}$.

  (a) ϕ ist offensichtlich total.

  (b) Sei $(I,O) \in \mathcal{U}$, $t \in \mathcal{T}$, $(O_1, t_1) \in \phi((I,O),t) = \phi_{m((I,O),t)}(f((I,O),t),t)$ und $I_0 \in (\mathcal{T} \to \mathcal{I}^M)$ mit $I =_t I_0$ und $Ext_{Z_I}(I) = Ext_{Z_I}(I_0)$.

    Sei $f((I,O),t) = (I_f, O_f)$.

    Da $\phi_{m((I,O),t)}$ eine Ausgabefortsetzungsrelation ist, gibt es $(I_0, O_0) \in \mathcal{U}_{m((I,O),t)} \subset \mathcal{U}$ mit $O_f =_t O_0$ und $Int_{Z_O}(O_0) =_{t_1} O_1$ und $t_1 > t$.

    Also gilt: $O =_t O_0$ und $Int_{Z_O}(O_0) =_{t_1} O_1$ und $t_1 > t$.

  (c) Sei $\mathcal{F} \in \mathcal{FM}^{\mathcal{U}}_{\mathcal{T}}$ eine konsistente verallgemeinerte Folge, für die für jedes Element $(t, (I_t, O_t)) \in \mathcal{F}$ mit Nachfolgeelement $(\hat{t}, (I_{\hat{t}}, O_{\hat{t}}))$ gilt:

    i. $Ext_{Z_I}(I_t) = Ext_{Z_I}(I_{\hat{t}})$

    ii. $\exists (O_1, t_1) \in \phi((I_t, O_t),t) : t_1 \geq \hat{t} \wedge O_1 =_{\hat{t}} Int_{Z_O}(O_{\hat{t}})$

    Für $t \in Vb(\mathcal{F})$ sei $s_t = m((I_t, O_t),t)$.

    Sei $(\hat{t}, (I_{\hat{t}}, O_{\hat{t}})) \in \mathcal{F}$ und es gebe ein $s \in S$, so daß für alle $t \in Vb(\mathcal{F})$ mit $t < \hat{t}$ gilt: $s = s_t$

    Es gibt ein $(\hat{I}_{\hat{t}}, \hat{O}_{\hat{t}}) \in \mathcal{U}_{s_{\hat{t}}}$ mit $(I_{\hat{t}}, O_{\hat{t}}) =_{\hat{t}} (\hat{I}_{\hat{t}}, \hat{O}_{\hat{t}})$.

    Sei $(t, (I_t, O_t)) \in \mathcal{F}$ mit $t < \hat{t}$, dann gilt auch: $(I_t, O_t) =_t (\hat{I}_{\hat{t}}, \hat{O}_{\hat{t}})$.

    Also gilt: $s = s_t \leq s_{\hat{t}}$

    Noch zu zeigen: $s \geq s_{\hat{t}}$

1. **Fall:** Es gibt ein $(t, (I_t, O_t)) \in \mathcal{F}$, das $(\hat{t}, (I_{\hat{t}}, O_{\hat{t}}))$ als Nachfolger hat.
   Dann existiert ein $(O_1, t_1) \in \phi((I_t, O_t), t)$ mit $t_1 \geq \hat{t}$ und $O_1 =_{\hat{t}} Int_{Z_O}(O_{\hat{t}})$.
   D.h. es gibt $(I, O) \in \mathcal{U}_s$ mit $(I, O) =_{\hat{t}} (I_{\hat{t}}, O_{\hat{t}})$.
   Hier ist $Z_O = \emptyset$ entscheident!
   D.h. $s \geq s_{\hat{t}}$ und insgesamt $s = s_{\hat{t}}$.

2. **Fall:** $(\hat{t}, (I_{\hat{t}}, O_{\hat{t}}))$ ist ein Limes-Element.
   Sei $\mathcal{F}_1 = \{(t, (I_t, O_t)) \in \mathcal{F} \mid t < \hat{t}\}$.
   Dann gibt es ein mit $\mathcal{F}_1$ verträgliches $(I, O) \in \mathcal{U}_s$, d.h. es gilt:
   $\forall t \in Vb(\mathcal{F}_1) : (I, O) =_t (I_t, O_t)$
   Hier wird $Z_O = \emptyset$ nicht benötigt!
   $\Rightarrow (I, O) =_{\hat{t}} (I_{\hat{t}}, O_{\hat{t}})$
   D.h. $s \geq s_{\hat{t}}$ und insgesamt $s = s_{\hat{t}}$.

Nach dem Prinzip der vollständigen Induktion für verallgemeinerte Folgen gilt
folglich: $\forall t \in Vb(\mathcal{F}) : s = s_t$.

Damit wiederum existiert ein mit $\mathcal{F}$ verträgliches $(I, O) \in \mathcal{U}_s \subset \mathcal{U}$ mit:
$\forall (t, (I_t, O_t)) \in \mathcal{F} : (I, O) =_t (I_t, O_t)$.

Also ist $\mathcal{D}$ output-closed bzgl. $(Z_I, \emptyset)$.

$\square$

(4.23) Bemerkung: Sei $\mathcal{T} = \mathbb{N}$ und für $m \in \mathbb{N}$ sei
$\mathcal{D}_m = (\{0, 1\}, \{0, 1\},$
$\{(I, O) \mid \forall n \in \mathbb{N} : O(n) = 0 :\Leftrightarrow |\{k \in \mathbb{N} \mid k < n \wedge I(k) = 1\}| < m\})$.
Für $m \in \mathbb{N}$ ist $\mathcal{D}_m$ output-complete.
$(\mathcal{I}^M, \mathcal{O}^M, \mathcal{U}) = \bigcup_{m \in \mathbb{N}} \mathcal{D}_m$ ist allerdings nicht output-complete,
da $(I, O) \notin \mathcal{U}$ mit $I \equiv O \equiv 1$. $\square$

Diese Eigenschaften von Ein-/Ausgabebeschreibungen sind nicht völlig unabhängig voneinander, sondern es gelten einige Beziehungen zwischen ihnen. Einige dieser Beziehungen
werden im folgenden herausgearbeitet. Nicht alle der bewiesenen Beziehungen werden
benötigt, um eine Theorie der objektbasierten Systeme zu betreiben. Insbesondere werden die mit dem Zorn'schen Lemma bzw. dem äquivalenten Wohlordnungssatz bewiesenen
Aussagen nicht benötigt. Diese sind aber aufgeführt, um dem Leser ein Gespür für die
Zusammenhänge der Begriffe zu vermitteln.

4.5 pre-causal Ein-/Ausgabebeschreibungen

(4.24) Satz: Sei $\mathcal{D}$ eine mit Schrittweite $0 \neq t \in \mathcal{T}^\infty$ closed Ein-/Ausgabebeschreibung,
dann ist $\mathcal{D}$ pre-causal. $\square$

Beweis: Sei $\mathcal{D} = (\mathcal{I}^M, \mathcal{O}^M, \mathcal{U})$ eine mit Schrittweite $0 \neq t \in \mathcal{T}^\infty$ closed Ein-/Ausgabe-
beschreibung. Sei $(I, O) \in \mathcal{U}, t_0 \in \mathcal{T}$ und $I_0 \in (\mathcal{T} \to \mathcal{I}^M)$ mit $I =_{t_0} I_0$.
Sei ϕ eine Fortsetzungsrelation für $\mathcal{D}$, sei $O_0 \in \phi((I, O), t_0, I_0)$, dann gilt:
$(I_0, O_0) \in \mathcal{U} \wedge O =_{t_0} O_0$

D.h. $\mathcal{D}$ ist pre-causal. $\square$

(4.25) Satz: Sei die Ein-/Ausgabebeschreibung $\mathcal{D}$ determiniert und pre-causal, dann ist $\mathcal{D}$ output-complete. $\square$

Beweis: Sei $\mathcal{D} = (\mathcal{I}^M, \mathcal{O}^M, \mathcal{U})$ eine determinierte und pre-causal Ein-/Ausgabebeschreibung.

Sei $\mathcal{F} \in \mathcal{FM}^{\mathcal{U}}_{\mathcal{T}}$ eine konsistente verallgemeinerte Folge.

Sei $I \in (\mathcal{T} \to \mathcal{I}^M)$ mit: $\forall (t, (I_t, O_t)) \in \mathcal{F} : I =_t I_t$.

Sei $(I, O) \in \mathcal{U}$.

Sei $(t, (I_t, O_t)) \in \mathcal{F}$. Da $\mathcal{D}$ pre-causal ist, existiert $(I, \hat{O}) \in \mathcal{U}$ mit: $\hat{O} =_t O_t$.

Da $\mathcal{D}$ determiniert ist, gilt: $O = \hat{O}$.

Also ist (I, O) mit $\mathcal{F}$ verträglich. Folglich ist $\mathcal{D}$ output-complete. $\square$

(4.26) Bemerkung: Sei $\mathcal{D}$ output-complete, dann ist $\mathcal{D}$ closed. $\square$

Beweis: Sei $\mathcal{D} = (\mathcal{I}^M, \mathcal{O}^M, \mathcal{U})$ output-complete. Sei
$\phi \subset (\mathcal{U} \times \mathcal{T} \times (\mathcal{T} \to \mathcal{I}^M)) \times (\mathcal{T} \to \mathcal{O}^M)$ mit:
$O_0 \in \phi((I, O), t_0, I_0) :\Leftrightarrow \neg(I =_{t_0} I_0) \vee (O =_{t_0} O_0 \wedge (I_0, O_0) \in \mathcal{U})$.
ϕ ist eine Fortsetzungsrelation für $\mathcal{D}$, denn:

1. ϕ ist total, da $\mathcal{D}$ pre-causal ist.

2. Sei $(I, O) \in \mathcal{U}$, $t_0 \in \mathcal{T}$ und $\hat{I} \in (\mathcal{T} \to \mathcal{I}^M)$ mit $I =_{t_0} \hat{I}$.
   Sei $\hat{O} \in \phi((I, O), t_0, \hat{I})$.

   Nach Definition von ϕ gilt: $(\hat{I}, \hat{O}) \in \mathcal{U}$ und $O =_{t_0} \hat{O}$

3. Sei $\mathcal{F} \in \mathcal{FM}^{\mathcal{U}}_{\mathcal{T}}$ eine verallgemeinerte Folge, für die für jedes Element $(t, (I_t, O_t)) \in \mathcal{F}$ mit Nachfolgeelement $(\hat{t}, (I_{\hat{t}}, O_{\hat{t}}))$ gilt:
   $O_{\hat{t}} \in \phi((I_t, O_t), t, \hat{I})$.

   Da $\mathcal{D}$ output-complete gibt es $(I, O) \in \mathcal{U}$, das mit $\mathcal{F}$ verträglich ist.

Insgesamt ist $\mathcal{D}$ also durch ϕ closed. $\square$

(4.27) Bemerkung: Sei $\mathcal{D}$ causal, dann ist $\mathcal{D}$ closed. $\square$

Beweis: Sei $\mathcal{D}$ causal.
D.h. es gibt eine Menge S und determinierte pre-causal Ein-/Ausgabebeschreibungen $\mathcal{D}_s$ für $s \in S$ mit: $\mathcal{D} = \bigcup_{s \in S} \mathcal{D}_s$
Die $\mathcal{D}_s$ sind pre-causal und determiniert, nach (4.25) also output-complete. Nach (4.26) sind die $\mathcal{D}_s$ damit closed. Nach (4.22) ist $\mathcal{D}$ damit closed. $\square$

(4.28) Bemerkung: Sei $\mathcal{D} = (\mathcal{I}^M, \mathcal{O}^M, \mathcal{U})$ eine Ein-/Ausgabebeschreibung. Für jedes $(I, O) \in \mathcal{U}$ gebe es eine determinierte pre-causal Ein-/Ausgabebeschreibung $\mathcal{D}_{(I,O)}$ mit $(I, O) \in \mathcal{D}_{(I,O)}$ und $\mathcal{D}_{(I,O)} \succeq \mathcal{D}$, dann ist $\mathcal{D}$ causal. $\square$

Beweis: Sei $\mathcal{D} = (\mathcal{I}^M, \mathcal{O}^M, \mathcal{U})$ eine Ein-/Ausgabebeschreibung.

Für jedes $(I, O) \in \mathcal{U}$ sei $\mathcal{D}_{(I,O)}$ eine determinierte pre-causal Ein-/Ausgabebeschreibung mit $(I, O) \in \mathcal{D}_{(I,O)}$ und $\mathcal{D}_{(I,O)} \succeq \mathcal{D}$.

Dann gilt: $\mathcal{D} = \bigcup_{(I,O)\in\mathcal{U}} \mathcal{D}_{(I,O)}$

Also ist $\mathcal{D}$ causal. $\qquad\qquad\square$

(4.29) Satz: Sei $\mathcal{D} = (\mathcal{I}^M, \mathcal{O}^M, \mathcal{U})$ eine Ein-/Ausgabebeschreibung, dann gilt:

$\mathcal{D}$ ist causal genau dann, wenn es Mengen OS und $OI \subset (\mathcal{T} \to OS)$ und eine determinierte pre-causal Ein-/Ausgabebeschreibung $\mathcal{D}_{Or} = (\mathcal{I}^M \times OS, \mathcal{O}^M, \mathcal{U}_{Or})$ gibt mit:

$\mathcal{U} = \{(I, O) \mid \exists I_0 \in OI : ((I, I_0), O) \in \mathcal{U}_{Or}\}$ $\qquad\qquad\square$

Beweis: Sei $\mathcal{D} = (\mathcal{I}^M, \mathcal{O}^M, \mathcal{U})$ eine Ein-/Ausgabebeschreibung.

1. Sei $\mathcal{D}$ causal. D.h. es gibt eine Menge S und determinierte causal Ein-/Ausgabebeschreibungen $\mathcal{D}_s = (\mathcal{I}_s^M, \mathcal{O}_s^M, \mathcal{U}_s)$ mit $\mathcal{D} = \bigcup_{s \in S} \mathcal{D}_s$.

   Sei $OS = S$ und $OI = (\mathcal{T} \to OS)$. Sei $\mathcal{D}_{Or} = (\mathcal{I}^M \times OS, \mathcal{O}^M, \mathcal{U}_{Or})$ mit
   $\mathcal{U}_{Or} = \{((I_1, I_2), O) \mid (I_1, O) \in \mathcal{U}_{I_2(0)}\}$.

   $\mathcal{D}_{Or}$ ist determiniert und pre-causal und es gilt:
   $\mathcal{U} = \{(I, O) \mid \exists I_0 \in OI : ((I, I_0), O) \in \mathcal{U}_{Or}\}$

2. Sei $OI \subset (\mathcal{T} \to OS)$ und $\mathcal{D}_{Or} = (\mathcal{I}^M \times OS, \mathcal{O}^M, \mathcal{U}_{Or})$ eine determinierte pre-causal Ein-/Ausgabebeschreibung mit:
   $\mathcal{U} = \{(I, O) \mid \exists I_0 \in OI : ((I, I_0), O) \in \mathcal{U}_{Or}\}$

   Für $I_0 \in OI$ ist $\mathcal{D}_{I_0} = (\mathcal{I}^M, \mathcal{O}^M, \{(I, O) \mid ((I, I_0), O) \in \mathcal{U}_{Or}\})$ determiniert und pre-causal.

   Es gilt: $\mathcal{D} = \bigcup_{I_0 \in OI} \mathcal{D}_{I_0}$

   Also ist $\mathcal{D}$ causal.

$\qquad\qquad\square$

(4.29) besagt, daß die causal Ein-/Ausgabebeschreibungen den oraclizable processes in [149] entsprechen. Eine Ein-/Ausgabebeschreibung $\mathcal{D}$ heißt oraclizable, wenn es ein Oracle OI und eine determinierte Ein-/Ausgabebeschreibung $\mathcal{D}_{Or}$ gibt, so daß $\mathcal{D}$ auf eine Eingabe I genauso reagiert wie $\mathcal{D}_{Or}$, das neben der Eingabe I noch eine Eingabe vom Oracle bekommt. Der Nichtdeterminismus wird also durch das Oracle erreicht.

Eine Modellbildung mit Hilfe von oraclizable Ein-/Ausgabebeschreibungen ist allerdings zu konstruktiv, da nun das gleiche Verhalten durch verschiedene oraclizable Ein-/Ausgabebeschreibungen beschrieben werden kann – die Abstraktheit des Modells geht verloren. Dies kann wie in [149] behoben werden, dem Autor scheint es aber eleganter, von vornherein von einer so konstruktiven Repräsentation Abstand zu nehmen. Nichts desto trotz ist dieser Satz sinnvoll, wenn untersucht werden soll, ob eine Ein-/Ausgabebeschreibung causal ist.

(4.30) Satz: Sei $\mathcal{D} = (\mathcal{I}^M, \mathcal{O}^M, \mathcal{U})$ eine Ein-/Ausgabebeschreibung, dann gilt:
$\mathcal{D}$ ist causal genau dann, wenn es

1. für jedes $t \in \mathcal{T}$ eine Menge $States_t$ von Zuständen (states),

2. eine Menge $SStates \subset States_0$ von Startzuständen,

3. für $t_1, t_2 \in \mathcal{T}$ mit $t_1 \leq t_2$ eine Übergangsfunktion (state transition function)
$TransFunc_{t_1}^{t_2} \in (States_{t_1} \times (\mathcal{T}_{t_1}^{t_2} \to \mathcal{I}^M) \to States_{t_2})$

4. und für jedes $t \in \mathcal{T}$ eine Ausgabefunktion (output function)
$OutFunc_t \in (States_t \times \mathcal{I}^M \to \mathcal{O}^M)$

gibt mit:

1. $\forall t_1, t_2, t_3 \in \mathcal{T}, t_1 \leq t_2 \leq t_3 \ \forall c \in States_{t_1} \ \forall I \in (\mathcal{T} \to \mathcal{I}^M)$:
$TransFunc_{t_2}^{t_3}(TransFunc_{t_1}^{t_2}(c, I_{t_1}^{t_2}), I_{t_2}^{t_3}) = TransFunc_{t_1}^{t_3}(c, I_{t_1}^{t_3})$

2. $\forall t \in \mathcal{T} \ \forall c \in States_t \ \forall I \in (\mathcal{T}_t^t \to \mathcal{I}^M) : TransFunc_t^t(c, I) = c$

3. $\forall (I, O) \in (\mathcal{T} \to \mathcal{I}^M) \times (\mathcal{T} \to \mathcal{O}^M)$:
$((I, O) \in \mathcal{U} \Leftrightarrow \exists c \in SStates \ \forall t \in \mathcal{T} : OutFunc_t(TransFunc_0^t(c, I_0^t), I(t)) = O(t)$

$\square$

Beweis: Sei $\mathcal{D} = (\mathcal{I}^M, \mathcal{O}^M, \mathcal{U})$ eine Ein-/Ausgabebeschreibung.

1. Sei $\mathcal{D}$ causal. D.h. es gibt eine Menge S und determinierte pre-causal Ein-/Ausgabebeschreibungen $\mathcal{D}_s = (\mathcal{I}_s^M, \mathcal{O}_s^M, \mathcal{U}_s)$ für $s \in S$ mit $\mathcal{D} = \bigcup_{s \in S} \mathcal{D}_s$.

   (a) Für $t \in \mathcal{T}$ sei $States_t = S \times (\mathcal{T}_0^t \to \mathcal{I}^M)$
   [Auch für $t = 0$ ist $States_t \neq \emptyset$, da $(\emptyset \to \mathcal{I}^M) = \{\emptyset\}$]

   (b) $SStates = S \times (\mathcal{T}_0^0 \to \mathcal{I}^M)$

   (c) $\forall t_1, t_2 \in \mathcal{T}, t_1 \leq t_2 \ \forall (s, I_0) \in States_{t_1} \ \forall I \in (\mathcal{T}_{t_1}^{t_2} \to \mathcal{I}^M)$:
   $TransFunc_{t_1}^{t_2}((s, I_0), I) = (s, I_0 \cup I)$

   (d) $\forall t \in \mathcal{T} \ \forall (s, I) \in States_t \ \forall i \in \mathcal{I}^M$:
   $OutFunc_t((s, I), i) = O(t)$ für ein $(\hat{I}, O) \in \mathcal{U}_s$ und $\hat{I} \in (\mathcal{T} \to \mathcal{I}^M)$ mit $I =_t \hat{I}$.
   Da $\mathcal{D}_s$ pre-causal und determiniert ist $OutFunc_t((s, I), i)$ eindeutig festgelegt.

   Dann gilt:

   (a) Seien $t_1, t_2, t_3 \in \mathcal{T}$ mit $t_1 \leq t_2 \leq t_3$. Sei $(s_1, I_{s_1}) \in States_{t_1}$ und sei
   $I \in (\mathcal{T} \to \mathcal{I}^M)$, dann gilt:
   $TransFunc_{t_2}^{t_3}(TransFunc_{t_1}^{t_2}((s_1, I_{s_1}), I_{t_1}^{t_2}), I_{t_2}^{t_3})$
   $= TransFunc_{t_2}^{t_3}((s_1, I_{s_1} \cup I_{t_1}^{t_2}), I_{t_2}^{t_3})$
   $= (s_1, I_{s_1} \cup I_{t_1}^{t_2} \cup I_{t_2}^{t_3})$
   $= TransFunc_{t_1}^{t_3}((s_1, I_{s_1}), I_{t_1}^{t_3})$

   (b) Sei $t \in \mathcal{T}$, $(s, I_s) \in States_t$ und $I \in (\mathcal{T}_t^t \to \mathcal{I}^M)$, dann gilt:
   $TransFunc_t^t((s, I_s), I) = (s, I_s \cup I) = (s, I_s)$

  (c) Sei $(I, O) \in (\mathcal{T} \to \mathcal{I}^M) \times (\mathcal{T} \to \mathcal{O}^M)$.

     "$\Rightarrow$": Sei $(I, O) \in \mathcal{U}$.

       Sei $s \in S$ mit $(I, O) \in \mathcal{U}_s$. Dann gilt für alle $t \in \mathcal{T}$:
       $OutFunc_t(TransFunc_0^t((s, \emptyset), I_0^t), I(t)) = O(t)$

     "$\Leftarrow$": Für alle $t \in \mathcal{T}$ sei:
       $OutFunc_t(TransFunc_0^t((s, \emptyset), I_0^t), I(t)) = O(t)$
       Dann ist $(I, O) \in \mathcal{U}_s \subset \mathcal{U}$.

2. Für $t, t_1 \in \mathcal{T}$ mit $t \leq t_1$ seien $States_t$, $TransFunc_t^{t_1}$ und $OutFunc_t$ gegeben. Sei $SStates \subset States_0$ gegeben.

   Diese Mengen genügen den Bedingungen.

   Für $c \in SStates$ sei
$$\mathcal{D}_c = (\mathcal{I}^M, \mathcal{O}^M, \{(I, O) \in (\mathcal{T} \to \mathcal{I}^M) \times (\mathcal{T} \to \mathcal{O}^M) \mid$$
$$\forall t \in \mathcal{T} : O(t) = OutFunc_t(TransFunc_0^t(c, I_0^t), I(t))\})$$

   Offensichtlich ist $\mathcal{D}_c$ determiniert und pre-causal.

   Da $\mathcal{D} = \bigcup_{c \in SStates} \mathcal{D}_c$ ist $\mathcal{D}$ causal.

                                                     $\square$

(4.30) besagt, daß der Begriff causal in dieser Arbeit und in [119] dieselbe Bedeutung hat. Denn nach [119] Prop. 2.8 ist ein time system genau dann causal, wenn es eine State Space Representation ([119] Def. 2.8) besitzt. (4.30) besagt, daß jede causal Ein-/Ausgabebeschreibung eine Pre-State Representation besitzt. Dies ist aber äquivalent zu der Existenz einer State Representation (siehe dazu z.B. das im Beweis von Prop. 2.7 in [119] angewandte Verfahren).

Offensichtlich kommt man mit Hilfe völlig verschiedener Ansätze auf dieselbe Klasse von Ein-/Ausgabebeschreibungen. Leider ist noch nicht klar, ob eine closed Ein-/Ausgabebeschreibung automatisch auch causal ist – der Autor vermutet dies aber.

(4.31) Definition: Sei $\mathcal{D} = (\mathcal{I}^M, \mathcal{O}^M, \mathcal{U})$ eine Ein-/Ausgabebeschreibung, und sei $\hat{t} \in \mathcal{T}^\infty$, dann sei:

$\mathcal{UHP}_{\hat{t}}(\mathcal{D}) = \{I \in (\mathcal{T} \to \mathcal{I}^M) \mid$ Es gibt ein $\hat{O} \in (\mathcal{T} \to \mathcal{O}^M)$ und eine mit $(I, \hat{O})$ verträgliche konsistente verallgemeinerte Folge $\mathcal{F} \in \mathcal{FM}_{\mathcal{T}}^{\mathcal{U}}$ mit $\sup(\mathcal{F}) = \hat{t}$, die mit keinem $(I, O) \in \mathcal{U}$ verträglich ist $\}$ $\square$

(4.32) Beispiel: Sei $N \neq \emptyset$, dann gilt für alle $\hat{t} \in \mathcal{T}$ und $\phi \subset N \times N$:
$\mathcal{UHP}_{\hat{t}}(\mathcal{D}_{Buf(N_\tau, \phi)}) = \emptyset$ und $\mathcal{UHP}_\infty(\mathcal{D}_{Buf(N_\tau, \phi)}) = (\mathcal{T} \to N_\tau) \setminus \{I \equiv \tau\}$ $\square$

Beweis: Sei $N \neq \emptyset$ und sei $\phi \subset N \times N$.

1. Sei $\hat{t} \in \mathcal{T}$ und sei $\mathcal{F} \in \mathcal{FM}_{\mathcal{T}}^{\mathcal{U}_{Buf(N_\tau, \phi)}}$ eine konsistente verallgemeinerte Folge mit $\sup(\mathcal{F}) = \hat{t}$.

   Sei $I \in (\mathcal{T} \to N_\tau)$ mit: $\forall (t, (I_t, O_t)) \in \mathcal{F} : I_t =_t I$.

   Für $(t, (I_t, O_t)) \in \mathcal{F}$ sei $f_t \in (\mathcal{MT}_\tau(I_t) \to \mathcal{MT}_\tau(O_t))$ eine (4.5) entsprechende Bijektion, so daß für $t_1, t_2 \in \mathcal{MT}_\tau(I_t)$ mit $t_1 < t_2$ und $I_t(t_1) = I_t(t_2)$ gilt: $f_t(t_1) < f_t(t_2)$.

$\{(t, f_t) \mid t \in \mathcal{MT}_\tau(I_t)\}$ ist dann eine verträgliche verallgemeinerte Folge.

Für $t \in \mathcal{T}$ sei

$$f(t) = \begin{cases} f_t(t) & : \text{ falls } f_t(t) < \hat{t} \\ t + \sup(\mathcal{F}) + 1 & : \text{ sonst} \end{cases}$$

f definiert ein $(I, O) \in \mathcal{U}$, das mit $\mathcal{F}$ verträglich ist.

Also ist $I \notin \mathcal{UHP}_{\hat{t}}(\mathcal{D}_{Buf(N_r, \phi)})$.

2. Sei $I \equiv O \equiv \tau$ für alle $t \in \mathcal{T}$. Sei $\mathcal{F} \in \mathcal{FM}_{\mathcal{T}}^{\mathcal{U}_{Buf(N_r, \phi)}}$ eine konsistente verallgemeinerte Folge mit: $\forall (t, (I_t, O_t)) \in Vb(\mathcal{F}) : I =_t I_t$.

Dann gilt auch: $\forall (t, (I_t, O_t)) \in \mathcal{F} : O =_t O_t$.

Also ist $\mathcal{F}$ mit (I, O) verträglich.

Sei $I \in (\mathcal{T} \to N_r)$ mit $\neg(I \equiv \tau)$.

Für $n \in \mathbb{N}$ sei $I_n = I$, $O_n(t) = \tau$ für $t < n$ und $O_n(t + n) = I(t)$ für $t \in \mathcal{T}$.

Dann ist $(I_n, O_n) \in \mathcal{U}_{Buf(N_r, \phi)}$ für $n \in \mathbb{N}$, aber es gibt kein mit $((I_n, O_n))_{n \in \mathbb{N}}$
verträgliches Element in $\mathcal{U}_{Buf(N_r, \phi)}$.

Also ist $I \in \mathcal{UHP}_\infty(\mathcal{D}_{Buf(N_r, \phi)})$.

□

(4.33) Beispiel: Sei $\mathcal{T} = \mathbb{R}_+$ und
$\mathcal{D} = (\{0, 1\}, \{0, 1\}, \{(I, O) \mid \exists 1 > t_0 \in \mathcal{T} \, \forall t_0 \leq t \in \mathcal{T} : O(t) = 0\})$.
$\mathcal{D}$ ist pre-causal, sogar pre-delayed und es gilt: $\mathcal{UHP}_1(\mathcal{D}) = (\mathcal{T} \to \{0, 1\})$ □

(4.34) Bemerkung: Sei $\mathcal{D}$ eine Ein-/Ausgabeschreibung mit $\mathcal{T} = \mathbb{N}$. Sei $\hat{t} \in \mathcal{T}$, dann
gilt: $\mathcal{UHP}_{\hat{t}}(\mathcal{D}) = \emptyset$ □

Beweis: Sei $\mathcal{D}$ eine Ein-/Ausgabeschreibung mit $\mathcal{T} = \mathbb{N}$. Sei $\hat{t} \in \mathcal{T}$.

Sei $\mathcal{F} \in \mathcal{FM}_{\mathcal{T}}^{\mathcal{U}}$ eine konsistente verallgemeinerte Folge mit $\sup(\mathcal{F}) = \hat{t}$.

Dann existiert ein $(\hat{t}, (I, O)) \in \mathcal{F}$. Offensichtlich ist (I, O) mit $\mathcal{F}$ verträglich.
Also ist $\mathcal{UHP}_{\hat{t}}(\mathcal{D}) = \emptyset$ □

(4.35) Bemerkung: Sei $\mathcal{D}$ pre-causal, dann gilt:
$\mathcal{D}$ output-complete $\Leftrightarrow$ $\forall t \in \mathcal{T}^\infty : \mathcal{UHP}_t(\mathcal{D}) = \emptyset$ □

Beweis: Offensichtlich nach Definition von output-complete.   □

(4.36) Beispiel: $\forall t \in \mathcal{T}^\infty : \mathcal{UHP}_t(\mathcal{D}_f) = \emptyset$ □

Beweis: Klar, da $\mathcal{D}_f$ im wesentlichen determiniert und pre-causal ist. Näheres siehe
dazu in Kapitel 5.   □

(4.37) Beispiel: Sei $N \neq \emptyset$ und $\phi \subset N \times N$, dann ist $\mathcal{D}_{Buf(N_r, \phi)}$ causal.   □

Beweis: Sei $N \neq \emptyset$ und $\phi \subset N \times N$. Sei $(\hat{I}, \hat{O}) \in \mathcal{D}_{Buf(N_\tau, \phi)}$. Dann gibt es eine (4.5) entsprechende bijektive Funktion $\hat{f} : \mathcal{MT}_\tau(\hat{I}) \to \mathcal{MT}_\tau(\hat{O})$.

Sei $I \in (\mathcal{T} \to N_\tau)$ und sei $M_I = \{t \in \mathcal{T} \mid I =_t \hat{I}\}$. $t_I = \sup(M_I)$.

Es gilt: $\mathcal{MT}_\tau(\hat{I}) \cap M_I = \mathcal{MT}_\tau(I) \cap M_I$.

Es ist nun eine (4.5) entsprechende bijektive Funktion f_I zu konstruieren, die sich bis zum Zeitpunkt t_I wie $\hat{f}$ verhält. Die Gesamtheit der Funktionen muß eine pre-causal determinierte Ein-/Ausgabebeschreibung definieren.

Sei $t \in \mathcal{MT}_\tau(I)$.

Fall 1: $t \in M_I$ und $\hat{f}(t) \leq t_I$

   Dann sei $f_I(t) = \hat{f}(t)$.

Fall 2: $t \in M_I$ und $\hat{f}(t) > t_I$

   Dann sei $f_I(t) = t + t_I + 1$.

Fall 3: $t \notin M_I$

   Dann sei $f_I(t) = t + t_I + 1$.

Sei $\mathcal{D}_{(\hat{I}, \hat{O})} = (N_\tau, N_\tau, \{(I, O) \in (\mathcal{T} \to N_\tau) \times (\mathcal{T} \to N_\tau) \mid$
$$\forall t \in \mathcal{T} : (O(t) \neq \tau \Rightarrow \exists t_0 \in \mathcal{MT}_\tau(I) : O(f_I(t_0)) = I(t_0))\}).$$

$\mathcal{D}_{(\hat{I}, \hat{O})}$ ist determiniert. Außerdem gilt: $\mathcal{D}_{(\hat{I}, \hat{O})} \succeq \mathcal{D}_{Buf(N_\tau, \phi)}$. Weiterhin ist $\mathcal{D}_{(\hat{I}, \hat{O})}$ pre-causal.

Nach (4.28) folgt damit, daß $\mathcal{D}_{Buf(N_\tau, \phi)}$ causal ist. $\qquad\qquad\square$

(4.38) Satz: Sei $\mathcal{D}$ eine pre-causal Ein-/Ausgabebeschreibung.
Für $\hat{t} \in \mathcal{T}$ sei $\mathcal{UHP}_{\hat{t}}(\mathcal{D}) = \emptyset$. Sei $H_0 = \mathcal{UHP}_\infty(\mathcal{D})$. Für $n \in \mathbb{N}$ sei
$H_{n+1} = \mathcal{HP}(H_n) \cap \mathcal{UHP}_\infty(\mathcal{D})$ die Menge der echten Häufungspunkte von H_n, die in $\mathcal{UHP}_\infty(\mathcal{D})$ liegen. Es existiere $\hat{n} \in \mathbb{N}$ mit $H_{\hat{n}} = \emptyset$.

Dann ist $\mathcal{D}$ causal. $\qquad\qquad\square$

Beweis: Sei $\mathcal{D} = (\mathcal{I}^M, \mathcal{O}^M, \mathcal{U})$ eine pre-causal Ein-/Ausgabebeschreibung. Für $\hat{t} \in \mathcal{T}$ sei $\mathcal{UHP}_{\hat{t}}(\mathcal{D}) = \emptyset$.

Sei $H_0 = \mathcal{UHP}_\infty(\mathcal{D})$. Für $n \in \mathbb{N}$ sei $H_{n+1} = \mathcal{HP}(H_n) \cap \mathcal{UHP}_\infty(\mathcal{D})$. Sei $\hat{n} \in \mathbb{N}$ mit $H_{\hat{n}} = \emptyset$.

Sei $(\hat{I}, \hat{O}) \in \mathcal{U}$.

Behauptung: Es gibt eine determinierte, pre-causal Ein-/Ausgabebeschreibung $\mathcal{D}_{(\hat{I}, \hat{O})} = (\mathcal{I}^M_{(\hat{I}, \hat{O})}, \mathcal{O}^M_{(\hat{I}, \hat{O})}, \mathcal{U}_{(\hat{I}, \hat{O})})$ mit $(\hat{I}, \hat{O}) \in \mathcal{U}_{(\hat{I}, \hat{O})}$ und $\mathcal{D}_{(\hat{I}, \hat{O})} \succeq \mathcal{D}$.

Sei M die Menge aller $U \subset \mathcal{U}$, für die gilt:

1. $(\hat{I}, \hat{O}) \in U$

2. $\forall (I, O) \in U \; \forall n \in \mathbb{N} :$
   $((I \neq \hat{I} \wedge I \notin H_n) \Rightarrow \forall n_0 \in \mathbb{N}, n_0 \geq n : H_{n_0} \subset Vb(U))$

3. $\forall t \in \mathcal{T} \; \forall (I_0, O_0), (I_1, O_1) \in U : (I_0 =_t I_1 \Rightarrow O_0 =_t O_1)$

$M \neq \emptyset$, da $\{(\hat{I}, \hat{O})\} \in M$. $\subset$ bildet eine partielle Ordnung auf M.

Sei $K \neq \emptyset$ eine Kette in M, sei $U_0 = \bigcup_{k \in K} k$.

1. $(\hat{I}, \hat{O}) \in U_0$, da $K \neq \emptyset$

2. Sei $(I, O) \in U_0$ und $n \in \mathbb{N}$. Sei $I \neq \hat{I}$ und $I \notin H_n$. Es existiert ein $k \in K$ mit $(I, O) \in k$. Da $k \in M$ gilt:

$$\forall n_0 \in \mathbb{N}, n_0 \geq n : H_{n_0} \subset Vb(k) \subset Vb(U_0)$$

3. Seien $t \in \mathcal{T}$ und $(I_0, O_0), (I_1, O_1) \in U_0$. Dann existiert ein $k \in K$ mit $(I_0, O_0), (I_1, O_1) \in k$. Es gilt also: $(I_0 =_t I_1 \Rightarrow O_0 =_t O_1)$.

Also gilt: $U_0 \in M$.

Also ist M induktiv geordnet. Nach dem Zorn'schen Lemma existiert ein maximales $U_m \in M$.

Angenommen, U_m wäre nicht total.

Sei $\hat{n}_0 = \max(\{n \in \mathbb{N} \mid H_n \not\subset Vb(U_m)\} \cup \{-1\})$. $\hat{n}_0$ existiert, da $H_{\hat{n}} = \emptyset$.

1. Fall: $\hat{n}_0 \geq 0$

Sei $\hat{I}_0 \in H_{\hat{n}_0} \setminus Vb(U_m)$.

Es existiert ein $r > 0$ mit $\forall I \in Vb(U_m) : d_{\mathcal{T}}^{\mathcal{I}^M}(\hat{I}_0, I) > r$, da sonst $\hat{I}_0 \in H_{\hat{n}_0+1}$.

Sei $\hat{t} = \sup(\{t \in \mathcal{T} \mid \exists I \in Vb(U_m) : I =_t \hat{I}_0\} \cup \{0\}) \leq -\ln(r) < \infty$

Da $\mathcal{D}$ pre-causal und $\mathcal{UHP}_{\hat{t}}(\mathcal{D}) = \emptyset$ gibt es ein $(\hat{I}_0, \hat{O}_0) \in \mathcal{U}$,

so daß für alle $(I, O) \in U_m$ und $t \in \mathcal{T}$ gilt: $I =_t \hat{I}_0 \Rightarrow O =_t \hat{O}_0$

2. Fall: $\hat{n}_0 = -1$

Sei $\hat{I}_0 \in (\mathcal{T} \to \mathcal{I}^M) \setminus Vb(U_m)$.

    2.1 Fall: $\forall I \in Vb(U_m) : d_{\mathcal{T}}^{\mathcal{I}^M}(\hat{I}_0, I) > r$

    Sei $\hat{t} = \sup(\{t \in \mathcal{T} \mid \exists I \in (\mathcal{T} \to \mathcal{I}^M) : I =_t \hat{I}_0\} \cup \{0\}) \leq -\ln(r) < \infty$

    Da $\mathcal{D}$ pre-causal und $\mathcal{UHP}_{\hat{t}}(\mathcal{D}) = \emptyset$ gibt es ein $(\hat{I}_0, \hat{O}_0) \in \mathcal{U}$, so daß für alle $(I, O) \in U_m$ und $t \in \mathcal{T}$ gilt: $I =_t \hat{I}_0 \Rightarrow O =_t \hat{O}_0$

    2.2 Fall: Es gibt eine konsistente verallgemeinerte Folge $\mathcal{F} \in \mathcal{FM}_{\mathcal{T}}^{U_m}$ mit $\sup(\mathcal{F}) = \infty$, so daß für alle $(t, (I_t, O_t)) \in \mathcal{F}$ gilt: $\hat{I}_0 =_t I_t$.

    Da $\hat{I}_0 \notin \mathcal{UHP}_\infty(\mathcal{D})$ gibt es ein mit $\mathcal{F}$ verträgliches $(\hat{I}_0, \hat{O}_0) \in \mathcal{U}$.

Offensichtlich ist $U_m \subset U_m \cup \{(\hat{I}_0, \hat{O}_0)\} \in M$ und $U_m \neq U_m \cup \{(\hat{I}_0, \hat{O}_0)\} \in M$. Dies widerspricht aber der Maximalität von U_m. Also ist U_m total.

Sei $\mathcal{D}_{(\hat{I}, \hat{O})} = (\mathcal{I}^M, \mathcal{O}^M, U_m)$.

Sei $(I, O_0), (I, O_1) \in U_m$. Da für alle $t \in \mathcal{T}$ gilt: $I =_t I$, gilt auch für alle $t \in \mathcal{T} : O_0 =_t O_1$, d.h. $O_0 = O_1$. Also ist U_m funktional und damit $\mathcal{D}_{(\hat{I}, \hat{O})}$ determiniert.

Sei $(I_0, O_0), (I_1, O_1) \in U_m$ und $t \in \mathcal{T}$ mit $I =_t I_0$. Dann gilt: $O_0 =_t O_1$ und damit ist $\mathcal{D}_{(\hat{I}, \hat{O})}$ pre-causal.

Außerdem gilt: $(\hat{I}, \hat{O}) \in U_m$.

Nach (4.28) ist $\mathcal{D}$ also causal. $\square$

(4.39) Bemerkung: Sei A ein Automat, dann ist die kanonische Ein-/Ausgabebeschreibung $\mathcal{D}_A$ von A causal. $\qquad\square$

Beweis: Sei A ein Automat mit kanonischer Ein-/Ausgabebeschreibung $\mathcal{D}_A$. Nach (4.21) ist $\mathcal{D}_A$ pre-causal und output-complete. Nach (4.35) und (4.38) ist $\mathcal{D}_A$ damit causal. $\quad\square$

Die Aussage (4.39) ist auch richtig, wenn der betrachtete Automat nicht endlich verzweigend ist ([70], S.18). Allerdings kann dies nicht mit Hilfe von (4.38) bewiesen werden, da die durch einen unendlich verzweigenden Automaten beschriebene Ein-/Ausgabebeschreibung nicht den Voraussetzungen dieses Satzes genügen muß.

(4.38) ist eine Verallgemeinerung der Prop. 2.1 in [119], da dort vorausgesetzt wird, daß die Ein-/Ausgabebeschreibung output-complete ist. Während in [119] gesagt wird, daß fast alle in der Praxis auftretenden Systeme output-complete sind, ist dies in dieser Arbeit nicht der Fall, wie man am Beispiel der Buffer ersehen kann. Man sieht an diesem Beispiel ebenso, daß auch der hier vorgestellte Satz noch nicht stark genug ist, um typischerweise in der Semantik von Programmiersprachen auftretende Ein-/Ausgabebeschreibungen als causal zu identifizieren. Dies ist sicher ein Bereich, in dem noch weiter geforscht werden kann. Später werden Methoden vorgestellt, mit denen causal Ein-/Ausgabebeschreibungen ohne Zeit einfach beschrieben werden können.

4.6 pre-delayed Ein-/Ausgabebeschreibungen

(4.40) Bemerkung: Sei $\mathcal{T} = \mathbb{N}$ und sei $\mathcal{D}$ eine pre-delayed Ein-/Ausgabebeschreibung, dann ist $\mathcal{D}$ constantly pre-delayed. $\qquad\square$

Beweis: Sei $\mathcal{D}$ pre-delayed.
Seien $t \in \mathcal{T}$ und $(I, O) \in \mathcal{U}$. Es existiert ein $t < t_0 \in \mathcal{T}$ – insbesondere ist $t_0 - t \geq 1$ – mit:
$$\forall \hat{I} \in (\mathcal{T} \to \mathcal{I}^M) \text{ mit } I =_t \hat{I}\ \exists (\hat{I}, \hat{O}) \in \mathcal{U} : O =_{t_0} \hat{O}$$
Also ist $\mathcal{D}$ constantly pre-delayed um 1. $\qquad\square$

(4.41) Beispiel: Sei $\mathcal{T} = \mathbb{R}_+$ und sei
$\mathcal{D} = (\{0,1\}, \{0,1\},$
$\{(I, O) \mid (\ \forall t \in \mathcal{T}, t < 1 : O(t) = 0) \wedge (\ \forall t \in \mathcal{T}, t \geq 1 : O(t) = I(t - 1/t^2))\}).$
$\mathcal{D}$ ist determiniert, pre-delayed und output-complete, aber nicht constantly pre-delayed.
$\qquad\square$

(4.42) Bemerkung: Sei die Ein-/Ausgabebeschreibung $\mathcal{D}$ intern output-closed bzgl. (Z_I, Z_O), dann ist $\mathcal{D}$ intern pre-delayed bzgl. (Z_I, Z_O). $\qquad\square$

Beweis: Sei $\mathcal{D} = (\mathcal{I}^M, \mathcal{O}^M, \mathcal{U})$ intern output-closed bzgl. (Z_I, Z_O) durch die Ausgabefortsetzungsrelation ϕ. O.B.d.A. sei ϕ funktional.
Für $(I, O) \in \mathcal{U}$ und $t \in \mathcal{T}$ sei $(\hat{O}, \hat{\phi}((I, O), t)) = \phi((I, O), t)$.
Zu zeigen: $\hat{\phi}$ ist Verzögerungsfunktion von $\mathcal{D}$.
Sei $(I, O) \in \mathcal{U}$, $t \in \mathcal{T}$ und $\hat{I} \in (\mathcal{T} \to \mathcal{I}^M)$ mit $I =_t \hat{I}$ und $Ext_{Z_I}(I) = Ext_{Z_I}(\hat{I})$.

Sei $(O_1, \hat{\phi}((I,O),t)) \in \phi((I,O),t)$. Da ϕ Ausgabefortsetzungsrelation ist, existiert $(I_0, O_0) \in \mathcal{U}$ mit:

$O =_t O_0$ und $Int_{Z_O}(O_0) =_{\hat{\phi}((I,O),t)} O_1$

Also ist $\mathcal{D}$ pre-delayed mit Verzögerungsfunktion $\hat{\phi}$.   □

(4.43) Bemerkung: Sei $\mathcal{D}$ pre-delayed bzgl. (Z_I, Z_O) und output-complete, dann ist $\mathcal{D}$ output-closed bzgl. (Z_I, Z_O).   □

Beweis: Sei $\mathcal{D} = (\mathcal{I}^M, \mathcal{O}^M, \mathcal{U})$ intern pre-delayed bzgl. (Z_I, Z_O) mit Verzögerungsfunktion $\hat{\phi}$ und output-complete.

Es wird gezeigt, daß $\mathcal{D}$ output-closed bzgl. (Z_I, Z_O) ist. Nach Definition von pre-delayed (und auch output-complete) ist $\mathcal{D}$ pre-causal.

Sei $\phi \subset (\mathcal{U} \times \mathcal{T}) \times ((\mathcal{T} \to Int_{Z_O}(\mathcal{O}^M)) \times \mathcal{T})$ mit: $\phi((I,O),t) = (Int_{Z_O}(O), \hat{\phi}((I,O),t))$

Offensichtlich ist ϕ total. Außerdem gilt:

1. Seien $(I,O) \in \mathcal{U}$, $t \in \mathcal{T}$, $(Int_{Z_O}(O), \hat{\phi}((I,O),t)) \in \phi((I,O),t)$ und $\hat{I} \in (\mathcal{T} \to \mathcal{I}^M)$ mit $I =_t \hat{I}$ und $Ext_{Z_I}(I) = Ext_{Z_I}(\hat{I})$.

   Da $\mathcal{D}$ pre-delayed existiert ein $(\hat{I}, \hat{O}) \in \mathcal{U}$ mit $O =_t \hat{O}$ und $Int_{Z_O}(\hat{O}) =_{t_0} Int_{Z_O}(O)$ und $t_0 > t$

2. Sei $\mathcal{F} \in \mathcal{FM}_{\mathcal{T}}^{\mathcal{U}}$ eine konsistente verallgemeinerte Folge, für die für jedes Element $(t, (I_t, O_t)) \in \mathcal{F}$ mit Nachfolgeelement $(\hat{t}, (I_{\hat{t}}, O_{\hat{t}}))$ gilt:

   (a) $Ext_{Z_I}(I_t) = Ext_{Z_I}(I_{\hat{t}})$

   (b) $\exists (O_0, t_0) \in \phi((I_t, O_t), t) : t_0 \geq \hat{t} \wedge O_0 =_{\hat{t}} Int_{Z_O}(O_{\hat{t}})$

   Da $\mathcal{D}$ output-complete existiert ein $(I, O) \in \mathcal{U}$, das mit $\mathcal{F}$ verträglich ist.

Also ist ϕ eine Ausgabefortsetzungsrelation für $\mathcal{D}$, insbesondere ist $\mathcal{D}$ output-closed.   □

(4.44) Bemerkung: Eine bzgl. $(Z_I, \emptyset)$ delayed Ein-/Ausgabebeschreibung ist output-closed bzgl. $(Z_I, \emptyset)$.   □

Beweis: Sei $\mathcal{D} = \bigcup_{s \in S} \mathcal{D}_s$ mit $\mathcal{D}_s$ determiniert und pre-delayed bzgl. $(Z_I, \emptyset)$. Nach Definition ist $\mathcal{D}_s$ für $s \in S$ pre-causal. Nach (4.25) ist $\mathcal{D}_s$ output-complete und nach (4.43) damit output-closed bzgl. $(Z_I, \emptyset)$ für $s \in S$. Nach (4.22) ist $\mathcal{D}$ damit output-closed bzgl. $(Z_I, \emptyset)$.   □

4.7 Unabhängigkeit von Eigenschaften

(4.45) Bemerkung:

1. Sei $\mathcal{T} = \mathbb{N}$ und
   $$\mathcal{D} = (\{0,1\}, \{0,1\}, \{(I,O) \in (\mathcal{T} \to \{0,1\}) \times (\mathcal{T} \to \{0,1\}) \mid$$

   (a) $O(0) = 0$

   (b) $\forall n \in \mathbb{N} : (O(n) = 0 \lor O(n) = I(n-1))$

   (c) falls I unendlich viele 1 hat, so hat O unendlich viele 1

   $\})$.
   $\mathcal{D}$ ist constantly pre-delayed, aber nicht output-complete, da $(I \equiv 1, O \equiv 0) \notin \mathcal{D}$.

2. Sei $\mathcal{D} = (\{0,1\}, \{0,1\}, \{(I,O) \mid I = O\})$

   $\mathcal{D}$ ist output-complete aber nicht pre-delayed.

$\square$

(4.46) Bemerkung: Sei $\mathcal{T} = \mathbb{N}$,
$\mathcal{D}_1 = (\{0,1\}, \{0,1\}, \{(I,O) \mid O(0) = 0 \land \forall n \in \mathbb{N} : O(n) = I(n-1)\})$.
Sei $\mathcal{D}_2 = \perp_{\{0,1\}}^{\{0,1\}}$. $\mathcal{D}_2$ kann also bei jeder Eingabe mit jeder Ausgabe antworten.
$\mathcal{D}_1$ und $\mathcal{D}_2$ sind pre-causal, causal, closed, pre-delayed, delayed, output-complete und
auch output-closed.
Sei $\mathcal{D}_3 = \mathcal{D}_1 \cup (\{0,1\}, \{0,1\}, \{(I,O) \mid \forall n \in \mathbb{N}_0 : O(n) = I(n+1)\})$.

Dann ist $\mathcal{D}_1 \succeq \mathcal{D}_3$ und $\mathcal{D}_3 \succeq \mathcal{D}_2$, aber $\mathcal{D}_3$ ist nicht pre-causal und damit weder causal
noch closed noch pre-delayed noch delayed noch output-complete noch output-closed. $\square$

(4.47) Bemerkung:

1. Sei $\mathcal{T} = \mathbb{N}$ und $\mathcal{D}_1 = (\{0,1\}, \{0,1\}, \mathcal{U}_1)$ mit $\mathcal{U}_1 = \{(I,O) \mid O \equiv 0 \lor O = (1,1,0,0,0,\ldots)\}$. Sei $\mathcal{D}_2 = (\{0,1\}, \{0,1\}, \mathcal{U}_2)$ mit $\mathcal{U}_2 = \{(I,O) \mid O \equiv 0 \lor (O(0) = 1 \land \forall n \in \mathbb{N} : O(n+1) = I(n)\}$. Sowohl $\mathcal{D}_1$ als auch $\mathcal{D}_2$ sind constantly delayed, delayedund causal, der Schnitt $\mathcal{D}_1 \cap \mathcal{D}_2 = (\{0,1\}, \{0,1\}, \{(I,O) \mid O \equiv 0 \lor (I,O) = ((1,0,0,0,\ldots),(1,1,0,0,0,\ldots))\}$ ist nicht pre-causal und damit auch weder causal noch pre-delayed.

2. Sei $\mathcal{T} = \mathbb{N}$. Für $n \in \mathbb{N}$ sei $\mathcal{D}_n = (\{0,1\}, \{0,1\}, \mathcal{U}_n)$ mit
   $\mathcal{U}_n = \{(I,O) \mid (\forall k \in \mathbb{N} \text{ mit } k < n : O(k) = 0) \land (I,O) \neq ((0)_{n \in \mathbb{N}}, (0)_{n \in \mathbb{N}})\}$.

   Für $n \in \mathbb{N}$ ist $\mathcal{D}_n$ offensichtlich constantly pre-delayed (mit beliebiger Verzögerung)
   und causal (da $\mathcal{UHP}_\infty(\mathcal{D}_n) = \{0\}$).

   Außerdem bildet $\{\mathcal{D}_n \mid n \in \mathbb{N}\}$ eine Kette bezüglich $\succeq$.

   Es gilt aber:
   $$\bigcap_{n \in \mathbb{N}} \mathcal{D}_n = \top_{\{0,1\}}^{\{0,1\}}$$

Es stellt sich also heraus, daß der Schnitt von echten Ein-/Ausgabebeschreibungen leer sein kann. Wesentlich unschöner als diese Eigenschaft ist aber, daß der Schnitt (sogar der endliche Schnitt) von pre-causal bzw. causal Ein-/Ausgabebeschreibungen nicht wieder pre-causal bzw. causal ist. Dies ist ein Problem, da die kleinste obere Schranke $\bigsqcup$ mit Hilfe von $\bigcap$ definiert ist. Die kleinste obere Schranke wird aber benutzt, um das Ergebnis von Rekursionsgleichungen zu definieren.

Dieses Problem kann gelöst werden, indem weitere Verbände mit besseren Eigenschaften eingeführt werden.

4.8   Weitere Verbandstrukturen

(4.48) Definition: Seien $\mathcal{I}, \mathcal{O}$ Mengen, dann sei:

1. $\mathcal{DSP}_{\mathcal{I}}^{\mathcal{O}} = \{\mathcal{D} \in \mathcal{DS}_{\mathcal{I}}^{\mathcal{O}} \mid \mathcal{D}$ ist pre-causal $\}$

2. $\mathcal{DSC}_{\mathcal{I}}^{\mathcal{O}} = \{\mathcal{D} \in \mathcal{DS}_{\mathcal{I}}^{\mathcal{O}} \mid \mathcal{D}$ ist causal $\}$

(4.49) Bemerkung: Sei $\mathcal{D}$ eine Ein-/Ausgabebeschreibung, dann gilt:

1. Es gibt eine kleinste (bzgl. $\succeq$) pre-causal Ein-/Ausgabebeschreibung, die determinierter als $\mathcal{D}$ ist.

2. Es gibt eine kleinste (bzgl. $\succeq$) causal Ein-/Ausgabebeschreibung, die determinierter als $\mathcal{D}$ ist.

Beweis: Sei $\mathcal{D} = (\mathcal{I}^M, \mathcal{O}^M, \mathcal{U})$ eine Ein-/Ausgabebeschreibung.

1. Sei D die Menge aller pre-causal Ein-/Ausgabebeschreibungen, die determinierter als $\mathcal{D}$ sind. Dann ist $\bigcup_{d \in D} d$ die gesuchte Ein-/Ausgabebeschreibung.

2. Sei D die Menge aller causal Ein-/Ausgabebeschreibungen, die determinierter als $\mathcal{D}$ sind. Dann ist $\bigcup_{d \in D} d$ die gesuchte Ein-/Ausgabebeschreibung.

(4.50) Bemerkung: Für beliebige Mengen $\mathcal{I}, \mathcal{O}$ sind $\mathcal{DSP}_{\mathcal{I}}^{\mathcal{O}}$ und $\mathcal{DSC}_{\mathcal{I}}^{\mathcal{O}}$ vollständige Verbände. Es gilt:

1. $\bigsqcup\{\mathcal{D}_i \mid i \in I\}$ = kleinste pre-causal (bzw. causal) Ein-/Ausgabebeschreibung, die determinierter als $\bigcap\{\mathcal{D}_i \mid i \in I\}$ ist

2. $\sqcap = \bigcup$

3. $\perp = (\mathcal{I}, \mathcal{O}, (\mathcal{T} \to \mathcal{I}) \times (\mathcal{T} \to \mathcal{O}))$

4. $\top = (\mathcal{I}, \mathcal{O}, \emptyset)$

$\square$

4.9 Das Verschieben von Ausgaben

(4.51) Definition: Sei $\mathcal{T} \in \{\mathbb{R}_+, \mathbb{N}\}$. Sei $\mathcal{D} = (\mathcal{I}^M, \mathcal{O}^M, \mathcal{U})$ eine Ein-/Ausgabebeschreibung, sei $t_0 \in \mathcal{T}$. Dann ist $Shift_{t_0}(\mathcal{D}) = (\mathcal{I}^M_{Shift}, \mathcal{O}^M_{Shift}, \mathcal{U}_{Shift})$ die Ein-/Ausgabebeschreibung mit:

1. $\mathcal{I}^M_{Shift} = \mathcal{I}^M$

2. $\mathcal{O}^M_{shift} = \mathcal{O}^M$

3. $\mathcal{U}_{Shift} = \{(I_S, O_S) \mid \exists (I, O_S) \in \mathcal{U} \; \forall t \in \mathcal{T} : I_S(t + t_0) = I(t)\}$

$\square$

(4.52) Bemerkung: Sei $\mathcal{T} \in \{\mathbb{R}_+, \mathbb{N}\}$. Sei $\mathcal{D}$ eine um $t_0 \in \mathcal{T}$ constantly pre-delayed determinierte Ein-/Ausgabebeschreibung, dann ist $Shift_{t_0}(\mathcal{D})$ causal. $\square$

Beweis: Sei $\mathcal{D} = (\mathcal{I}^M, \mathcal{O}^M, \mathcal{U})$ eine um $t_0 \in \mathcal{T}$ constantly pre-delayed determinierte Ein-/Ausgabebeschreibung. Sei $(I_0, O_0) \in \mathcal{D}$. Sei
$U_{O_0} = \{(I_S, O_S) \mid \exists (I, O) \in \mathcal{U} :$

1. $\forall t \in \mathcal{T} : I_S(t + t_0) = I(t) \wedge O_S(t + t_0) = O(t + t_0)$

2. $\forall t \in \mathcal{T}, t < t_0 : O_S(t) = O_0(t)$

$\}$.
Sei $\mathcal{D}_{O_0} = (\mathcal{I}^M, \mathcal{O}^M, U_{O_0})$, dann ist $\mathcal{D}_{O_0}$ determiniert und es gilt:
$\mathcal{D} = \bigcup_{(I_0, O_0) \in \mathcal{U}} \mathcal{D}_{O_0}$
Zu zeigen: Für $(I_0, O_0) \in \mathcal{U}$ ist $\mathcal{D}_{O_0}$ pre-causal.
Sei $(I_S, O_S) \in U_{O_0}$, $I_{S_0} \in \mathcal{I}^M$ und $t_1 \in \mathcal{T}$ mit $I_S =_{t_1} I_{S_0}$.
Falls $t_1 < t_0$, so gilt für alle $(I_{S_0}, O_{S_0}) \in U_{O_0}$: $O_S =_{t_1} O_{S_0}$.
Sei also $t_1 \geq t_0$.
Es gibt $(\hat{I}, \hat{O}) \in \mathcal{U}$ mit:

1. $\forall t \in \mathcal{T} : I_S(t + t_0) = \hat{I}(t) \wedge O_S(t + t_0) = \hat{O}(t + t_0)$

2. $\forall t \in \mathcal{T}, t < t_0 : O_S(t) = O_0(t)$

Sei $\hat{I}_0(t) = I_{S_0}(t + t_0)$ für $t \in \mathcal{T}$. Dann gilt: $\hat{I} =_{t_1 - t_0} \hat{I}_0$.

Da $\mathcal{D}$ constantly pre-delayed um t_0 gibt es $(\hat{I}_0, \hat{O}_0) \in \mathcal{U}$ mit $\hat{O} =_{t_1} \hat{O}_0$.

Folglich gibt es $(I_{S_0}, O_{S_0}) \in U_{O_0}$ mit $O_S =_{t_1} O_{S_0}$. Also ist $\mathcal{D}_{O_0}$ pre-causal.

Also ist $Shift_{t_0}(\mathcal{D})$ causal. $\qquad\qquad\qquad\qquad\qquad\qquad\qquad\qquad\qquad\qquad\square$

(4.53) Bemerkung: Sei $0 \neq t_0 \in \mathcal{T}$. Sei $\mathcal{D} = \bigcup_{s \in S} \mathcal{D}_s$ und sei für $s \in S\ \mathcal{D}_s$ eine um t_0 constantly pre-delayed determinierte Ein-/Ausgabebeschreibung, dann ist $Shift_{t_0}(\mathcal{D})$ causal. $\qquad\qquad\square$

Beweis: Sei $0 \neq t_0 \in \mathcal{T}$. Sei $\mathcal{D} = \bigcup_{m \in M} \mathcal{D}_m$ und sei für $m \in M\ \mathcal{D}_m$ eine um t_0 constantly pre-delayed determinierte Ein-/Ausgabebeschreibung.

Nach (4.52) ist $Shift_{t_0}(\mathcal{D}_m)$ causal für $m \in M$. Nach (4.22) ist $Shift_{t_0}(\mathcal{D}) = \bigcup_{m \in M} Shift_{t_0}(\mathcal{D}_m)$ causal. $\qquad\qquad\qquad\square$

4.10 Metrischer Ansatz

Es stellt sich also heraus, daß man eine Reihe von Begriffen definieren und Abhängigkeiten zwischen diesen Begriffen beweisen kann. Insbesondere bei der Untersuchung von objektbasierten Systemen wird man sehen, welche Bedeutung diese Begriffe haben.

Es wurde allerdings bisher noch gar nicht berücksichtigt, daß es sich bei den zugrundeliegenden Mengen um metrische Räume handelt. Mit Hilfe dieser Metrik ist es möglich, die Begriffe pre-causal, output-complete und constantly pre-delayed auf natürliche Weise zu definieren. Möglicherweise sind über diesen Ansatz einige Aussagen wesentlich einfacher zu beweisen (ein Beispiel dafür wird erbracht), dem Autor ist aber nicht klar, ob über diesen Ansatz die Theorie wirklich wesentlich weiter fortgeführt werden kann.

(4.54) Definition: Seien $\mathcal{I}$ und $\mathcal{O}$ Mengen und sei $\mathcal{D} \in \mathcal{DS}_{\mathcal{I}}^{\mathcal{O}}$. Dann sei

1. $\mathcal{IOM}_{\mathcal{I}}^{\mathcal{O}} : ((\mathcal{T} \to \mathcal{I}) \times (\mathcal{T} \to \mathcal{O}))^2 \to \mathbb{R}_+$,
   $\mathcal{IOM}_{\mathcal{I}}^{\mathcal{O}}((I_0, O_0), (I_1, O_1)) = \max\{d_{\mathcal{T}}^{\mathcal{I}}(I_0, I_1), d_{\mathcal{T}}^{\mathcal{O}}(O_0, O_1)\}$

2. $\mathcal{IOOM}_{\mathcal{D}} : ((\mathcal{T} \to \mathcal{I}))^2 \to \mathbb{R}_+$,
   $\mathcal{IOOM}_{\mathcal{D}}(I_0, I_1) = \sup\{\inf\{d_{\mathcal{T}}^{\mathcal{O}}(O_0, O_1) \mid (I_1, O_1) \in \mathcal{D}\} \mid (I_0, O_0) \in \mathcal{U}\}$

$\qquad\qquad\qquad\qquad\qquad\qquad\qquad\qquad\qquad\qquad\qquad\qquad\qquad\qquad\qquad\square$

(4.55) Bemerkung: Sei $\mathcal{D} = (\mathcal{I}^M, \mathcal{O}^M, \mathcal{U})$ eine Ein-/Ausgabebeschreibung, so daß für $t \in \mathcal{T}^\infty$ gilt: $\mathcal{UHP}_t(\mathcal{D}) = \emptyset$. Dann gilt:

1. $\mathcal{D}$ ist pre-causal $\Leftrightarrow \forall I_0, I_1 \in (\mathcal{T} \to \mathcal{I}^M) : \mathcal{IOOM}_{\mathcal{D}}(I_0, I_1) \leq d_{\mathcal{T}}^{\mathcal{I}^M}(I_0, I_1)$

2. $\mathcal{D}$ ist constantly pre-delayed um $0 \neq \hat{t} \in \mathcal{T} \Leftrightarrow$

$$\forall I_0, I_1 \in (\mathcal{T} \to \mathcal{I}^M) : e^{\hat{t}} * \mathcal{IOOM}_{\mathcal{D}}(I_0, I_1) \leq d_{\mathcal{T}}^{\mathcal{I}^M}(I_0, I_1)$$

$\square$

Beweis: Sei $\mathcal{D} = (\mathcal{I}^M, \mathcal{O}^M, \mathcal{U})$ eine Ein-/Ausgabebeschreibung.

1. (a) Sei $\mathcal{D}$ pre-causal.

   Seien $I_0, I_1 \in \mathcal{I}^M$. Falls $I_0 = I_1$ gilt:
   $\mathcal{IOOM}_{\mathcal{D}}(I_0, I_1) = 0 \leq 0 = d(I_0, I_1)$
   Sei $t_0 \in \mathcal{T}$ mit $d(I_0, I_1) = e^{-t_0}$. Sei $(I_0, O_0) \in \mathcal{U}$. Da $\mathcal{D}$ pre-causal ist, existiert
   $(I_1, O_1) \in \mathcal{U}$ mit $O_0 =_{t_0} O_1$, also gilt: $d(O_0, O_1) \leq e^{-t_0} = d(I_0, I_1)$.
   Also ist $\mathcal{IOOM}_{\mathcal{D}}(I_0, I_1) \leq d(I_0, I_1)$

   (b) Es gelte: $\forall I_0, I_1 \in (\mathcal{T} \to \mathcal{I}^M) : \mathcal{IOOM}_{\mathcal{D}}(I_0, I_1) \leq d(I_0, I_1)$
   Seien $I_0, I_1 \in \mathcal{I}^M$. Falls $I_0 = I_1$ ist nichts zu zeigen.
   Sei $(I_0, O_0) \in \mathcal{U}$.
   Für $n \in \mathbb{N}$ sei $(I_1, O^n) \in \mathcal{U}$ mit $d(O_0, O^n) \leq d(I_0, I_1) + 1/n$. O^n existiert nach
   Voraussetzung. Sei $\mathcal{F} = \{(-\ln(d(I_0, I_1) + 1/n), (I_1, O^n)) \mid n \in \mathbb{N}\}$. Dann ist
   $\mathcal{F}$ konsistent und da $I_1 \notin \mathcal{UHP}_{-\ln(d(I_0, I_1))}(\mathcal{D})$ existiert ein $(I_1, O_1) \in \mathcal{U}$ mit
   $O_0 =_{d(I_0, I_1)} O_1$.
   Also ist $\mathcal{D}$ pre-causal.

2. (a) Sei $\mathcal{D}$ constantly pre-delayed um $0 \neq \hat{t} \in \mathcal{T}$.
   Seien $I_0, I_1 \in \mathcal{I}^M$. Falls $I_0 = I_1$ gilt:
   $e^{\hat{t}} * \mathcal{IOOM}_{\mathcal{D}}(I_0, I_1) = 0 \leq 0 = d(I_0, I_1)$
   Sei $t_0 \in \mathcal{T}$ mit $d(I_0, I_1) = e^{-t_0}$. Sei $(I_0, O_0) \in \mathcal{U}$. Da $\mathcal{D}$ constantly pre-delayed
   ist, existiert $(I_1, O_1) \in \mathcal{U}$ mit: $O_0 =_{t_0 + \hat{t}} O_1$
   $\Rightarrow d(O_0, O_1) \leq e^{-(t_0 + \hat{t})}$
   $\Rightarrow e^{\hat{t}} * d(O_0, O_1) \leq d(I_0, I_1)$.
   $\Rightarrow e^{\hat{t}} * \mathcal{IOOM}_{\mathcal{D}}(I_0, I_1) \leq d(I_0, I_1)$

   (b) Es gelte: $\forall I_0, I_1 \in (\mathcal{T} \to \mathcal{I}^M) : e^{\hat{t}} * \mathcal{IOOM}_{\mathcal{D}}(I_0, I_1) \leq d(I_0, I_1)$
   Seien $I_0, I_1 \in \mathcal{I}^M$. Falls $I_0 = I_1$ ist nichts zu zeigen.
   Sei $(I_0, O_0) \in \mathcal{U}$.
   Für $n \in \mathbb{N}$ sei $(I_1, O^n) \in \mathcal{U}$ mit $e^{\hat{t}} * d(O_0, O^n) \leq d(I_0, I_1) + 1/n$. O^n existiert nach
   Voraussetzung. Sei $\mathcal{F} = \{(-\ln(d(I_0, I_1) + 1/n) + \hat{t}, (I_1, O^n)) \mid n \in \mathbb{N}\}$. Dann
   ist $\mathcal{F}$ konsistent und da $I_1 \notin \mathcal{UHP}_{-\ln(d(I_0, I_1)) + \hat{t}}(\mathcal{D})$ existiert ein $(I_1, O_1) \in \mathcal{U}$
   mit $O_0 =_{-\ln(d(I_0, I_1)) + \hat{t}} O_1$.
   Also existiert $(I_1, O_1) \in \mathcal{U}$ mit: $e^{\hat{t}} * d(O_0, O_1) \leq d(I_0, I_1) \leq e^{-t_0}$
   $\Rightarrow d(O_0, O_1) \leq e^{-(t_0 + \hat{t})}$
   $\Rightarrow O_0 =_{t_0 + \hat{t}} O_1$
   D.h. $\mathcal{D}$ ist constantly pre-delayed um $\hat{t}$.

$\square$

(4.56) Bemerkung: Sei $\mathcal{D}$ eine Ein-/Ausgabebeschreibung, dann gilt:
$\mathcal{UHP}_\infty(\mathcal{D}) = \emptyset \Leftrightarrow \mathcal{U}$ ist topologisch abgeschlossen bzgl. $\mathcal{IOM}$.   □

Beweis:

1. Sei $\mathcal{UHP}_\infty(\mathcal{D}) = \emptyset$.

   Sei $((I_n, O_n))_{n \in \mathbb{N}} \subset \mathcal{U}$ eine bzgl. $\mathcal{IOM}$ gegen (I, O) konvergente Folge.
   O.B.d.A. gilt für $n \in \mathbb{N}$:
   $$\mathcal{IOM}_\mathcal{I}^\mathcal{O}((I, O), (I_{n+1}, O_{n+1})) < \mathcal{IOM}_\mathcal{I}^\mathcal{O}((I, O), (I_n, O_n)) \neq 0.$$

   Dann ist $\mathcal{F} = \{(-\ln(\mathcal{IOM}_\mathcal{I}^\mathcal{O}((I, O), (I_n, O_n)))), (I_n, O_n)) \mid n \in \mathbb{N}\}$ eine konsistente
   verallgemeinerte Folge mit $\sup(\mathcal{F}) = \infty$.

   Da $\mathcal{UHP}_\infty(\mathcal{D}) = \emptyset$, gilt: $(I, O) \in \mathcal{U}$.

   Also enthält $\mathcal{U}$ alle seine Häufungspunkte und ist damit topologisch abgeschlossen
   bzgl. $\mathcal{IOM}$.

2. Sei $\mathcal{U}$ topologisch abgeschlossen.

   Sei $\mathcal{F} \in \mathcal{FM}_\mathcal{T}^\mathcal{U}$ eine konsistente verallgemeinerte Folge mit $\sup(\mathcal{F}) = \infty$.

   Dann existiert eine streng monoton steigende Folge $(t_n)_{n \in \mathbb{N}} \subset Vb(\mathcal{F})$ mit
   $\lim_{n \to \infty} t_n = \infty$.

   Für $n \in \mathbb{N}$ sei $(t_n, (I_n, O_n)) \in \mathcal{F}$.

   Dann ist $((I_n, O_n))_{n \in \mathbb{N}}$ eine Cauchy-Folge und konvergiert gegen ein $(I, O) \in \mathcal{U}$, da
   $(\mathcal{T} \to \mathcal{I}^M) \times (\mathcal{T} \to \mathcal{O}^M)$ vollständig und $\mathcal{U}$ topologisch abgeschlossen bzgl. $\mathcal{IOM}$
   ist.

   Außerdem ist (I, O) offensichtlich mit $\mathcal{F}$ verträglich, also ist
   $\mathcal{UHP}_\infty(\mathcal{D}) = \emptyset$.

                                                                                           □

(4.57) Bemerkung: Sei M eine Menge und für $m \in M$ sei $\mathcal{D}_m \in \mathcal{DS}_\mathcal{I}^\mathcal{O}$ eine Ein-/Aus-
gabebeschreibung mit $\mathcal{UHP}_\infty(\mathcal{D}_m) = \emptyset$. Sei $\mathcal{D} = \bigcap_{m \in M} \mathcal{D}_m$, dann gilt: $\mathcal{UHP}_\infty(\mathcal{D}) = \emptyset$.
                                                                                           □

Beweis: Sei M eine Menge und für $m \in M$ sei $\mathcal{D}_m = (\mathcal{I}_m^M, \mathcal{O}_m^M, \mathcal{U}_m) \in \mathcal{DS}_\mathcal{I}^\mathcal{O}$ eine
Ein-/Ausgabebeschreibung mit $\mathcal{UHP}_\infty(\mathcal{D}_m) = \emptyset$. D.h. für $m \in M$ ist $\mathcal{U}_m$ nach (4.56)
topologisch abgeschlossen.
Also ist $\mathcal{U} = \bigcap_{m \in M} \mathcal{U}$ topologisch abgeschlossen.
Nach (4.56) wiederum ist $\mathcal{UHP}_\infty(\mathcal{D}) = \emptyset$.   □

Kapitel 5

Methoden zur Beschreibung von Objekten

Das Konzept der Ein-/Ausgabebeschreibungen ist sehr gut geeignet, Objekte zu beschreiben. Bisher wurden die Ein-/Ausgabebeschreibungen definiert, indem die Mengen direkt angegeben wurden. Dies ist bei etwas komplizierteren Objekten sehr mühselig und auch fehleranfällig. Es ist deshalb sinnvoll, andere Möglichkeiten der Definition von Ein-/Ausgabebeschreibungen anzubieten, die einfacher zu überblicken und zu benutzen sind.

Später wird gezeigt, wie Ein-/Ausgabebeschreibungen mit Hilfe von objektbasierten Systemen definiert werden können. Diese objektbasierten Systeme definieren neue Ein-/Ausgabebeschreibungen mit Hilfe von anderen Ein-/Ausgabebeschreibungen. Diese können zwar auch wieder mit Hilfe von objektbasierten Systemen definiert werden, ein gewisser Grundstock an Hilfsmitteln ist aber nötig.

Im folgenden werden deshalb Methoden zur Definition von Ein-/Ausgabebeschreibungen vorgestellt.

5.1 Teil-Ein-/Ausgabebeschreibung

Eine Methode, Ein-/Ausgabebeschreibungen zu spezifizieren, ist, nicht für alle Eingaben Antworten anzugeben, sondern nur für die Eingaben, die interessant sind. Die dazugehörige Ein-/Ausgabebeschreibung ist dann eine Ein-/Ausgabebeschreibung, die bei Eingaben, für die eine Ausgabe definiert wurde, das definierte Verhalten zeigt, sonst aber nicht determiniert ist. Da alle wichtigen Ein-/Ausgabebeschreibungen pre-causal sind, sollte die so definierte Ein-/Ausgabebeschreibung auch pre-causal sein.

(5.1) Definition:

1. Ein Tupel $\mathcal{D}^P = (\mathcal{I}^M, \mathcal{O}^M, \mathcal{U}^P)$ heißt Teil-Ein-/Ausgabebeschreibung, wenn gilt:

   (a) $\mathcal{I}^M \neq \emptyset$ ist eine Menge. Diese Menge beschreibt, welche Eingaben dieser Teil-Ein-/Ausgabebeschreibung gegeben werden können.

   (b) $\mathcal{O}^M \neq \emptyset$ ist eine Menge. Diese Menge beschreibt, welche Ausgaben von dieser Teil-Ein-/Ausgabebeschreibung gemacht werden können.

(c) $\mathcal{U}^P \subset (\mathcal{T} \to \mathcal{I}^M) \times (\mathcal{T} \to \mathcal{O}^M)$. Diese Menge ordnet den relevanten Eingaben Ausgaben zu.

2. Die Ein-/Ausgabebeschreibung $\mathcal{D} = (\mathcal{I}^M, \mathcal{O}^M, \mathcal{U})$ mit $\mathcal{U}^P \subset \mathcal{U}$ [diese Voraussetzung ist wichtig und sichert, daß alle in $\mathcal{D}^P$ festgelegten Verhaltensweisen übernommen werden] heißt Ein-/Ausgabebeschreibung zu der Teil-Ein-/Ausgabebeschreibung $\mathcal{D}^P$, falls gilt:

$$\mathcal{D} = \bigcup\nolimits_{\mathcal{D}_d \in D} \mathcal{D}_d$$

mit

$$D = \{ \mathcal{D}_1 = (\mathcal{I}_1^M, \mathcal{O}_1^M, \mathcal{U}_1) \mid$$

(a) $\mathcal{D}_1$ ist pre-causal

(b) $\forall (I,O) \in \mathcal{U}_1 \, \forall t \in \mathcal{T}^\infty :$
$(\, \exists \hat{I} \in Vb(\mathcal{U}^P) \text{ mit } I =_t \hat{I} \Rightarrow \exists (I_1, O_1) \in \mathcal{U}^P : (I_1, O_1) =_t (I, O))$

$\}$

D heißt Indexmenge von $\mathcal{D}^P$.

Falls es keine solche Ein-/Ausgabebeschreibung gibt, ist $\mathsf{T}_{\mathcal{I}^M}^{\mathcal{O}^M}$ die zu $\mathcal{D}^P$ gehörende Ein-/Ausgabebeschreibung.

$\square$

Zu beachten ist, daß der Begriff Teil-Ein-/Ausgabebeschreibung exakt die gleiche Bedeutung hat wie der Begriff time system in [119] Def. 5.2. Jedem time system ist also eine eindeutige Ein-/Ausgabebeschreibung zugeordnet.

Auch die Definition der Teil-Ein-/Ausgabebeschreibung ist wieder sehr allgemein und völlig analog zu dem Begriff der Ein-/Ausgabebeschreibung lassen sich sinnvolle Teilklassen herausarbeiten. Zu beachten ist, daß sich Ein-/Ausgabebeschreibungen als Teil-Ein-/Ausgabebeschreibungen auffassen lassen.

Um die Definition von Ein-/Ausgabebeschreibungen zu vereinfachen werden in dieser Arbeit Ein-/Ausgabebeschreibungen manchmal nur als Teil-Ein-/Ausgabebeschreibung definiert. Damit ist dann die zu dieser Teil-Ein-/Ausgabebeschreibung gehörende Ein-/Ausgabebeschreibung gemeint. Meistens werden allerdings zunächst explizit Teil-Ein-/Ausgabebeschreibungen benutzt. Im folgenden wird untersucht, unter welchen Umständen die durch eine Teil-Ein-/Ausgabebeschreibung definierte Ein-/Ausgabebeschreibung pre-causal oder causal ist.

(5.2) Definition: Sei $\mathcal{D}^P = (\mathcal{I}^M, \mathcal{O}^M, \mathcal{U}^P)$ eine Teil-Ein-/Ausgabebeschreibung. $\mathcal{D}^P$ heißt

1. determiniert, wenn $\mathcal{U}^P$ funktional ist

2. pre-causal, wenn gilt:

$$\forall (I, O) \in \mathcal{U}^P \, \forall t \in \mathcal{T} \, \forall \hat{I} \in Vb(\mathcal{U}^P) \text{ mit } I =_t \hat{I} : \exists (\hat{I}, \hat{O}) \in \mathcal{U}^P : O =_t \hat{O}$$

3. causal, wenn es eine Menge S und determinierte pre-causal Teil-Ein-/Ausgabebeschreibungen $\mathcal{D}_s^P = (\mathcal{I}^M, \mathcal{O}^M, \mathcal{U}_s^P)$ für $s \in S$ mit $Vb(\mathcal{U}_s^P) = Vb(\mathcal{U}^P)$ gibt, so daß gilt:

$$\mathcal{U}^P = \bigcup_{s \in S} \mathcal{U}_s^P$$

$\square$

Bei genauerer Betrachtung dieser Definition stellt sich heraus, daß es sich um die Definition (4.20) handelt, in der die Menge $(\mathcal{T} \to \mathcal{I}^M)$ durch $Vb(\mathcal{U}^P)$ ersetzt wurde.

Es zeigt sich, daß diese Eigenschaften beim Übergang von der Teil-Ein-/Ausgabebeschreibung zur entsprechenden Ein-/Ausgabebeschreibung erhalten bleiben.

(5.3) Bemerkung: Sei $\mathcal{D}^P$ eine Teil-Ein-/Ausgabebeschreibung mit der dazugehörenden Ein-/Ausgabebeschreibung $\mathcal{D}$.

1. Falls $\mathcal{D}^P$ pre-causal, so ist $\mathcal{D}$ echt und pre-causal.

2. Falls $\mathcal{D}^P$ causal, so ist $\mathcal{D}$ causal.

3. Falls $\mathcal{D}^P$ nicht pre-causal ist, so ist $\mathcal{D} = \top_{\mathcal{I}^M}^{\mathcal{O}^M}$.

$\square$

Beweis: Sei $\mathcal{D}^P = (\mathcal{I}^M, \mathcal{O}^M, \mathcal{U}^P)$ eine pre-causal Teil-Ein-/Ausgabebeschreibung mit dazugehörender Ein-/Ausgabebeschreibung $\mathcal{D} = (\mathcal{I}^M, \mathcal{O}^M, \mathcal{U})$.

1. Sei $\mathcal{D}^P$ pre-causal. Sei $\tau \in \mathcal{O}^M$.

   Für $I \in (\mathcal{T} \to \mathcal{I}^M)$ sei $M_I = \{\mathcal{F} \in \mathcal{F}\mathcal{M}_{\mathcal{T}}^{\mathcal{U}^P} \mid \mathcal{F}$ ist konsistent und es gilt: $\forall (t_0, (I_0, O_0)) \in \mathcal{F} : I_0 =_{t_0} I\}$.

   Es gilt: $\emptyset \in M_I$ und für jede linear bzgl. $<$ geordnete Menge $M \subset M_I$ gilt: $(\bigcup_{\mathcal{F} \in M} \mathcal{F}) \in M_I$.

   Sei $\mathcal{D}_\tau = (\mathcal{I}^M, \mathcal{O}^M, \mathcal{U}_\tau)$ die Ein-/Ausgabebeschreibung für die gilt: $(I, O) \in \mathcal{U}_\tau$ genau dann, wenn es eine maximale mit (I, O) verträgliche verallgemeinerte Folge $\mathcal{F} \in M_I$ gibt, so daß gilt: $\forall t \geq \sup(\mathcal{F}) : O(t) = \tau$.

   $\mathcal{U}_\tau$ ist nach (3.14) total.

   Zu zeigen: $\mathcal{D}_\tau$ ist pre-causal.

   Sei $(I, O) \in \mathcal{U}_\tau$, $t_0 \in \mathcal{T}$ und $I_0 \in (\mathcal{T} \to \mathcal{I}^M)$ mit $I =_{t_0} I_0$.

   Da $(I, O) \in \mathcal{U}_\tau$ gibt es eine mit (I, O) verträgliche verallgemeinerte maximale Folge $\mathcal{F} \in M_I$.

   1. Fall: $\exists t_1 \in Vb(\mathcal{F}) : t_1 > t_0$
       Wähle $\mathcal{F}_0 = \{(t_0, \mathcal{F}(t_1))\}$.

   2. Fall: $\sup(\mathcal{F}) \leq t_0$
       Wähle $\mathcal{F}_0 = \mathcal{F}$.

Es gilt: $\mathcal{F}_0 \in M_{I_0}$.

Nach (3.14) existiert eine in M_{I_0} maximale verallgemeinerte Folge $\mathcal{F}_1 \in M_{I_0}$ mit $\mathcal{F}_0 < \mathcal{F}_1$.

Sei (I_0, O_0) mit $\mathcal{F}_1$ verträglich mit: $\forall t \geq \sup(\mathcal{F}_1) : O_0(t) = \tau$.

Dann ist $(I_0, O_0) \in \mathcal{U}_\tau$ und $O =_{t_0} O_0$.

Also ist $\mathcal{D}_\tau$ pre-causal und gehört zu der Indexmenge von $\mathcal{D}^P$. Also ist die zu $\mathcal{D}^P$ gehörende Ein-/Ausgabebeschreibung echt.

$\mathcal{D}$ ist pre-causal, da es sich um die Vereinigung von pre-causal Ein-/Ausgabebeschreibungen handelt.

2. Sei $\mathcal{D}^P$ causal. Sei S eine Menge, $\mathcal{D}_s^P = (\mathcal{I}^M, \mathcal{O}^M, \mathcal{U}_s^P)$ eine Teil-Ein-/Ausgabebeschreibung mit $Vb(\mathcal{U}^P) = Vb(\mathcal{U}_s^P)$ für $s \in S$ und $\mathcal{U}^P = \bigcup_{s \in S} \mathcal{U}_s^P$.

Sei $\tau \in \mathcal{O}^M$ und $(I_0, O_0) \in \mathcal{U}$.

Sei $\leq$ eine Wohlordnung auf S ($\leq$ existiert nach dem Wohlordnungssatz). Für $I \in (\mathcal{T} \to \mathcal{I}^M)$ sei $M_I = \{s \in S \mid \forall t \in \mathcal{T} : (I_0 =_t I \Rightarrow \exists (I, O) \in \mathcal{U}_s : O_0 =_t O)\} \neq \emptyset$ und $m_I = \min(M_I)$.

Sei $\mathcal{U}_1^P = \{(I, O) \in \mathcal{U}^P \mid (I, O) \in \mathcal{U}_{m_I}^P\} \cup \{(I_0, O_0)\}$.

Sei $\mathcal{D}_1^P = (\mathcal{I}^M, \mathcal{O}^M, \mathcal{U}_1^P)$, dann ist $\mathcal{D}_1^P$ eine determinierte pre-causal Teil-Ein-/Ausgabebeschreibung mit $Vb(\mathcal{U}_1^P) = Vb(\mathcal{U}^P) \cup \{I\}$ und $\mathcal{U}_1^P \subset \mathcal{U}^P \cup \{(I_0, O_0)\}$

Diese läßt sich auf die gleiche Weise wie im ersten Teil dieses Beweises zu einer determinierten pre-causal Ein-/Ausgabebeschreibung aus der Indexmenge erweitern. Da $\mathcal{D}_1^P$ aber determiniert ist, geht dies auch einfacher:
Sei $\mathcal{U}_1 = \{(I, O) \mid \forall t \in \mathcal{T} :$

    (a) Falls es ein $t < t_0 \in \mathcal{T}$ und ein $(I_1, O_1) \in \mathcal{U}_1^P$ gibt mit $I =_{t_1} O_1$, so gilt: $O(t) = O_1(t)$

    (b) Sonst gilt: $O(t) = \tau$

$\}$.

Dann ist $\mathcal{D}_1 = (\mathcal{I}^M, \mathcal{O}^M, \mathcal{U}_1)$ determiniert und pre-causal.

Nach (4.28) ist $\mathcal{D}$ damit causal.

3. Sei $\mathcal{D}^P$ nicht pre-causal.

D.h. es gibt $(I, O) \in \mathcal{U}^P$, $\hat{I} \in (\mathcal{T} \to \mathcal{I}^M)$ und $t \in \mathcal{T}$, so daß für alle $(\hat{I}, \hat{O}) \in \mathcal{U}^P$ mit $I =_t \hat{I}$ gilt: $\neg(O =_t \hat{O})$.

Falls $(I, O) \in \mathcal{U}$, so ist $\mathcal{D}$ offensichtlich nicht pre-causal. Also ist $\mathcal{D} = \top_{\mathcal{I}^M}^{\mathcal{O}^M}$.

$\square$

(5.4) Bemerkung: Seien $\mathcal{D}_1^P = (\mathcal{I}_1^M, \mathcal{O}_1^M, \mathcal{U}_1^P)$, $\mathcal{D}_2^P = (\mathcal{I}_2^M, \mathcal{O}_2^M, \mathcal{U}_2^P)$ pre-causal Teil-Ein-/Ausgabebeschreibungen, für die gilt:

1. $\mathcal{I}_1^M = \mathcal{I}_2^M$

2. $\mathcal{O}_1^M = \mathcal{O}_2^M$

3. $Vb(\mathcal{U}_1^P) = Vb(\mathcal{U}_2^P)$

4. $\mathcal{D}_1^P \succeq \mathcal{D}_2^P$

Seien $\mathcal{D}_1$, $\mathcal{D}_2$ die zu $\mathcal{D}_1^P$, $\mathcal{D}_2^P$ gehörenden Ein-/Ausgabebeschreibungen, dann gilt:
$\mathcal{D}_1 \succeq \mathcal{D}_2$ □

Beweis: Klar, da jede Ein-/Ausgabebeschreibung, die zur Indexmenge von $\mathcal{D}_1^P$ gehört, auch zur Indexmenge von $\mathcal{D}_2^P$ gehört.   □

(5.5) Bemerkung: Sei $\mathcal{D}^P = (\mathcal{I}^M, \mathcal{O}^M, \mathcal{U}^P)$ eine causal Teil-Ein-/Ausgabebeschreibung. Sei $\mathcal{D}_1^P = (\mathcal{I}_1^M, \mathcal{O}_1^M, \mathcal{U}^P)$ mit $\mathcal{I}^M \subset \mathcal{I}_1^M$ und $\mathcal{O}^M \subset \mathcal{O}_1^M$, dann ist $\mathcal{D}_1^P$ eine causal Teil-Ein-/Ausgabebeschreibung.   □

Beweis: Klar nach Definition von causal.   □

5.2   Trace-Beschreibung

Ein bei der Beschreibung von Semantiken häufig benutzte Methode sind Traces [77, 137, 89, 171] – diese ähneln den Ein-/Ausgabebeschreibungen stark, haben allerdings keine Zeitinformationen. Es scheint deshalb wichtig festzulegen, welche Ein-/Ausgabebeschreibungen durch Traces definiert werden.

(5.6) Definition: $Trace = (\mathcal{I}^M, IStd^M, \mathcal{O}^M, OStd, \mathcal{U}^{Trace})$ heißt Trace-Beschreibung, wenn gilt:

1. $\mathcal{I}^M$ ist die Menge der Nachrichten, die an die Ein-/Ausgabebeschreibung geschickt werden können.

2. $IStd^M \in \mathcal{I}^M$ gibt an, welche Nachricht standardmäßig empfangen wird.

3. $\mathcal{O}^M$ ist die Menge der Nachrichten, die von der Ein-/Ausgabebeschreibung verschickt werden können.

4. $OStd \in \mathcal{O}^M$ gibt an, welche Nachricht standardmäßig verschickt wird.

5. $\mathcal{U}^{Trace} \subset (\mathbb{N} \to \mathcal{I}^M) \times (\mathbb{N} \to \mathcal{O}^M)$ bestimmt, in welcher Reihenfolge Ein- und Ausgaben aufeinander folgen können.

      □

(5.7) Definition: Sei $Trace = (\mathcal{I}^M, IStd^M, \mathcal{O}^M, OStd, \mathcal{U}^{Trace})$ eine Trace-Beschreibung. $\mathcal{D}^P_{Trace} = (\mathcal{I}^M_{Trace}, \mathcal{O}^M_{Trace}, \mathcal{U}_{Trace})$ heißt Teil-Ein-/Ausgabebeschreibung von $Trace$, falls gilt:

1. $\mathcal{I}^M_{Trace} = \mathcal{I}^M$

2. $\mathcal{O}^M_{Trace} = \mathcal{O}^M$

3. $(I, O) \in \mathcal{U}_{Trace} \Leftrightarrow$ Es gibt ein $SF \in \mathcal{U}^{Trace}$ und ein streng monoton steigendes $f \in (\mathbb{N} \to \mathcal{T})$ mit $\lim_{n \to \infty} f(n) = \infty$, so daß gilt:

   (a) $\forall n \in \mathbb{N} : (I(f(n)), O(f(n))) = SF(n)$

   (b) $\forall t \in \mathcal{T} \setminus f(\mathbb{N}) : (I(t), O(t)) = (IStd^M, OStd)$

Die zu $\mathcal{D}^P_{Trace}$ gehörende Ein-/Ausgabebeschreibung $\mathcal{D}_{Trace}$ heißt Ein-/Ausgabebeschreibung von $Trace$. $\qquad\qquad\square$

(5.8) Bemerkung: Sei $Trace = (\mathcal{I}^M, IStd^M, \mathcal{O}^M, OStd, \mathcal{U}^{Trace})$ eine Trace-Beschreibung, sei $(I_S, O_S) \in \mathcal{U}^{Trace}$, dann kann I_S auf die Standardeingabe und O_S auf die Standardausgabe abbilden. Auf diese Weise können mehrere Ausgaben zwischen zwei aufeinanderfolgenden Eingaben oder mehrere Eingaben zwischen zwei aufeinanderfolgenden Ausgaben eintreffen. $\qquad\qquad\square$

Kapitel 6

Objektbasierte Systeme

Im vorherigen Abschnitt wurden Methoden vorgestellt, um Ein-/Ausgabebeschreibungen zu definieren. Es wurden allerdings nie bereits existierende Ein-/Ausgabebeschreibungen zur Definition von neuen Ein-/Ausgabebeschreibungen verwendet. In diesem Abschnitt werden objektbasierte Systeme vorgestellt, die gerade dazu dienen, Ein-/Ausgabebeschreibungen mit Hilfe von bereits existierenden Ein-/Ausgabebeschreibungen zu definieren.

Intuitiv besteht ein objektbasiertes System aus einer (möglicherweise unendlichen aber) festen Anzahl von Objekten. Während einer Rechnung eines objektbasierten Systems können – im Gegensatz zu den meisten anderen Modellen – keine neuen Objekte erzeugt werden. Um trotzdem die gleiche Mächtigkeit wie andere Modelle zu haben, muß ein objektbasiertes System unendlich viele Objekte besitzen können – dies entspricht einer bei Petri-Netzen üblichen Technik [49, 17]. Dazu existieren bereits zu Beginn einer Rechnung alle potentiell während einer Rechnung "erzeugten" Objekte – dies sind in der Regel unendlich viele. Objekte, die noch nicht "erzeugt" worden sind, zeichnen sich dadurch aus, daß sie nicht aktiv sind, d.h. in der Regel nur eine Standardnachricht verschicken. Sie erhalten, solange sie nicht "erzeugt" worden sind, auch lediglich eine Standardnachricht als Eingabe. Ein neues Objekt wird nun durch eine Initialisierungsnachricht aktiviert und damit "erzeugt".

Die Objekte eines objektbasierten Systems müssen die Möglichkeit haben, miteinander zu kommunizieren. In CSP oder CCS kommuniziert ein Objekt automatisch mit allen Objekten, die dieselbe Kommunikation durchführen wollen. Dies ist bei Ein-/Ausgabebeschreibungen nicht möglich, da Ein-/Ausgabebeschreibungen Eingaben empfangen, ohne dies verhindern zu können. Sie haben zwar die Möglichkeit, auf diese Eingabe zu reagieren – sogar ohne Zeitverzögerung – und ihr "Mißfallen" über diese Nachricht auszudrücken, sie können sie aber nicht verhindern. Die Kommunikation geschieht eher analog zum Actor-Modell oder dem layered Modell von POOL, bei denen zwischen den Objekten eine Übertragungseinheit sitzt, die die Kommunikation regelt. Da es sich bei *gMobS* aber um ein universelles Konzept handelt, ist die Übertragungseinheit nicht so festgelegt wie im Actor-Modell oder im layered Modell von POOL. Deshalb sitzt zwischen diesen Objekten ein besonderes Objekt – die Übertragungseinheit –, dessen Verhalten auch durch eine Ein-/Ausgabebeschreibung bestimmt wird. Alle Ausgaben der anderen Objekte, sowie eine von außen kommende Eingabe, bilden zusammen als Kreuzprodukt die Eingabe für die Übertragungseinheit. Die Ausgabe der Übertragungseinheit ist auch ein Kreuzprodukt, das als Komponenten die Eingaben für die einzelnen Objekte und eine Ausgabe des gesamten Systems enthält. Die Ein- und Ausgabe innerhalb des Systems wird wie bei der layered Semantik von POOL [12, 157, 13] mit Hilfe eines Objekts $\perp$ durchgeführt.

Dieses Konzept ähnelt den two-level systems, wie sie z.B. in [117] ausgiebig untersucht werden – two level systems haben allerdings nur endlich viele Objekte. Der Schwerpunkt der Untersuchungen besteht dort in der Optimierung von Kontrolle, während der Schwerpunkt in dieser Arbeit darauf liegt festzustellen, unter welchen Bedingungen ein solches System wieder als vernünftiges Objekt aufgefaßt werden kann.

Das ähnliche SysLab Systemmodell [148, 99] wurde zeitgleich und unabhängig entwickelt. Das SysLab Systemmodell unterscheidet sich von $gMobS$ in folgenden Punkten:

1. In SysLab wird lediglich diskrete Zeit und damit auch nur diskrete Kommunikation modelliert, während $gMobS$ auch kontinuierliche Zeit und kontinuierliche Kommunikation zuläßt.

2. Die in SysLab benutzte Übertragungseinheit kann nur eine eingeschränkte Funktionalität haben, während in $gMobS$ beliebige Übertragungseinheiten zugelassen sind.

3. In $gMobS$ wird die Semantik eines objektbasierten Systems unabhängig von den Eigenschaften der Objekte und der Übertragungseinheit definiert, während in SysLab die Semantik nur definiert ist, wenn die Objekte und die Übertragungseinheit causal sind.

4. Der Formalismus in SysLab baut auf Ports mit Namen auf, so daß Objekte in Abhängigkeit von Portnamen beschrieben werden. Dadurch müssen Objekte in SysLab mehr Informationen über die Kommunikation mit der Außenwelt enthalten als in $gMobS$. In $gMobS$ kann Kommunikation mit Hilfe von Ports mit Namen modelliert werden.

Eine Rechnung zu einer Eingabe von außen ist ein Tupel von gültigen Ein-/Ausgabepaaren der Objekte und der Übertragungseinheit, so daß die Ausgaben der Objekte und die Eingabe von außen zusammen gerade die Eingabe für die Übertragungseinheit und die Eingaben für die Objekte und die Ausgabe zusammen die Ausgabe der Übertragungseinheit sind. Wenn es zu jeder Eingabe von außen eine Rechnung gibt, so definiert diese Rechnung eine Ausgabe nach außen und ein objektbasiertes System kann auf kanonische Weise selbst als eine Ein-/Ausgabebeschreibung aufgefaßt werden.

Leider gibt es objektbasierte Systeme, die nicht zu jeder Eingabe eine Rechnung haben, die deshalb nicht auf natürliche Weise als echte Ein-/Ausgabebeschreibung aufgefaßt werden können. Allerdings stellt sich heraus, daß alle objektbasierten Systeme, die intuitiven Forderungen genügen, auch zu jeder Eingabe eine Rechnung besitzen. Die intuitiven Forderungen sind, daß die Objekte causal und die Übertragungseinheit delayed bzgl. $(\perp, \perp)$ sind.

Ein Beispiel für ein reales objektbasiertes System ist ein Schaltwerk. Die Schaltgatter sind die Objekte und die Leitungen zwischen den Schaltgattern und die Leitungen von und nach außen bilden als Gesamtheit die Übertragungseinheit. Ein solches objektbasiertes System hat nur eine endliche Anzahl von Objekten.

Programme in der synchronen Programmiersprache Esterel [21] beschreiben explizit objektbasierte Systeme. Die Anzahl der Objekte ist allerdings endlich, die Objekte sind determiniert und die Übertragungseinheit unterstützt lediglich ein einfaches Broadcasting der Nachrichten der Objekte (die Nachrichten werden ohne Zeitverzögerung weitergeleitet).

Intuitiv (wenigstens nach der Intuition des Autors) können alle Systeme, die aus Objekten bestehen, die nur mit Hilfe von Nachrichten miteinander kommunizieren, modelliert werden, da:

1. Ein System in diesem Modell beliebig – auch unendlich – viele Objekte haben kann.

2. Die Objekte mit Hilfe von Ein-/Ausgabebeschreibungen beschrieben werden, mit denen jedes Verhalten von Objekten beschrieben werden kann.

3. Die Kommunikation zwischen den Objekten und mit der Außenwelt mit Hilfe einer Ein-/Ausgabebeschreibung realisiert wird, mit der wiederum jedes Verhalten beschrieben werden kann.

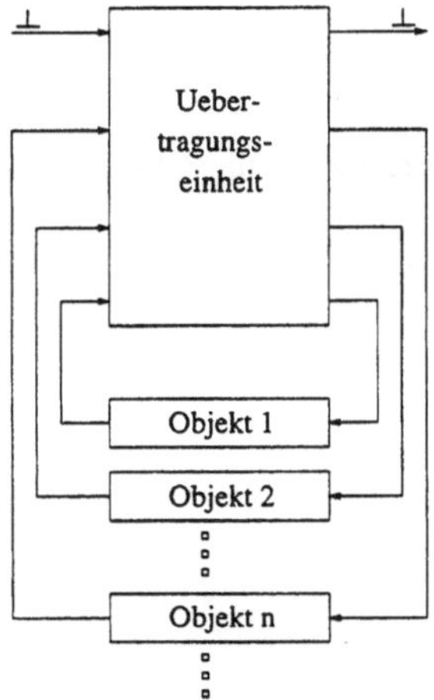

Abbildung 6.1: Ein objektbasiertes System

6.1 Objektbasierte Systeme

(6.1) Definition: Ein Tupel $S = (\mathcal{OOI}^M, \mathcal{OOO}^M, \Omega, \mathcal{OI}^M, \mathcal{OO}^M, \mathcal{ID}, \mathcal{TR})$ heißt objektbasiertes System, wenn gilt:

1. $\mathcal{OOI}^M$ ist die Menge von Nachrichten, die an dieses objektbasierte System geschickt werden können.

2. $\mathcal{OOO}^M$ ist die Menge der Nachrichten, die von diesem objektbasierten System verschickt werden können.

3. Ω ist die Menge der Objekte, die in diesem System existieren. Während einer Rechnung dieses Systems ändert sich diese Menge nicht.

   Mit der Außenwelt kommuniziert das objektbasierte System mit Hilfe eines speziellen Objekts: $\perp \notin \Omega$.

Auch die Übertragungseinheit wird manchmal als Objekt aufgefaßt: $T \notin \Omega$.

$\hat{\Omega} := \Omega \cup \{\bot\}$, $\Omega^T := \Omega \cup \{T\}$ und $\hat{\Omega}^T := \Omega \cup \{T, \bot\}$.

4. Für alle $\omega \in \Omega$ ist $\mathcal{OI}^M(\omega)$ die Menge der Nachrichten, die an das Objekt ω geschickt werden können. $\mathcal{OI}^M(\bot) := \mathcal{OOO}^M$

5. Für alle $\omega \in \Omega$ ist $\mathcal{OO}^M(\omega)$ die Menge der Nachrichten, die von dem Objekt ω verschickt werden können. $\mathcal{OO}^M(\bot) := \mathcal{OOI}^M$

6. Für alle $\omega \in \Omega$ gibt $\mathcal{ID}(\omega) \in \mathcal{DS}^{\mathcal{OO}^M_{(\omega)}}_{\mathcal{OI}^M_{(\omega)}}$ an, welcher Ein-/Ausgabebeschreibung das Objekt ω genügt.

$\mathcal{ID}(\bot) := (\mathcal{OOO}^M, \mathcal{OOI}^M, (\mathcal{T} \to \mathcal{OOO}^M) \times (\mathcal{T} \to \mathcal{OOI}^M)).$

7. $\mathcal{TR} \in \mathcal{DS}^{\prod_{\omega \in \hat{\Omega}} \mathcal{OI}^M_{(\omega)}}_{\prod_{\omega \in \hat{\Omega}} \mathcal{OO}^M_{(\omega)}}$ spezifiziert die Übertragungseinheit und gibt an, wie die Nachrichten von den Objekten und von außerhalb weitergeleitet werden. $\mathcal{ID}(T) := \mathcal{TR}$

$$\square$$

(6.2) Beispiel: Sei $\mathcal{T} = \mathbb{N}$ und $t_F \in \mathcal{T}$. Sei $\mathcal{S}_F = (\mathcal{OOI}^M_F, \mathcal{OOO}^M_F, \Omega_F, \mathcal{OI}^M_F, \mathcal{OO}^M_F, \mathcal{ID}_F, \mathcal{TR}_F)$ mit:

1. $\mathcal{OOI}^M_F = \{S, R, N\}$

2. $\mathcal{OOO}^M_F = \{0, 1\}$

3. $\Omega_F = \{X\}$

4. $\mathcal{OI}^M_F(X) = \{0, 1\}$

5. $\mathcal{OO}^M_F(X) = \{0, 1\}$

6. $\mathcal{ID}_F(X) = (\{0,1\}, \{0,1\}, \{(I, O) \in (\mathcal{T} \to \{0,1\}) \times (\mathcal{T} \to \{0,1\}) \mid I = O\})$

7. $\mathcal{TR}_F = (\{S, R, N\} \times \{0,1\}, \{0,1\}^2,$
$\{((I^T_\bot, I^T_X), (O^T_\bot, O^T_X)) \in (\mathcal{T} \to \{S, R, N\} \times \{0,1\}) \times (\mathcal{T} \to \{0,1\}^2) \mid$
$O^T_\bot = I^T_X \wedge \forall t \in \mathcal{T}:$

$$O^T_X(t) = \begin{cases} 0 & : \quad \text{falls } I^T_\bot(t) = R \\ 1 & : \quad \text{falls } I^T_\bot(t) = S \\ I^T_\bot(t - t_F) & : \quad \text{falls } I^T_\bot(t) = N \wedge t \geq t_F \\ 0 & : \quad \text{sonst} \end{cases}$$

$\})$

Dieses objektbasierte System repräsentiert das einfachste Schaltwerk, das als Speicher dienen kann. Dieses Speicherelement wird im folgenden Flip genannt.

Das System akzeptiert von außen die Nachrichten S für Setzen, R für Rücksetzen und N für Nichts oder keinen Einfluß von außen.

$\mathcal{TR}_F$ ist intern pre-delayed bzgl. $(\bot, \bot)$ genau dann, wenn $t_F > 0$. Alle Objekte und auch die Übertragungseinheit sind unabhängig von t_F alle determiniert und pre-causal, insbesondere auch causal. $\square$

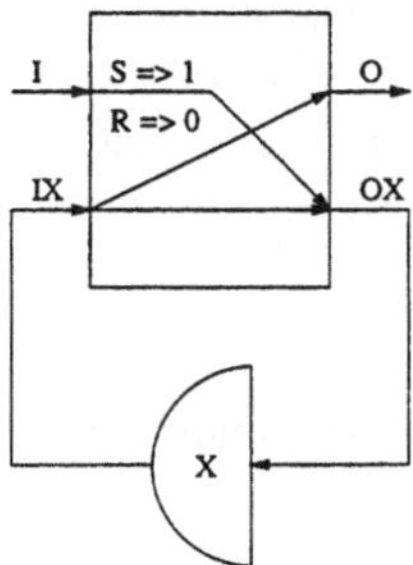

Abbildung 6.2: Ein Flip

6.2 Objektbasierte Systeme als Ein-/Ausgabebeschreibung

Bei einer Rechnungen eines objektbasierten Systems rechnet jedes Objekt und die Übertragungseinheit für sich selbst. Die Übertragungseinheit bekommt die Ausgaben der Objekte und die Eingaben von außen als Eingaben und muß ihre Rechnung entsprechend ihrer eigenen Ein-/Ausgabebeschreibung durchführen. Dadurch erzeugt die Übertragungseinheit Ausgaben, die den einzelnen Objekten zugeführt werden. Diese wiederum müssen entsprechend ihren Ein-/Ausgabebeschreibungen auf diese Eingaben reagieren. Eine Rechnung eines objektbasierten Systems besteht demnach aus Ein-/Ausgabepaaren für jedes Objekt und die Übertragungseinheit. Die Ausgaben der Übertragungseinheit sind die Eingaben für die Objekte und die Ausgaben der Objekte sind die Eingabe für die Übertragungseinheit.

(6.3) Definition: Sei $\mathcal{S} = (\mathcal{OOI}^M, \mathcal{OOO}^M, \Omega, \mathcal{OI}^M, \mathcal{OO}^M, \mathcal{ID}, \mathcal{TR})$ ein objektbasiertes System mit $\mathcal{ID}(\omega) = (\mathcal{I}_\omega^M, \mathcal{O}_\omega^M, \mathcal{U}_\omega)$ für alle $\omega \in \hat{\Omega}^T$. Sei $I \in (\mathcal{T} \to \mathcal{OOI}^M)$ und $O \in (\mathcal{T} \to \mathcal{OOO}^M)$

$\mathcal{R} = (((I_\omega, O_\omega))_{\omega \in \hat{\Omega}}, (I_T, O_T)) \in (\Pi_{\omega \in \hat{\Omega}} \, \mathcal{U}_\omega) \times \mathcal{U}_T$ heißt

1. Rechnung von $\mathcal{S}$ zur Eingabe I bis $t_0 \in \mathcal{T}^\infty$, falls gilt: $I_T =_{t_0} \Pi_{\omega \in \hat{\Omega}} O_\omega$ und $O_T =_{t_0} \Pi_{\omega \in \hat{\Omega}} I_\omega$ und $O_\bot =_{t_0} I$

   Die Rechnung $\mathcal{R}$ hat die Ausgabe O bis zum Zeitpunkt t_0, falls gilt: $I_\bot =_{t_0} O$.

2. Rechnung von $\mathcal{S}$ zur Eingabe I, falls $\mathcal{R}$ eine Rechnung von $\mathcal{S}$ zur Eingabe I bis ∞ ist.

Die Rechnung $\mathcal{R}$ hat die Ausgabe O, falls gilt: $I_\perp = O$.

(I, O) heißt Ein-/Ausgabeverhalten einer Rechnung $\mathcal{R}$, falls gilt: $I = O_\perp$ und $O = I_\perp$.
Aus einer Rechnung wird die Komponente $(I_\perp, O_\perp)$ manchmal weggelassen, diese ist durch die anderen Komponenten aber eindeutig festgelegt. $\qquad\qquad\Box$

(6.4) Beispiel: Es werden einige Beispiele für den Beginn von Rechnungen von Flips [(6.2)] mit verschiedenen internen Verzögerungen t_F vorgestellt.

Sei $\mathcal{R} = ((I_X, O_X), ((I_\perp^T, I_X^T), (O_\perp^T, O_X^T)))$ eine Rechnung. Dann sind $I_\perp^T$ die von außen kommenden Eingaben und $O_\perp^T$ die nach außen gehenden Ausgaben. Durch die Definition von $\mathcal{S}_F$ gilt: $O_X^T = I_X^T$. Da es sich bei $\mathcal{R}$ um eine Rechnung handelt gilt automatisch: $I_X = O_X^T$ und $O_X = I_X^T$.

1. Sei $t_F = 0$. Im folgenden wird der Anfang von 2 verschiedenen Rechnungen zu der selben Eingabe beschrieben:

Zeit	0	1	2	3	4	5	6	7	8	9	10	11
$I_\perp^T$	N	N	N	R	N	N	S	N	S	R	N	N
$O_\perp^T$	0	0	1	0	1	0	1	0	1	0	0	0
I_X	0	0	1	0	1	0	1	0	1	0	0	0
O_X	0	0	1	0	1	0	1	0	1	0	0	0

Zeit	0	1	2	3	4	5	6	7	8	9	10	11
$I_\perp^T$	N	N	N	R	N	N	S	N	S	R	N	N
$O_\perp^T$	1	1	0	0	0	1	1	1	1	0	1	1
I_X	1	1	0	0	0	1	1	1	1	0	1	1
O_X	1	1	0	0	0	1	1	1	1	0	1	1

Offensichtlich kann ein Flip zu einer Eingabe verschiedene Rechnungen und auch verschiedene Ausgaben haben, obwohl sowohl das Objekt als auch die Übertragungseinheit determiniert und pre-causal sind. Es ist auch nicht zu beobachten, daß das Flip Zustände speichert.

2. Sei $t_F = 1$.

Zeit	0	1	2	3	4	5	6	7	8	9	10	11
$I_\perp^T$	N	N	N	R	N	N	S	N	S	R	N	N
$O_\perp^T$	0	0	0	0	0	0	1	1	1	0	0	0
I_X	0	0	0	0	0	0	1	1	1	0	0	0
O_X	0	0	0	0	0	0	1	1	1	0	0	0

In diesem Fall gibt es zu jeder Eingabe genau eine Rechnung und damit auch genau eine Ausgabe. Das Flip fungiert in diesem Fall offensichtlich tatsächlich als Speicherbaustein.

3. Sei $t_F = 2$.

Zeit	0	1	2	3	4	5	6	7	8	9	10	11
$I_\perp^T$	N	N	N	S	N	N	R	N	S	R	N	N
$O_\perp^T$	0	0	0	1	0	1	0	0	1	0	1	0
I_X	0	0	0	1	0	1	0	0	1	0	1	0
O_X	0	0	0	1	0	1	0	0	1	0	1	0

Auch in diesem Fall gibt es zu jeder Eingabe genau eine Rechnung und damit genau eine Ausgabe und wieder fungiert das Flip als Speicherbaustein. Wird aber ein S oder ein R Signal nicht zu zwei aufeinander folgenden Zeitpunkten angelegt, so kann die Ausgabe zwischen 0 und 1 hin und herspringen.

□

Jeder Rechnung ist ein Ein-/Ausgabepaar zugeordnet. Damit ist es leicht, einem objektbasierten System eine echte Ein-/Ausgabebeschreibung zuzuordnen, wenn es zu jeder Eingabe mindestens eine Rechnung gibt. Die kanonische Ein-/Ausgabebeschreibung eines objektbasierten Systems ist dann die Menge aller Ein-/Ausgabeverhalten von Rechnungen dieses Systems.

Leider hat nicht jedes objektbasierte System genügend Rechnungen. Dies ist der Fall, wenn es nicht zu jeder Eingabe eine Rechnung gibt. Für alle realistischen Fälle, in denen die Übertragungseinheit eine gewisse Zeit zum Reagieren auf die Eingaben benötigt, gibt es zu jeder Eingabe auch eine Rechnung.

Falls es nicht zu jeder Eingabe von außen eine Rechnung des objektbasierten Systems gibt, so repräsentiert die leere Ein-/Ausgabebeschreibung $\top$ das Verhalten dieses Systems.

Zu beachten ist, daß, anders als bei den meisten Ansätzen in der Literatur, jedem objektbasierten System, unabhängig von den Eigenschaften der Objekte oder der Übertragungseinheit, eine Ein-/Ausgabebeschreibung zugeordnet wird.

(6.5) Definition: Sei $\mathcal{S} = (\mathcal{OOI}^M, \mathcal{OOO}^M, \Omega, \mathcal{OI}^M, \mathcal{OO}^M, \mathcal{ID}, \mathcal{TR})$ ein objektbasiertes System. Sei $\mathcal{D}_\mathcal{S} = (\mathcal{I}_\mathcal{S}^M, \mathcal{O}_\mathcal{S}^M, \mathcal{U}_\mathcal{S})$ mit:

1. $\mathcal{I}_\mathcal{S}^M = \mathcal{OOI}^M$

2. $\mathcal{O}_\mathcal{S}^M = \mathcal{OOO}^M$

3. $\mathcal{U}_\mathcal{S} = \{(I, O) \in (\mathcal{T} \to \mathcal{OOI}^M) \times (\mathcal{T} \to \mathcal{OOO}^M) \mid$ Es gibt eine Rechnung von $\mathcal{S}$ zu I mit Ausgabe $O\ \}$

Falls $\mathcal{D}_\mathcal{S}$ eine Ein-/Ausgabebeschreibung ist, so heißt $\mathcal{D}_\mathcal{S}$ kanonische Ein-/Ausgabebeschreibung von $\mathcal{S}$, sonst heißt $\top_{\mathcal{OI}^M}^{\mathcal{OO}^M}$ kanonische Ein-/Ausgabebeschreibung von $\mathcal{S}$.   □

(6.6) Beispiel:

1. Sei $t_F = 0$, dann ist die kanonische Ein-/Ausgabebeschreibung des Flip:

$$\mathcal{D}_{\mathcal{S}_F} = (\{S, R, N\}, \{0, 1\}, \{(I, O) \in (\mathcal{T} \to \{S, R, N\}) \times (\mathcal{T} \to \{0, 1\}) \mid$$

   (a) $I(t) = S \Rightarrow O(t) = 1$

   (b) $I(t) = R \Rightarrow O(t) = 0$

$$\})$$

Insbesondere ist $\mathcal{D}_{\mathcal{S}_F}$ nicht determiniert.

2. Sei $t_F = 1$, dann ist die kanonische Ein-/Ausgabebeschreibung des Flip:

$$\mathcal{D}_{\mathcal{S}_F} = (\{S, R, N\}, \{0, 1\}, \{(I, O) \in (\mathcal{T} \to \{S, R, N\}) \times (\mathcal{T} \to \{0, 1\}) \mid \forall t \in \mathcal{T}:$$

$$O(t) = \begin{cases} 0 & : \quad \text{falls } \{t_0 \in \mathcal{T} \mid t_0 \leq t \wedge I(t_0) \neq N\} = \emptyset \\ 1 & : \quad \text{falls } I(\max\{t_0 \in \mathcal{T} \mid t_0 \leq t \wedge I(t_0) \neq N\}) = S \\ 0 & : \quad \text{falls } I(\max\{t_0 \in \mathcal{T} \mid t_0 \leq t \wedge I(t_0) \neq N\}) = R \end{cases}$$

$$\})$$

Insbesondere ist $\mathcal{D}_F$ determiniert.

3. Sei $t_F = 2$, dann ist die kanonische Ein-/Ausgabebeschreibung des Flip:

$$\mathcal{D}_{\mathcal{S}_F} = (\{S, R, N\}, \{0, 1\}, \{(I, O) \in (\mathcal{T} \to \{S, R, N\}) \times (\mathcal{T} \to \{0, 1\}) \mid \forall t \in \mathcal{T}:$$

$$O(t) = \begin{cases} 0 & : \text{ falls } \{t_0 \in \mathcal{T} \mid t - t_0 \in 2 * \mathcal{T} \wedge I(t_0) \neq N\} = \emptyset \\ 1 & : \text{ falls } I(\max\{t_0 \in \mathcal{T} \mid t - t_0 \in 2 * \mathcal{T} \wedge I(t_0) \neq N\}) = S \\ 0 & : \text{ falls } I(\max\{t_0 \in \mathcal{T} \mid t - t_0 \in 2 * \mathcal{T} \wedge I(t_0) \neq N\}) = R \end{cases}$$

$$\})$$

Insbesondere ist $\mathcal{D}_F$ determiniert.

$\square$

In der Regel werden bei der Implementation eines objektbasierten Systems (auf einer abstrakten Maschine) die Objekte determinierter sein als in der Spezifikation – ein real existierendes Objekt wird z.B. niemals ohne Zeitverzögerung auf eine Nachricht reagieren können, während dies in der Spezifikation des Objekts erlaubt sein kann. Damit mit diesem Modell der objektbasierten Systeme vernünftig gearbeitet werden kann, ist es deshalb essentiell, daß durch eine solche Implementation die Ein-/Ausgabebeschreibung des implementierten objektbasierten Systems selbst wieder determinierter als die Spezifikation ist. Wegen seiner Wichtigkeit wird dieser Sachverhalt im nächsten Satz festgehalten, obwohl er trivial ist.

(6.7) Satz: Seien $\mathcal{S}_1 = (\mathcal{OOI}_1^M, \mathcal{OOO}_1^M, \Omega_1, \mathcal{OI}_1^M, \mathcal{OO}_1^M, \mathcal{ID}_1, \mathcal{TR}_1)$ und $\mathcal{S}_2 = (\mathcal{OOI}_2^M, \mathcal{OOO}_2^M, \Omega_2, \mathcal{OI}_2^M, \mathcal{OO}_2^M, \mathcal{ID}_2, \mathcal{TR}_2)$ objektbasierte Systeme. Außerdem gelte:

1. $\Omega_1 = \Omega_2$

2. $\forall \omega \in \Omega_1^T : \mathcal{ID}_1(\omega) \succeq \mathcal{ID}_2(\omega)$

dann gilt:

$$\mathcal{D}_{\mathcal{S}_1} \succeq \mathcal{D}_{\mathcal{S}_2}. \hspace{3cm} \square$$

Beweis: Klar, da jede Rechnung von $\mathcal{S}_1$ auch eine Rechnung von $\mathcal{S}_2$ ist. $\hspace{1cm} \square$

Man kann ein objektbasiertes System auch als eine Abbildung von Ein-/Ausgabebeschreibungen in Ein-/Ausgabebeschreibungen betrachten. (6.7) besagt nun gerade, daß diese Abbildung monoton in den Objekten und der Übertragungseinheit ist, wenn $\succeq$ als partielle Ordnung benutzt wird. Da wiederum jede monotone Funktion zwischen Verbänden einen kleinsten Fixpunkt hat, kann diese Tatsache ausgenutzt werden, wenn einer rekursiv definierten Ein-/Ausgabebeschreibung eine Semantik zugewiesen werden soll.

(6.8) Bemerkung: Offensichtlich gibt es zu einem objektbasierten System genau eine kanonische Ein-/Ausgabebeschreibung.

Es gibt objektbasierte Systeme, die $\top$ als kanonische Ein-/Ausgabebeschreibung haben. Sei z.B. $\mathcal{S}_I = (\mathcal{OOI}_I^M, \mathcal{OOO}_I^M, \Omega_I, \mathcal{OI}_I^M, \mathcal{OO}_I^M, \mathcal{ID}_I, \mathcal{TR}_I)$ mit

1. $\mathcal{OOI}_I^M = \{0, 1\}$

2. $\mathcal{OOO}_I^M = \{0, 1\}$

3. $\Omega_I = \{X\}$

4. $\mathcal{OI}_I^M(X) = \{0, 1\}$

5. $\mathcal{OO}_I^M(X) = \{0, 1\}$

6. $\mathcal{ID}_I(X) = (\{0, 1\}, \{0, 1\}, \{(I, O) \mid \forall t \in \mathcal{T} : O(t) = 1 - I(t)\})$

7. $\mathcal{TR}_I = (\{0, 1\}^2, \{0, 1\}^2, \{(I_\perp, I_X), (O_\perp, O_X)) \mid O_\perp(t) = 0, O_X(t) = 1 - I_X(t)\}$

Das Objekt und die Übertragungseinheit sind determiniert und pre-causal, also auch output-complete.

Wie man leicht feststellt, hat $\mathcal{S}_I$ zu keiner Eingabe eine Rechnung. Also ist die kanonische Ein-/Ausgabebeschreibung $\top_{\mathcal{OOI}_I^M}^{\mathcal{OOO}_I^M}$. Das Verhalten entspricht dem Verhalten eines Inverters, dessen Ausgang an den eigenen Eingang geführt wird. Während in der Realität sowohl der Inverter als auch die Leitung eine Verzögerung haben, ist dies in diesem Beispiel nicht gegeben. Um die Existenz einer echten kanonischen Ein-/Ausgabebeschreibung zu sichern, würde es allerdings schon reichen, wenn der Inverter oder die Übertragungseinheit eine Zeitverzögerung hätte.

Daß es objektbasierte Systeme gibt, bei denen die Objekte und die Übertragungseinheit nicht pre-delayed sind, und die trotzdem eine echte kanonische Ein-/Ausgabebeschreibung haben, sieht man an $\mathcal{S}_F$ mit Zeitverzögerung 0 [(6.2), (6.4)]. $\hspace{1cm} \square$

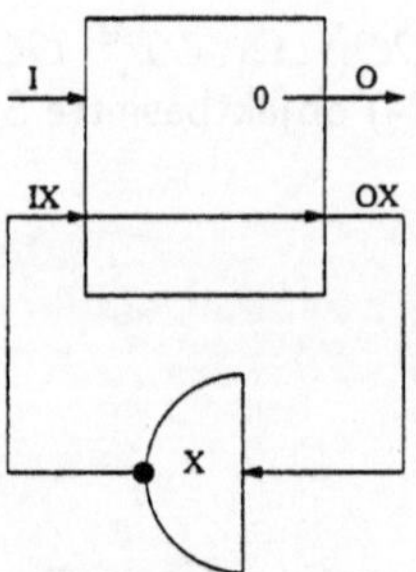

Abbildung 6.3: Objektbasiertes System ohne echte kanonische Ein-/Ausgabebeschreibung

(6.9) Beispiel: Sei $\mathcal{T} = \mathbb{N}$ und $\mathcal{S}_X = (\mathcal{OOI}_X^M, \mathcal{OOO}_X^M, \Omega_X, \mathcal{OI}_X^M, \mathcal{OO}_X^M, \mathcal{ID}_X, \mathcal{TR}_X)$ mit

1. $\mathcal{OOI}_X^M = \{0, 1, 2\}$

2. $\mathcal{OOO}_X^M = \{0, 1, 2\}$

3. $\Omega = \{X\}$

4. $\mathcal{OI}_X^M(X) = \{0, 1, 2\}$

5. $\mathcal{OO}_X^M(X) = \{0, 1, 2\}$

6. $\mathcal{ID}_X(X) = (\{0, 1, 2\}, \{0, 1, 2\}, \{(I, O) \mid (\forall t \in \mathcal{T} \setminus \{1\} : O(t) = I(t)) \wedge$

$$O(1) = \begin{cases} 0 & : \quad \text{falls } I(1) = 0 \\ 1 & : \quad \text{falls } I(1) = 2 \\ 2 & : \quad \text{falls } I(1) = 1 \end{cases}$$

$\})$

7. $\mathcal{TR}_X = (\{0, 1, 2\}^2, \{0, 1, 2\}^2, \{((I_\perp, I_X), (0, 0))\} \cup$
$\{((I_\perp, I_X), (O_\perp, O_X)) \mid O_\perp = I_X \wedge (\forall t \in \mathcal{T} \setminus \{1\} : O_X(t) = I_\perp(t)) \wedge$

$$O_X(1) = \begin{cases} I_X(1) & : \quad \text{falls } I_\perp(0) = 2 \wedge I_\perp(1) = 2 \wedge I_X(1) \neq 0 \\ 2 & : \quad \text{falls } I_\perp(0) = 2 \wedge I_\perp(1) = 1 \wedge I_X(1) \neq 0 \\ 1 & : \quad \text{sonst} \end{cases}$$

$\})$

Das Objekt und die Übertragungseinheit von $\mathcal{S}$ sind causal.

Sei $\mathcal{D}_{\mathcal{S}_X}$ die kanonische Ein-/Ausgabebeschreibung von $\mathcal{S}_X$. $\mathcal{D}_{\mathcal{S}_X}$ ist echt, da für jedes $I \in (\mathcal{T} \to \{0, 1, 2\})$ gilt: $(I, 0) \in \mathcal{D}_{\mathcal{S}_X}$.

Seien $I_1, I_2 \in (\mathcal{T} \to \{0, 1, 2\})$ mit $I_1(0) = I_2(0) = 2$, $I_1(1) = 0$ und $I_2(1) = 2$. Dann existiert ein $(I_1, O_1) \in \mathcal{D}_{\mathcal{S}_X}$ mit $O_1(0) = 2$, aber es existiert kein $(I_2, O_2) \in \mathcal{D}_{\mathcal{S}_X}$ mit $O_2(0) = 2$.

Dies bedeutet, daß $\mathcal{D}_{\mathcal{S}_X}$ nicht pre-causal ist, obwohl das Objekt und die Übertragungseinheit causal sind. □

Die hier vorgestellten Probleme treten auch in der synchronen Sprache Esterel [21] auf. Da die beschreibbaren Objekte und die Kommunikation der Objekte sehr einfach ist, können die objektbasierten Systeme, bei denen diese Probleme auftreten können, leicht von einem Compiler erkannt werden.

Das Auftreten solcher Probleme war auch vorauszusehen, da in [82] bewiesen wird, daß es keine Semantik gibt, die zugleich responsive (Reaktion ohne Zeitverzögerung), Modular (Kommunikation durch eine feste Schnittstelle) und pre-causal ist.

6.3 Objektbasierte Systeme als echte Ein-/Ausgabebeschreibung

Nach der Feststellung, daß nicht jedes objektbasierte System eine echte kanonische Ein-/Ausgabebeschreibung besitzt, könnte man versuchen, diesen Defekt zu beheben, also versuchen, trotzdem jedem System eine echte Ein-/Ausgabebeschreibung zuzuordnen. Sinnvoll wird dies nur sehr schwierig möglich sein und auf jeden Fall der Intuition des Benutzers entgegenlaufen.

Im folgenden wird deshalb versucht, eine große Klasse von Systemen zu identifizieren, die kanonische Ein-/Ausgabebeschreibungen mit "vernünftigen" Eigenschaften besitzen. Diese Klasse sollte alle intuitiv möglichen Fälle einschließen.

Für intuitiv mögliche objektbasierte Systeme gilt stets:

1. Alle Objekte und die Übertragungseinheit sind pre-causal.

2. Alle Objekte und die Übertragungseinheit sind closed.

3. Alle Objekte sind constantly pre-delayed.

4. Die Übertragungseinheit ist constantly pre-delayed.

Aber es gilt weder, daß alle Objekte determiniert, noch, daß alle Objekte output-complete sind.

Die ersten beiden Punkte werden auch von $\mathcal{S}_I$ [(6.8)] (das Objekt und die Übertragungseinheit sind sogar determiniert und damit output-closed) und $\mathcal{S}_X$ [(6.9)] erfüllt. Diese reichen also nicht aus, um die Existenz der kanonischen Ein-/Ausgabebeschreibung zu sichern.

Bei $\mathcal{S}_I$ sieht man sofort, daß eine Zeitverzögerung des Objekts oder der Übertragungseinheit die Existenz einer Ein-/Ausgabebeschreibung zur Folge hätte.

Zu fordern, daß sowohl die Objekte, als auch die Übertragungseinheit zeitverzögert sind, ist übertrieben, da die Objekte sowieso nicht feststellen können, woher die Zeitverzögerung kommt. Die Objekte sollten nicht zeitverzögert sein, da Objekte der grundlegende Baustein in objektbasierten Systemen sind und dieser so allgemein wie möglich sein sollte. Vom formalen Aufbau scheint es auch am einfachsten, die Übertragungseinheit mit einer Zeitverzögerung zu versehen, da es nicht reicht, wenn alle Objekte zeitverzögert sind, sondern das Infimum aller Zeitverzögerungen muß größer als 0 sein. Es wird sich auch herausstellen, daß dieser Ansatz allgemeiner ist, als wenn die Zeitverzögerung in den Objekten steckt. Trotzdem wird in der Literatur häufig der Fall betrachtet, daß die Übertragungseinheit ohne Zeitverzögerung arbeitet, während die endlich vielen Objekte zeitverzögert sind (z.B. [182, 147]) – da nur Systeme mit endlich vielen Objekten betrachtet werden, ist das Infimum der Zeitverzögerungen automatisch größer als 0.

Diese Zeitverzögerung ist nur nötig bei Kommunikationen, die innerhalb des Systems stattfinden. Nachrichten, die von außen kommen oder Nachrichten, die nach außen geleitet werden, müssen keiner Zeitverzögerung unterworfen werden. Daß die Übertragungseinheit intern pre-delayed ist, hilft leider nicht bei der Konstruktion einer Rechnung, deshalb wird angenommen, daß die betrachteten objektbasierten Systeme intern output-closed sind.

Eigentlich würde es sogar reichen, wenn sichergestellt würde, daß die Ausgabe eines Objekts zum Zeitpunkt t die Eingaben, die diesem Objekt bis zu einem geeigneten späteren Zeitpunkt gegeben werden, nicht beeinflußt. D.h. die Übertragung von Nachrichten an andere Objekte kann durchaus ohne Zeitverzögerung stattfinden, solange kein Kreis ohne Verzögerung auftritt. Etwas derartiges tritt z.B. bei Filterautomaten [96] auf. Dies wird wegen des größeren formalen Aufwands in dieser Arbeit nicht betrachtet.

Zunächst wird noch die Vereinigung und der Schnitt von objektbasierten Systemen eingeführt.

(6.10) Definition: Sei S eine Menge und seien $\mathcal{S}_s = (\mathcal{OOI}^M_s, \mathcal{OOO}^M_s, \Omega_s, \mathcal{OI}^M_s, \mathcal{OO}^M_s, \mathcal{ID}_s, \mathcal{TR}_s)$ objektbasierte System für $s \in S$. Sei $\mathcal{S} = (\mathcal{OOI}^M, \mathcal{OOO}^M, \Omega, \mathcal{OI}^M, \mathcal{OO}^M, \mathcal{ID}, \mathcal{TR})$ ein objektbasiertes System mit:

1. $\forall s \in S : \mathcal{OOI}^M = \mathcal{OOI}^M_s$

2. $\forall s \in S : \mathcal{OOO}^M = \mathcal{OOO}^M_s$

3. $\forall s \in S : \Omega = \Omega_s$

4. $\forall s \in S \, \forall \omega \in \Omega : \mathcal{OI}^M(\omega) = \mathcal{OI}^M_s(\omega) \wedge \mathcal{OO}^M(\omega) = \mathcal{OO}^M_s(\omega)$

Dann sei:

1. $\mathcal{S} = \bigcup_{s \in S} \mathcal{S}_s$ die Vereinigung der $\mathcal{S}_s$, falls gilt:
   $$\forall \omega \in \Omega^T : \mathcal{ID}(\omega) = \bigcup_{s \in S} \mathcal{ID}_s(\omega)$$

2. $\mathcal{S} = \bigcap_{s \in S} \mathcal{S}_s$ der Schnitt der $\mathcal{S}_s$, falls gilt:
   $$\forall \omega \in \Omega^T : \mathcal{ID}(\omega) = \bigcap_{s \in S} \mathcal{ID}_s(\omega)$$

$\square$

(6.11) Definition: Sei $M = \{\mathcal{S}_s \mid s \in S\}$ eine Menge von objektbasierten Systemen mit $(\mathcal{OOI}^M, \mathcal{OOO}^M, \Omega, \mathcal{OI}^M, \mathcal{OO}^M, \mathcal{ID}, \mathcal{TR}) = \bigcup_{s \in S} \mathcal{S}_s$.

Für $\hat{s} = (s_\omega)_{\omega \in \Omega^T} \in S^{\Omega^T}$ sei

$\mathcal{K}_\mathcal{M}(\hat{s}) = (\mathcal{OOI}^M_{\hat{s}}, \mathcal{OOO}^M_{\hat{s}}, \Omega_{\hat{s}}, \mathcal{OI}^M_{\hat{s}}, \mathcal{OO}^M_{\hat{s}}, \mathcal{ID}_{\hat{s}}, \mathcal{TR}_{\hat{s}})$ mit:

1. $\mathcal{OOI}^M_{\hat{s}} = \mathcal{OOI}^M$

2. $\mathcal{OOO}_{\hat{s}}^M = \mathcal{OOO}^M$

3. $\Omega_{\hat{s}} = \Omega$

4. $\forall \omega \in \Omega^T : \mathcal{OI}_{\hat{s}}^M(\omega) = \mathcal{OI}^M(\omega)$

5. $\forall \omega \in \Omega^T : \mathcal{OO}_{\hat{s}}^M(\omega) = \mathcal{OO}^M(\omega)$

6. $\forall \omega \in \Omega^T : \mathcal{ID}_{\hat{s}}(\omega) = \mathcal{ID}_{s_\omega}(\omega)$

$\mathcal{K}_\mathcal{M}$ ist eine Funktion, mit der alle objektbasierten Systeme beschrieben werden können, die aus den objektbasierten Systemen aus M erzeugt werden können, indem aus den einzelnen Systemen beliebig Objekte und die Übertragungseinheit gewählt und an den entsprechenden Platz gesetzt werden. $\square$

Unter günstigen Bedingungen – die später erfüllt sein werden – ist die kanonische Ein-/Ausgabebeschreibung einer Vereinigung von objektbasierten Systemen die Vereinigung der Ein-/Ausgabebeschreibungen von bestimmten objektbasierten Systemen. Die zu betrachtenden objektbasierten Systeme sind gerade die von der in (6.11) definierten Funktion erzeugten Systeme.

(6.12) Satz: Sei $M = \{\mathcal{S}_s \mid s \in S\}$ eine Menge von objektbasierten Systemen mit $\mathcal{S} = (\mathcal{OOI}^M, \mathcal{OOO}^M, \Omega, \mathcal{OI}^M, \mathcal{OO}^M, \mathcal{ID}, \mathcal{TR}) = \bigcup_{s \in S} \mathcal{S}_s$.

Für $\hat{s} = (s_\omega)_{\omega \in \Omega^T} \in S^{\Omega^T}$ sei $\mathcal{D}_{\mathcal{K}_\mathcal{M}(\hat{s})} \neq \top_{\mathcal{OOI}^M}^{\mathcal{OOO}^M}$, dann gilt:

$$\mathcal{D}_\mathcal{S} = \bigcup_{\hat{s} \in S^{\Omega^T}} \mathcal{D}_{\mathcal{K}_\mathcal{M}(\hat{s})}$$
$\square$

Beweis: Sei $M = \{\mathcal{S}_s \mid s \in S\}$ eine Menge von objektbasierten Systemen mit $\mathcal{S} = (\mathcal{OOI}^M, \mathcal{OOO}^M, \Omega, \mathcal{OI}^M, \mathcal{OO}^M, \mathcal{ID}, \mathcal{TR}) = \bigcup_{s \in S} \mathcal{S}_s$.

1. Sei $(I, O) \in \mathcal{D}_\mathcal{S}$. Dann existiert eine Rechnung
$\mathcal{R} = ((I_\omega, O_\omega)_{\omega \in \hat{\Omega}}, (I_T, O_T))$ von $\mathcal{S}$ zur Eingabe I mit Ausgabe O. Für $\omega \in \Omega^T$ gibt es ein $s_\omega \in S$ mit: $(I_\omega, O_\omega) \in \mathcal{ID}_{s_\omega}(\omega)$.

   Sei $\hat{s} = (s_\omega)_{\omega \in \Omega^T}$. Offensichtlich ist $\mathcal{R}$ dann auch eine Rechnung von $\mathcal{K}_\mathcal{M}(\hat{s})$. Da $\mathcal{D}_{\mathcal{K}_\mathcal{M}(\hat{s})}$ eine echte Ein-/Ausgabebeschreibung ist, folgt:

   $(I, O) \in \mathcal{D}_{\mathcal{K}_\mathcal{M}(\hat{s})} \subset \bigcup_{\hat{s} \in S^{\Omega^T}} \mathcal{D}_{\mathcal{K}_\mathcal{M}(\hat{s})}$

   D.h. $\mathcal{D}_\mathcal{S} \subset \bigcup_{\hat{s} \in S^{\Omega^T}} \mathcal{D}_{\mathcal{K}_\mathcal{M}(\hat{s})}$

2. Nach (6.7) gilt für $\hat{s} \in S^\Omega$:

   $\mathcal{D}_{\mathcal{K}_\mathcal{M}(\hat{s})} \subset \mathcal{D}_\mathcal{S}$
   und damit

   $\bigcup_{\hat{s} \in S^{\Omega^T}} \mathcal{D}_{\mathcal{K}_\mathcal{M}(\hat{s})} \subset \mathcal{D}_\mathcal{S}$

$\square$

(6.13) Definition: Sei $\mathcal{S} = (\mathcal{OOI}^M, \mathcal{OOO}^M, \Omega, \mathcal{OI}^M, \mathcal{OO}^M, \mathcal{ID}, \mathcal{TR})$ ein objektbasiertes System. $\mathcal{S}$ heißt

1. intern output-closed, falls $\mathcal{TR}$ intern output-closed bzgl. $(\{\bot\}, \{\bot\})$ ist und es ein $0 \neq t \in \mathcal{T}$ gibt, so daß alle Objekte mit Schrittweite t closed sind.

2. intern pre-delayed, wenn $\mathcal{TR}$ intern pre-delayed bzgl. $(\{\bot\}, \{\bot\})$ ist und alle Objekte pre-causal sind. Wenn $\hat{\phi}_T$ eine Verzögerungsfunktion von $\mathcal{TR}$ ist, so ist $\hat{\phi}_T$ eine Verzögerungsfunktion von $\mathcal{S}$.

3. intern delayed, wenn $\mathcal{TR}$ intern delayed bzgl. $(\{\bot\}, \{\bot\})$ ist und alle Objekte causal sind.

$\square$

(6.14) Beispiel: Das Flip $\mathcal{S}_F$ [(6.2)] ist intern pre-delayed, intern delayed und intern output-closed, falls $t_F \neq 0$. $\square$

Damit ein objektbasiertes System eine echte kanonische Ein-/Ausgabebeschreibung hat, muß es zu jeder Eingabe eine Rechnung geben, die dann eine Ausgabe festlegt. Der folgende Satz besagt nun gerade, daß jede Rechnung eines output-closed objektbasierten Systems bis zu einem Zeitpunkt zu einer vollständigen Rechnung fortgesetzt werden kann. Aus diesem Satz kann leicht gefolgert werden, daß die kanonische Ein-/Ausgabebeschreibung eines output-closed objektbasierten Systems echt und pre-causal ist – es handelt sich um eine Art Hauptsatz dieses Abschnittes.

In anderen Arbeiten [182, 12, 157, 47] wird der Banach'sche Fixpunktsatz verwendet, um Rechnungen eines Systems zu konstruieren. In dieser Arbeit wird dies nicht getan, sondern es wird vielmehr der Konstruktionsprozeß für eine Rechnung – mit Hilfe der operationalen Fortsetzungsrelationen – angegeben. Dies hat verschiedene Gründe:

Zunächst hätte sonst ein metrischer Raum für Rechnungen bis zu einem Zeitpunkt eingeführt werden müssen. Die Fortsetzungsrelationen, die für die Konstruktion einer kontrahierenden Funktion benutzt werden, sind nicht funktional – sie hätten also zunächst entsprechend angepaßt werden müssen. Da die Ein-/Ausgabebeschreibungen der Objekte und der Übertragungseinheit nicht output-complete sein müssen – im Gegensatz zu den oben aufgeführten Arbeiten –, wäre eine Sonderbetrachtung notwendig gewesen. Eine Rechnung kann – wiederum anders als in den aufgeführten Arbeiten – nicht immer wieder um ein festes Zeitintervall fortgesetzt werden, sondern die Länge der Zeitintervalle kann gegen 0 konvergieren. Eine konstruierte Funktion wäre dann also nicht mehr kontrahierend und der Banach'sche Fixpunktsatz kann nicht angewandt werden. Außerdem ist der Banach'sche Fixpunktsatz in diesem Zusammenhang eine künstliche Verschleierung des Prozesses, durch den eine Rechnung entsteht – der Prozeß der Entstehung der Rechnung kann auch konstruktiv angegeben werden.

(6.15) Satz: Sei $\mathcal{S}$ ein intern output-closed objektbasiertes System. Sei I eine Eingabe und $\mathcal{R}$ eine Rechnung von $\mathcal{S}$ zu I bis zum Zeitpunkt $t_0 \in \mathcal{T}$, dann existiert eine Rechnung $\mathcal{R}_1$ von $\mathcal{S}$ zu I, die bis zum Zeitpunkt t_0 mit $\mathcal{R}$ übereinstimmt. $\square$

Beweis: Sei $\mathcal{S} = (\mathcal{OOI}^M, \mathcal{OOO}^M, \Omega, \mathcal{OI}^M, \mathcal{OO}^M, \mathcal{ID}, \mathcal{TR})$ ein intern output-closed objektbasiertes System. Für alle $\omega \in \hat{\Omega}^T$ sei $\mathcal{ID}_\omega = (\mathcal{I}_\omega^M, \mathcal{O}_\omega^M, \mathcal{U}_\omega)$.
Sei $I \in (\mathcal{T} \to \mathcal{OOI}^M)$.

Für $\omega \in \Omega$ sei ϕ_ω eine Fortsetzungsrelation für $\mathcal{D}_\omega$ mit Schrittweite t^s und sei ϕ_T eine Ausgabe-Fortsetzungsrelation für $\mathcal{TR}$.

Sei $\mathcal{R} = (((I_\omega^0, O_\omega^0))_{\omega \in \hat{\Omega}}, (I_T^0, O_T^0))$ eine Rechnung von $\mathcal{S}$ zu I bis zum Zeitpunkt $t_0 \in \mathcal{T}$.

Im folgenden wird eine konsistente verallgemeinerte Folge von Rechnungen mit Supremum ∞ konstruiert. Da diese Folge mit Hilfe der Fortsetzungsrelationen konstruiert wurde, definiert sie eine Rechnung von $\mathcal{S}$.

Sei $\mathcal{F}$ eine verallgemeinerte Folge von Rechnungen von $\mathcal{S}$, für die gilt:

1. $(t_0, \mathcal{R}) \in \mathcal{F}$

2. Sei $(t, ((I_\omega, O_\omega)_{\omega \in \hat{\Omega}}, (I_T, O_T))) \in \mathcal{F}$.

   Sei $(\hat{O}, \hat{t}) \in \phi_T((I_T, O_T), t)$ und $t^1 = \min(t + t^s, \hat{t})$.

   Durch $\hat{O}$ wird die Ausgabe der Übertragungseinheit an die Objekte bis zum Zeitpunkt t^1 festgelegt, d.h. für $\omega \in \Omega$ muß $I_\omega^1 = \wp_\omega(\hat{O})$ sein.

   Für $\omega \in \Omega$ sei $O_\omega^1 \in \phi_\omega((I_\omega, O_\omega), t, I_\omega^1)$.

   Die Ausgabe der Objekte bis zum Zeitpunkt t^1 ist damit festgelegt.

   Die Ausgabe von $\bot$, die die Eingabe von außen repräsentiert, steht ohnehin bereits fest: $O_\bot^1 = I$

   Die Ausgabe der Objekte bis zum Zeitpunkt t^1 legt die Eingabe fest, die die Übertragungseinheit bis zum Zeitpunkt t^1 erhält: $I_T^1 = \prod_{\omega \in \hat{\Omega}} O_\omega^1$.

   Sei $(I_T^1, O_T^1) \in \mathcal{U}_\bot$ mit $O_T^1 =_t O_T$ und $\hat{O} =_{t^1} Int_\bot(O_T^1)$

   Dies existiert, da die Ausgabe $\hat{O}$ mittels der Ausgabefortsetzungsrelation ϕ_T fortgesetzt worden war.

   Sei $(t^1, ((I_\omega^1, O_\omega^1)_{\omega \in \Omega}, (I_T^1, O_T^1)))$ der Nachfolger von t in $\mathcal{F}$.

3. Sei $t = \sup\{\hat{t} \in Vb(\mathcal{F}) \mid \hat{t} < t\}$ [dann ist $t \in \mathcal{T}$].

   Da die konsistente verallgemeinerte Folge $\mathcal{F}_1 = \{(\hat{t}, \mathcal{R}_i) \in \mathcal{F} \mid \hat{t} < t\}$ von Rechnungen mit Hilfe der Fortsetzungsrelationen konstruiert wurde, gibt es eine mit $\mathcal{F}_1$ verträgliche Rechnung $\mathcal{R}_t$ bis zum Zeitpunkt t.

   Sei $(t, \mathcal{R}_t) \in \mathcal{F}$.

Jedes Element der so konstruierten verallgemeinerten Folge besitzt einen Nachfolger und $Vb(\mathcal{F})$ ist abgeschlossen. Nach (3.12) gilt: $\sup(\mathcal{F}) = \infty$.

Da die verallgemeinerte Rechnung mit Hilfe der Fortsetzungsrelationen definiert wurde, gibt es offensichtlich eine mit $\mathcal{F}$ verträgliche Rechnung $\mathcal{R}_1$ von $\mathcal{S}$. $\mathcal{R}_1$ stimmt bis zum Zeitpunkt t_0 mit $\mathcal{R}$ überein. $\qquad \square$

(6.16) Satz: Sei $\mathcal{S}$ ein intern output-closed objektbasiertes System, dann ist die kanonische Ein-/Ausgabebeschreibung eine echte Ein-/Ausgabebeschreibung. $\qquad \square$

Beweis: Sei S ein intern output-complete objektbasiertes System und I eine Eingabe. Offensichtlich gibt es eine Rechnung $\mathcal{R}$ von S zu I bis zum Zeitpunkt 0. Diese Rechnung läßt sich nach (6.15) zu einer Rechnung zur Eingabe I fortsetzen.

Damit existiert zu jeder Eingabe eine Ausgabe und S hat damit eine echte Ein-/Ausgabebeschreibung. $\square$

6.4   Eigenschaften

Nachdem festgestellt wurde, daß intern output-closed objektbasierte Systeme echte kanonische Ein-/Ausgabebeschreibungen haben, ist es wichtig zu untersuchen, welchen Eigenschaften die kanonische Ein-/Ausgabebeschreibung genügt, um objektbasierte Systeme selbst wieder als Objekte einsetzen zu können.

(6.17) Satz: Sei S ein intern output-closed objektbasiertes System. Die kanonische Ein-/Ausgabebeschreibung von S ist dann pre-causal. $\square$

Beweis: Sei $S = (\mathcal{OOI}^M, \mathcal{OOO}^M, \Omega, \mathcal{OI}^M, \mathcal{OO}^M, \mathcal{ID}, \mathcal{TR})$ intern output-closed. Sei $\mathcal{D}_S = (\mathcal{I}_S^M, \mathcal{O}_S^M, \mathcal{U}_S)$ die kanonische Ein-/Ausgabebeschreibung zu S.

Sei $(I, O) \in \mathcal{U}_S$ und sei $t_1 \in \mathcal{T}$. Sei $\hat{I} \in (\mathcal{T} \to \mathcal{I}_S^M)$ mit $I =_{t_1} \hat{I}$.

Sei $\mathcal{R}$ eine Rechnung von S zu I mit Ausgabe O.

Da die Objekte und die Übertragungseinheit von S pre-causal sind, ist $\mathcal{R}$ auch eine Rechnung zu $\hat{I}$ mit Ausgabe O bis zum Zeitpunkt t_1.

Nach (6.15) kann $\mathcal{R}$ fortgesetzt werden zu einer Rechnung $\mathcal{R}_1$ zur Eingabe $\hat{I}$ mit einer Ausgabe $\hat{O}$, die bis t_1 mit $\mathcal{R}$ übereinstimmt. Es gilt dann: $O =_{t_1} \hat{O}$.

Insgesamt ist $\mathcal{D}_S$ also pre-causal. $\square$

Das Flip S_F [(6.2)] mit einer Zeitverzögerung 0 ist nicht determiniert, obwohl sowohl die Übertragungseinheit als auch die Objekte determiniert und sogar pre-causal (und damit output-complete sind). Falls allerdings die Objekte und die Übertragungseinheit eines intern pre-delayed objektbasierten Systems determiniert sind, so ist auch die kanonische Ein-/Ausgabebeschreibung dieses Systems determiniert.

(6.18) Bemerkung: Sei $S = (\mathcal{OOI}^M, \mathcal{OOO}^M, \Omega, \mathcal{OI}^M, \mathcal{OO}^M, \mathcal{ID}, \mathcal{TR})$ ein intern pre-delayed objektbasiertes System. Für alle $\omega \in \Omega^T$ (auch die Übertragungseinheit!) sei $\mathcal{ID}(\omega)$ determiniert, dann ist auch die kanonische Ein-/Ausgabebeschreibung von S determiniert. $\square$

Beweis: Sei $S = (\mathcal{OOI}^M, \mathcal{OOO}^M, \Omega, \mathcal{OI}^M, \mathcal{OO}^M, \mathcal{ID}, \mathcal{TR})$ ein intern pre-delayed objektbasiertes System mit determinierten Objekten und Übertragungseinheit. Sei $\hat{\phi}_T$ eine Verzögerungsfunktion der Übertragungseinheit. Sei $\mathcal{D}_S = (\mathcal{I}_S^M, \mathcal{O}_S^M, \mathcal{U}_S)$ die kanonische Ein-/Ausgabebeschreibung.

Seien $(I, O), (I, \hat{O}) \in \mathcal{U}_S$. Zu zeigen ist: $O = \hat{O}$.

Sei $\mathcal{R} = (((I_\omega, O_\omega))_{\omega \in \hat{\Omega}}, (I_T, O_T))$ eine Rechnung von S zur Eingabe I mit Ausgabe O

und $\mathcal{R}_1 = (((\hat{I}_\omega, \hat{O}_\omega))_{\omega \in \hat{\Omega}}, (\hat{I}_T, \hat{O}_T))$ eine Rechnung von S zur Eingabe I mit Ausgabe $\hat{O}$.

Sei $t_0 = \sup\{t \in \mathcal{T} \mid I_T =_t \hat{I}_T\}$. Da die Übertragungseinheit determiniert und pre-causal ist, gilt: $O_T =_{t_0} \hat{O}_T$.

Da die Übertragungseinheit intern pre-delayed und determiniert ist, gilt:
$O_T =_{\hat{\phi}_T((I_T,O_T),t_0)} \hat{O}_T$

Da die Objekte determiniert und pre-causal sind, gilt: $I_T =_{\hat{\phi}((I_T,O_T),t_0)} \hat{I}_T$

D.h. $t_0 = \infty$ und $O = \hat{O}$ und damit ist $\mathcal{D}_\mathcal{S}$ determiniert. $\qquad\square$

(6.19) Satz: Sei $\mathcal{S} = (\mathcal{OOI}^M, \mathcal{OOO}^M, \Omega, \mathcal{OI}^M, \mathcal{OO}^M, \mathcal{ID}, \mathcal{TR})$ ein intern delayed objektbasiertes System, dann ist $\mathcal{D}_\mathcal{S}$ causal. $\qquad\square$

Beweis: Sei $\mathcal{S} = (\mathcal{OOI}^M, \mathcal{OOO}^M, \Omega, \mathcal{OI}^M, \mathcal{OO}^M, \mathcal{ID}, \mathcal{TR})$ ein objektbasiertes System mit causal Objekten und delayed Übertragungseinheit. Dann gibt es eine Menge $M = \{\mathcal{S}_s \mid s \in S\}$ von intern pre-delayed objektbasierten Systemen, die determinierte und pre-causal Objekte und eine determinierte und pre-delayed Übertragungseinheiten haben, so daß gilt:

$\mathcal{S} = \bigcup_{s \in S} \mathcal{S}_s$

Sei $\hat{s} \in S^{\Omega^T}$, dann hat $\mathcal{K}_\mathcal{M}(\hat{s})$ eine echte determinierte und pre-causal kanonische Ein-/Ausgabebeschreibung ((6.16), (6.17) und (6.18)).

Nach (6.12) ist $\mathcal{D}_\mathcal{S} = \bigcup_{\hat{s} \in S^{\Omega^T}} \mathcal{K}_\mathcal{M}(\hat{s})$ und damit causal. $\qquad\square$

(6.20) Bemerkung: Sei $\mathcal{S}$ ein delayed objektbasiertes System (die Übertragungseinheit ist intern delayed bzgl. $(\emptyset, \emptyset)$). Dann ist die kanonische Ein-/Ausgabebeschreibung von $\mathcal{S}$ pre-delayed. $\qquad\square$

Beweis: Sei $\mathcal{S} = (\mathcal{OOI}^M, \mathcal{OOO}^M, \Omega, \mathcal{OI}^M, \mathcal{OO}^M, \mathcal{ID}, \mathcal{TR})$ ein delayed objektbasiertes System (die Übertragungseinheit ist intern delayed bzgl. $(\emptyset, \emptyset)$). Sei $\hat{\phi}$ eine Verzögerungsfunktion für die Übertragungseinheit $\mathcal{TR}$. Sei $\mathcal{D}_\mathcal{S} = (\mathcal{I}_\mathcal{S}^M, \mathcal{O}_\mathcal{S}^M, \mathcal{U}_\mathcal{S})$ die kanonische Ein-/Ausgabebeschreibung von $\mathcal{S}$.

Sei $(I, O) \in \mathcal{U}_\mathcal{S}$. Sei $t_0 \in \mathcal{T}$ und $\hat{I} \in (\mathcal{T} \to \mathcal{I}_\mathcal{S}^M)$ mit $I =_{t_0} \hat{I}$.

Es existiert eine Rechnung $\mathcal{R} = ((I_\omega, O_\omega)_{\omega \in \Omega}, (I_T, O_T))$ zur Eingabe I mit Ausgabe O. Sei $\hat{I}_T = ((O_\omega)_{\omega \in \Omega}, \hat{I})$, dann gilt: $I_T =_{t_0} \hat{I}_T$.

Da die Übertragungseinheit delayed ist, existiert ein $(\hat{I}_T, \hat{O}_T)$ mit $O_T =_{\hat{\phi}((I_T,O_T),t_0)} \hat{O}_T$. Damit ist $\mathcal{R}_1 = ((I_\omega, O_\omega)_{\omega \in \Omega}, (\hat{I}_T, \hat{O}_T))$ eine Rechnung von $\mathcal{S}$ bis zum Zeitpunkt $\hat{\phi}((I_T, O_T), t_0)$. $\mathcal{R}_1$ läßt sich zu einer Rechnung von $\mathcal{S}$ fortsetzen. Damit gibt es $(\hat{I}, \hat{O}) \in \mathcal{U}_\mathcal{S}$ mit $O =_{\hat{\phi}((I_T, O_T), t_0)} \hat{O}$.

Folglich ist $\mathcal{D}_\mathcal{S}$ pre-delayed. $\qquad\square$

Die kanonische Ein-/Ausgabebeschreibung eines delayed objektbasierten Systems ist also causal und pre-delayed. Leider war es dem Autor nicht möglich, allgemein zu zeigen, daß eine Ein-/Ausgabebeschreibung unter solchen Umständen auch delayed ist. In diesem speziellen Fall ist diese Aussage aber leicht zu beweisen.

(6.21) Bemerkung: Sei $\mathcal{S}$ ein delayed objektbasiertes System (die Übertragungseinheit ist intern delayed bzgl. $(\emptyset,\emptyset)$). Für alle $\omega \in \Omega^T$ sei $\mathcal{ID}(\omega)$ determiniert (auch die Übertragungseinheit!), dann ist die kanonische Ein-/Ausgabebeschreibung von $\mathcal{S}$ delayed. $\square$

Beweis: Nach (6.18) ist die kanonische Ein-/Ausgabebeschreibung determiniert und nach (6.20) ist die kanonische Ein-/Ausgabebeschreibung pre-delayed, insgesamt ist sie also delayed. $\square$

(6.22) Satz: Sei $\mathcal{S}$ ein delayed objektbasiertes System (die Übertragungseinheit ist intern delayed bzgl. $(\emptyset,\emptyset)$). Dann ist die kanonische Ein-/Ausgabebeschreibung von $\mathcal{S}$ delayed.

$\square$

Beweis: Wie im Beweis von (6.19) sieht man mit (6.21), daß die kanonische Ein-/Ausgabebeschreibung von $\mathcal{S}$ eine Vereinigung von delayed Ein-/Ausgabebeschreibungen und damit delayed ist. $\square$

(6.23) Beispiel: Ein nützliches Beispiel für ein objektbasiertes System zur Verzögerungen von Ausgaben ist:

Sei $\mathcal{T} \in \{\mathbb{R}_+, \mathbb{N}\}$. Sei X eine Menge mit $\perp \in X$. Für $x \in X$ sei $W(x)$ eine Menge. Sei $t_0 \in \mathcal{T}$ und $Y = \prod_{x \in X} W(x)$. Sei $\mathcal{D} = (Y, Y, \mathcal{U})$ eine Ein-/Ausgabebeschreibung.

Sei $FD_{t_0}(\mathcal{D})$ die kanonische Ein-/Ausgabebeschreibung von

$\mathcal{S} = (Y, Y, \{z\}, \{(z, Y)\}, \{(z, Y)\}, \{(z, \mathcal{D})\}, \mathcal{TR})$ mit

$\mathcal{TR} = (Y^2, Y^2, \{((I_\perp, I_z), (O_\perp, O_z)) \mid$

1. $O_z = I_\perp$

2. $\forall x \in X \setminus \{\perp\} \, \forall t \in \mathcal{T} : \wp_x \circ O_\perp(t + t_0) = \wp_x \circ O_z(t)$

3. $\forall t \in \mathcal{T} : \wp_\perp \circ O_\perp(t) = \wp_\perp \circ O_z(t)$

$\})$

$FD_{t_0}(\mathcal{D})$ hat im Prinzip das gleiche Verhalten wie $\mathcal{D}$, nur daß die Ausgaben um t_0 verzögert sind (bis auf die Ausgaben nach außen). $\square$

6.5 Anderer Ansatz

In manchen Veröffentlichungen benötig die Übertragungseinheit keine Zeit (z.B. bei Yates [181, 182, 183]), während die Objekte zeitverzögert sind. Bisher wurde nicht gezeigt, daß solche objektbasierten Systeme notwendigerweise eine Ein-/Ausgabebeschreibung repräsentieren. Allerdings ist es intuitiv klar, daß es möglich wäre, sehr analoge Schlußfolgerungen zu ziehen.

Bei der Verwendung von unendlich vielen Objekten tritt das Problem auf, daß zwar jedes Objekt etwas verzögert sein kann, das Infimum der Verzögerungen allerdings 0 ist, so daß die Rechnung nicht fortgeführt werden kann. Es muß also etwas wie eine Mindestzeitverzögerung für die Objekte eingeführt werden. Die Ein-/Ausgabebeschreibung eines solchen Systems muß selbst nicht notwendigerweise pre-delayed sondern nur pre-causal sein und kann deshalb nicht als Objekt sondern als Übertragungseinheit eingesetzt werden. Es ist aber sicherlich wesentlich wichtiger, Objekte einfach definieren zu können als Übertragungseinheiten, da Objekte häufiger definiert werden. Außerdem ist die Funktionalität der Objekte, des entscheidenden Begriffs in objektbasierten Systemen, eingeschränkt.

Wie sich aber herausstellen wird, kann man den Fall der zeitverzögerten Objekte auf den Fall mit der internen Zeitverzögerung zurückführen, indem man die Zeitverzögerung, die in den Objekten steckt, in die Übertragungseinheit zieht. Auf diese Weise wird sichergestellt, daß auch Systeme, in denen nur die Objekte zeitverzögert sind, eine echte Ein-/Ausgabebeschreibung repräsentieren. Eine Zurückführung der internen Zeitverzögerung auf eine Verzögerung der Objekte ist dagegen nicht möglich, denn eine Rechnung, die ein zeitverzögertes Objekt mit einbezieht ist selbst wieder zeitverzögert.

(6.24) Bemerkung: Sei $\mathcal{T} \in \{\mathbb{R}_+, \mathbb{N}\}$. Sei $\mathcal{S}_1 = (\mathcal{OOI}_1^M, \mathcal{OOO}_1^M, \Omega_1, \mathcal{OI}_1^M, \mathcal{OO}_1^M, \mathcal{ID}_1, \mathcal{TR}_1)$ ein objektbasiertes System mit causal Übertragungseinheit, bei dem alle Objekte um $0 \neq t_0 \in \mathcal{T}$ constantly pre-delayed sind.

Sei $\mathcal{S}_2 = (\mathcal{OOI}_2^M, \mathcal{OOO}_2^M, \Omega_2, \mathcal{OI}_2^M, \mathcal{OO}_2^M, \mathcal{ID}_2, \mathcal{TR}_2)$ ein objektbasiertes System mit:

1. $\mathcal{OOI}_2^M = \mathcal{OOI}_1^M$ und $\mathcal{OOO}_2^M = \mathcal{OOO}_1^M$

2. $\Omega_2 = \Omega_1$

3. $\forall \omega \in \Omega_2^T : \mathcal{OI}_2^M(\omega) = \mathcal{OI}_1^M(\omega)$ und $\mathcal{OO}_2^M(\omega) = \mathcal{OO}_1^M(\omega)$

4. $\forall \omega \in \Omega_2 : \mathcal{ID}_2(\omega) = Shift_{t_0}(\mathcal{ID}_1(\omega))$ [vgl. (4.51)]

5. $\mathcal{TR}_2 = FD_{t_0}(\mathcal{TR}_1)$ [vgl. (6.23)]

$\mathcal{TR}_2$ ist intern constantly pre-delayed um t_0, und die Objekte von $\mathcal{S}_2$ sind nach (4.53) causal. Nach (6.19) ist die kanonische Ein-/Ausgabebeschreibung von $\mathcal{S}_2$ also echt und causal.

Das so konstruierte objektbasierte System $\mathcal{S}_2$ hat die gleiche kanonische Ein-/Ausgabebeschreibung wie $\mathcal{S}_1$:

1. $((I_\omega^1, O_\omega^1)_{\omega \in \Omega_1}, (I_T^1, O_T^1))$ ist genau dann Rechnung von $\mathcal{S}_1$ zur Eingabe I mit Ausgabe O, wenn es eine Rechnung $((I_\omega^2, O_\omega^2)_{\omega \in \Omega_2}, (I_T^2, O_T^2))$ von $\mathcal{S}_2$ zur Eingabe I mit Ausgabe O gibt, mit:

   $$\forall \omega \in \Omega_1 : (O_\omega^1 = O_\omega^2 \wedge (\forall t \in \mathcal{T} : I_\omega^1(t) = I_\omega^2(t + t_0)))$$

2. $\mathcal{D}_{\mathcal{S}_1} = \mathcal{D}_{\mathcal{S}_2}$

3. Falls $|\Omega_1| < \infty$ und alle Objekte constantly pre-delayed sind, so gibt es ein $0 \neq t_0 \in \mathcal{T}$, so daß alle Objekte von $\mathcal{S}_1$ um t_0 constantly pre-delayed sind.

$\square$

Kapitel 7

Weitere Methoden zur Beschreibung von Objekten

Wie im vorherigen Abschnitt gezeigt wurde, können mit Hilfe von objektbasierten Systemen Ein-/Ausgabebeschreibungen definiert werden. Um sicher zu sein, daß die so definierten Objekte pre-causal sind, mußten die Objekte causal und die Übertragungseinheit delayed sein.

Während es meistens sehr einfach ist zu überprüfen, ob eine Ein-/Ausgabebeschreibung pre-causal ist – dies ist ein sehr intuitiver Begriff –, kann es kompliziert sein zu zeigen, daß sie auch causal ist, insbesondere da die Voraussetzungen für (4.38) meist nicht erfüllt sind. Noch schwieriger wird es zu zeigen, daß eine Ein-/Ausgabebeschreibung delayed ist.

Deshalb ist es wichtig, einfache Verfahren anzubieten, um die normalerweise auftretenden Ein-/Ausgabebeschreibungen einfach definieren und die gewünschten Eigenschaften garantieren zu können.

7.1 Zeitlose Objekte

Viele der in der Praxis benutzten Ein-/Ausgabebeschreibungen sind zeitlos, d.h. sie können sich mit der Reaktion auf eine Eingabe beliebig viel Zeit lassen, sie müssen aber reagieren. Außerdem ist die Reihenfolge, in der auf eintreffende Nachrichten geantwortet wird, oftmals nicht eindeutig bestimmt. Solche Ein-/Ausgabebeschreibungen erfüllen in der Regel nicht die Voraussetzungen für (4.38).

Ein Verfahren, mit dem solche Ein-/Ausgabebeschreibungen leicht definiert werden können, ist:

1. Zunächst wird eine causal Teil-Ein-/Ausgabebeschreibung $\mathcal{D}^P$ definiert. Um sicher zu sein, daß $\mathcal{D}^P$ causal ist, kann man sie z.B. als determinierte pre-causal Teil-Ein-/Ausgabebeschreibung definieren.

2. Diese causal Teil-Ein-/Ausgabebeschreibung definiert eine causal Ein-/Ausgabebeschreibung $\mathcal{D}$.

3. Mit Hilfe von $\mathcal{D}$ wird eine causal Ein-/Ausgabebeschreibung $\mathcal{D}_Z$ definiert, die sich im wesentlichen wie $\mathcal{D}$ verhält, nur daß die empfangenen Nachrichten nicht sofort

bearbeitet werden müssen. Außerdem kann die Reihenfolge bestimmter erhaltener Nachrichten vertauscht werden.

Sei N eine Menge $\tau \notin N$, $N_\tau = N \cup \{\tau\}$. Sei $\phi \subset N \times N$.

Dann ist
$$\mathcal{D}_T = (N_\tau^2, N_\tau^2,$$
$$\{((I_\perp, I_X), (O_\perp, O_X)) \in (\mathcal{T} \to N_\tau^2) \times (\mathcal{T} \to N_\tau^2) \mid O_\perp = I_X \wedge (I_\perp, O_X) \in \mathcal{D}_{Buf(N_\tau, \phi)}\})$$
intern delayed bzgl. $(\perp, \perp)$.

Sei $\mathcal{D} = (N_\tau, N_\tau, \mathcal{U})$ eine Ein-/Ausgabebeschreibung, dann ist $\mathcal{BUF}_\tau^\phi(\mathcal{D})$ die kanonische Ein-/Ausgabebeschreibung des objektbasierten Systems:
$$(N_\tau, N_\tau, \{X\}, \{(X, N_\tau)\}, \{(X, N_\tau)\}, \{(X, \mathcal{D})\}, \mathcal{D}_T).$$

Die Übertragungseinheit bekommt also Nachrichten von außen und kann diese puffern solange sie will, sie muß sie allerdings irgendwann wieder abgeben. Die Reihenfolge der Nachrichten kann in Abhängigkeit von ϕ vertauscht werden. Gibt die Übertragungseinheit eine Nachricht weiter, so wird sie sofort vom Objekt bearbeitet. Die Ausgabe des Objekts wird ohne Verzögerung nach außen weitergegeben.

Falls $\mathcal{D}$ causal, so ist auch $\mathcal{BUF}_\tau^\phi(\mathcal{D})$ causal.

7.2 ADTs als Ein-/Ausgabebeschreibungen

Daß durch ADTs beschriebene Objekte mit Hilfe von Ein-/Ausgabebeschreibungen definiert werden können, folgt bereits aus informationstheoretischen Gründen (Bemerkung (4.9)) und auch daraus, daß beliebige Automaten – das allgemeinste zustandsbasierte Konzept der Informatik – modelliert werden können ((4.7) und (4.30)).

In der Theorie abstrakter Datentypen gibt es verschiedene Ansätze, wie einem abstrakten Datentyp eine Semantik zugeordnet werden kann. Benutzt werden dafür Klassen von initial Algebras, final Algebras und behaviorally equivalent Algebras. Zwei Algebras heißen dabei behaviorally equivalent, wenn sie für alle möglichen endlichen Terme dieselbe Antwort liefern. Der Begriff "behaviorally equivalent" wird also mit Hilfe von endlichen Traces – einem Spezialfall der unendlichen Traces – definiert. Auch dies zeigt, daß Schnittstellen, die mit Hilfe von ADTs spezifizierbar sind, auch mit Hilfe von Traces beschrieben werden können. Zu beachten ist, daß die initial und die final algebras eines ADTs behaviorally equivalent sind. In [20] wird herausgearbeit, daß durch das Konzept der behaviorally equivalent Algebras am meisten abstrahiert wird und daß dieses Konzept deshalb am besten geeignet ist, um die Semantik von ADTs zu beschreiben. In [80] S.65 wird darauf hingewiesen, daß das Konzept behavioral equivalence eine Verallgemeinerung des Konzepts der ADTs mit initial oder final Algebra Semantik ist. Ein Nachteil des behavioral equivalence Konzepts ist, daß die Algebras nicht isomorph sein müssen und deshalb das Beweisen mit dieser Semantik schwieriger ist.

Da ADTs in sequentiellen objektbasierten Sprachen eine sehr wichtige Rolle spielen und um die in Abschnitt 7.1 beschriebene Technik zu verdeutlichen, wird an dieser Stelle gezeigt, wie das durch ADTs beschriebene Verhalten mit Hilfe von Ein-/Ausgabebeschreibungen modelliert werden kann. Das Interface der modellierenden Ein-/Ausgabebeschreibung wird auf natürliche Weise durch das Interface des modellierten ADT spezifiziert. Intuitiv sind in der modellierenden Ein-/Ausgabebeschreibung genau solche Ein-/Ausgabepaare (I, O) erlaubt, die die Funktionen des ADTs korrekt wiedergeben.

Um formal einem ADT eine Ein-/Ausgabebeschreibung zuzuordnen, wird auf den algebraischen Hintergrund der ADTs, die many-sorted Algebras [175, 180] zurückgegriffen. Ein ADT wird im folgenden durch eine many-sorted Algebra repräsentiert, die ein (erreichbares) Modell für diesen ADT ist (die alle Axiome des ADT erfüllt).

ADTs spezifizieren kein Verhalten für den Fall, daß eine Nachricht eintrifft, bevor die vorherige Nachricht vollständig abgearbeitet ist. Da Ein-/Ausgabebeschreibungen für jede Sequenz von Eingaben ein Verhalten spezifizieren müssen, muß das Verhalten auch für solche Fälle sinnvoll definiert werden.

Eine Möglichkeit besteht darin, daß sich ein Objekt, das eine Nachricht erhält, bevor die vorherige Nachricht vollständig abgearbeitet ist, chaotisch verhält, d.h. daß danach jedes Verhalten möglich ist. Eine andere Möglichkeit ist, daß eine solche Nachricht einfach vergessen wird. Beide Möglichkeiten scheinen dem Autor nicht besonders sinnvoll.

Eine sinnvollere Alternative ist, daß das Objekt dem Sender der Nachricht eine Fehlernachricht schickt, daß die Nachricht nicht berücksichtigt wird.

An dieser Stelle wird die dem Autor am natürlichsten erscheinende (und am besten in diesen Abschnitt passende) Möglichkeit gewählt, nämlich daß das Objekt die einkommenden Nachrichten buffert (mit unendlichem Buffer) und der Reihe nach abarbeitet.

Sei $A = (M_1, \ldots, M_m, op_1, \ldots, op_n)$ eine many-sorted Algebra [175, 180] (ein Modell des entsprechenden ADTs). Für $k \in \{1, \ldots, n\}$ sei $op_k : X_1^k \times \ldots \times X_{n_k}^k \to Y^k$. Es werden keine speziellen Konstanten eingeführt, da diese auch duch Funktionen ohne Argument repräsentiert werden können. Im folgenden wird eine Ein-/Ausgabebeschreibung $\mathcal{D}_A = (\mathcal{I}_A^M, \mathcal{O}_A^M, \mathcal{U}_A)$ definiert, die das gleiche Verhalten nach außen aufweist wie der durch A definierte ADT.

Zunächst muß festgelegt werden, welche Nachrichten empfangen und verschickt werden können. Zum einen kann das Objekt die leere Nachricht τ erhalten und verschicken. Weiterhin kann das Objekt Nachrichten erhalten, die syntaktisch beliebig verschachtelte Funktionsaufrufe (wohlgeformte Terme) der Operationen der Algebra A sind. Als Ausgabe kann das Objekt die Elemente der Wertebereiche der Operationen der Algebra A verschicken:

1. $\mathcal{I}_A^M = \{\tau\} \cup \{$ Wohlgeformten variablenfreien Terme der Algebra A $\}$
   Zu beachten ist, daß es sich bei den Nachrichten syntaktisch um die Funktionsaufrufe (beliebig geschachtelt), die die Algebra A zuläßt, handelt, daß diese Werte aber Nachrichten und nicht die Ergebnisse dieser Funktionsaufrufe darstellen.

2. $\mathcal{O}_A^M = \{\tau\} \cup \bigcup_{k \in \{1, \ldots, n\}} Y_k$

Für die Definition des Verhaltens $\mathcal{U}_A$ wird das im Abschnitt 7.1 skizzierte Verfahren angewandt. Zunächst wird eine causal Teil-Ein-/Ausgabebeschreibung $\mathcal{D}_{A,d}^P = (\mathcal{I}_{A,d}^M, \mathcal{O}_{A,d}^M, \mathcal{U}_{A,d}^P)$ definiert. Als Eingaben kann $\mathcal{D}_{A,d}^P$ die gleichen Nachrichten wie $\mathcal{D}_A$ bekommen $-\ \mathcal{I}_{A,d}^M = \mathcal{I}_A^M -$, und auch als Ausgabe kann $\mathcal{D}_{A,d}^P$ die gleichen Nachrichten wie $\mathcal{D}_A$ versenden $-\ \mathcal{O}_{A,d}^M = \mathcal{O}_A^M$. Das Verhalten $\mathcal{U}_{A,d}^P$ von $\mathcal{D}_{A,d}^P$ ist nur für den Fall definiert, daß das Objekt lediglich endlich viele (nichtleere) Nachrichten in endlicher Zeit erhält.

Sei $I \in (\mathcal{T} \to \mathcal{I}_A^M)$ eine legale Eingabe, d.h. mit nur endlichen vielen Nachrichten ungleich der leeren Nachricht τ in endlicher Zeit. Dann gilt:
$(I, O) \in \mathcal{U}_{A,d}^P \Leftrightarrow \forall t \in \mathcal{T} : (I(t) = \tau \Rightarrow O(t) = \tau) \land (I(t) \neq \tau \Rightarrow O(t) = Apply(I(t)))$, wobei $Apply(I(t))$ der Wert ist, den der (verschachtelte) Funktionsaufruf $I(t)$ in der Algebra A liefert. $\mathcal{D}_{A,d}^P$ ist offensichtlich causal.

Die Teil-Ein-/Ausgabebeschreibung $\mathcal{D}_{A,d}^P$ definiert eine causal Ein-/Ausgabebeschreibung $\mathcal{D}_{A,d}$. Erhält $\mathcal{D}_{A,d}$ unendlich viele nichtleere Nachrichten in endlicher Zeit, so verhält sich das Objekt nach diesem Zeitpunkt chaotisch. Man könnte bereits diese Ein-/Ausgabebeschreibung als Modell von A benutzen, allerdings würden dann alle Antworten ohne jede Zeitverzögerung geliefert, was der Realität entgegenläuft.

Die der Algebra A zugeordnete Ein-/Ausgabebeschreibung $\mathcal{D}_A$ verhält sich nun so wie $\mathcal{D}_{A,d}$, nur daß die Antworten auf die Nachrichten zeitverzögert gegeben werden können. Die Nachrichten können sich nicht gegenseitig überholen, deshalb gilt:
$$\mathcal{D}_A = \mathcal{BUF}_\tau^\emptyset(\mathcal{D}_{A,d}).$$

Man beachte, daß aus der Menge $\mathcal{I}_A^M$ die Sorten und die Signaturen der Funktionen (bis auf die Zielsorte) der Algebra A rekonstruierbar sind. Die Zielsorten und die wirkliche Funktionalität der Operationen der Algebra A sind aus $\mathcal{U}_A$ rekonstruierbar, denn es gilt:
$$y = op_k(x_1^k, \ldots, x_{n_k}^k) \Leftrightarrow \exists(I, O) \in \mathcal{U}_A \text{ mit } (I(0), O(0)) = ('op_k(x_1^k, \ldots, x_{n_k}^k)', y).$$

Seien $A = (M_1, \ldots, M_m, op_1, \ldots, op_n)$ und $A^1 = (M_1^1, \ldots, M_{m^1}^1, op_1^1, \ldots, op_{n^1}^1)$ many-sorted Algebren mit dazugehörenden Ein-/Ausgabebeschreibungen $\mathcal{D}_A = (\mathcal{I}_A^M, \mathcal{O}_A^M, \mathcal{U}_A)$ bzw. $\mathcal{D}_{A^1} = (\mathcal{I}_{A^1}^M, \mathcal{O}_{A^1}^M, \mathcal{U}_{A^1})$. Dann gilt:

1. Sei $h : A \to A^1$ ein surjektiver Algebra-Homomorphismus. Dann gibt es für jedes $(I^1, O^1) \in \mathcal{U}_{A^1}$ ein $(I, O) \in \mathcal{U}_A$, so daß für alle $t \in \mathcal{T}$ gilt: $h(I(t)) = I^1(t)$ und $h(O(t)) = O^1(t)$ (wobei $h(\tau) = \tau$).

2. Sei $f : A \to A^1$ eine Funktion (mit $f(\tau) = \tau$). Sei f kein Algebra-Homomorphismus, d.h. es gibt $k \in \{1, \ldots, n\}$ und $x_1 \in X_1^k, \ldots, x_k \in X_{n_k}^k$, so daß gilt:
$$f(op_k)(f(x_1), \ldots, f(x_{n_k})) \neq f(op_k(x_1, \ldots, x_{n_k})).$$
Dann gibt es ein $(I^1, O^1) \in \mathcal{U}_{A^1}$, so daß für alle $(I, O) \in \mathcal{U}_A$ gilt:
$\exists t_0 \in \mathcal{T} : (\forall t \in \mathcal{T} : f(I(t)) = I^1(t)) \Rightarrow f(O(t_0)) \neq O^1(t_0)$, wobei $f(I(t))$ die natürliche durch f definierte syntaktische Ersetzung auf $I(t)$ repräsentiert.

   Ein Beispiel ist $(I^1, O^1) \in \mathcal{U}_{A^1}$ mit $I^1(0) = 'f(op_k)(f(x_1), \ldots, f(x_{n_k}))'$ und $O^1(0) = f(op_k)(f(x_1), \ldots, f(x_{n_k}))$.

3. Sei X eine sorted Menge von Variablen ([180] S.681). Sei $v : X \to A$ eine Valuation ([180] S.692) und sei G eine Σ-Formel wie in [180] S.692. Für einen Σ-Term *term* sei $Subs(term, v)$ der Term, der entsteht, wenn in *term* jede Variable durch den durch v definierten Wert substituiert wird. Die Ein-/Ausgabebeschreibung $\mathcal{D}_A$ genügt der Σ-Formel G bzgl. v, geschrieben $\mathcal{D}_A, v \models G$, falls gilt (induktiv definiert, vgl. [180] S.692):

   (a) $\mathcal{D}_A, v \models term_1 =_s term_2 \Leftrightarrow \exists a \in s \, \exists (I_1, O), (I_2, O) \in \mathcal{U}_A : O(0) = a \wedge I_1(0) = Subs(term_1, v) \wedge I_2(0) = Subs(term_2, v) \wedge \forall 0 \neq t \in \mathcal{T} : I_1(t) = I_2(t) = \tau$

   (b) $\mathcal{D}_A, v \models \neg G \Leftrightarrow \mathcal{D}_A, v \models G$ gilt nicht

   (c) $\mathcal{D}_A, v \models G \wedge H \Leftrightarrow \mathcal{D}_A, v \models G$ und $\mathcal{D}_A, v \models H$

   (d) $\mathcal{D}_A, v \models \forall x : s.G \Leftrightarrow \mathcal{D}_A, v_x \models G$ gilt für alle Valuations $v_x : X \to A$ mit $v_x(y) = v(y)$ für alle $y \neq x$

   Die Ein-/Ausgabebeschreibung $\mathcal{D}_A$ erfüllt G, geschrieben $\mathcal{D}_A \models G$, falls für alle Valuations v gilt: $\mathcal{D}_A, v \models G$.

(7.1) Bemerkung: Sei $v : X \to A$ eine Valuation und $term_1$, $term_2$ wohlgeformte Terme, dann gilt: $\mathcal{D}_A, v \models term_1 =_s term_2 \Leftrightarrow A, v \models term_1 =_s term_2$ $\qquad\qquad$ □

Beweis:

(a) Es gelte: $\mathcal{D}_A, v \models term_1 =_s term_2$

Dann gilt: $\exists a \in s\ \exists (I_1, O), (I_2, O) \in \mathcal{U}_A : O(0) = a \wedge I_1(0) = Subs(term_1, v) \wedge I_2(0) = Subs(term_2, v) \wedge \forall 0 \neq t \in \mathcal{T} : I_1(t) = I_2(t) = \tau$

Sei $\mathcal{D}_{A,d} = (\mathcal{I}_{A,d}^M, \mathcal{O}_{A,d}^M, \mathcal{U}_{A,d})$ die Ein-/Ausgabebeschreibung, die als Zwischenschritt bei der Definition von $\mathcal{D}_A$ benutzt wird. Es gibt dann $(\hat{I}_1, O), (\hat{I}_2, O) \in \mathcal{U}_{A,d}$ und monotone bijektive Funktionen $f_1 : \{0\} = \mathcal{MT}_\tau(I_1) \to \mathcal{MT}_\tau(\hat{I}_1)$ und $f_2 : \{0\} = \mathcal{MT}_\tau(I_2) \to \mathcal{MT}_\tau(\hat{I}_2)$ mit $\forall t \in \mathcal{MT}_\tau(I_1) : t \leq f_1(t) \wedge I_1(t) = \hat{I}_1(f_1(t))$ und $\forall t \in \mathcal{MT}_\tau(I_2) : t \leq f_2(t) \wedge I_2(t) = \hat{I}_2(f_2(t))$.

Wenn $\hat{I}_1(0) = \tau$ oder $\hat{I}_2(0) = \tau$ wäre, so wäre auch $O(0) = \tau$ [da $\hat{I}_1$ und $\hat{I}_2$ jeweils nur eine nichtleere Nachricht enthalten, ist die Ausgabe nicht chaotisch]. Also sind $\hat{I}_1(0) = I_1(0)$ und $\hat{I}_2(0) = I_2(0)$.

Nach der Definition von $\mathcal{U}_{A,d}$ gilt dann:

$O(0) = Apply(\hat{I}_1(0))$ und $O(0) = Apply(\hat{I}_2(0))$.

Insbesondere gilt: $Apply(I_1(0)) = Apply(I_2(0))$.

Damit gilt: $A, v \models term_1 =_s term_2$

(b) Es gelte: $A, v \models term_1 =_s term_2$

Also gibt es ein $a \in s$ mit $a = Apply(Subs(term_1, v)) = Apply(Subs(term_2, v))$. Damit wiederum sind $(I_1, O), (I_2, O) \in \mathcal{U}_A$ mit $I_1(0) = Subs(term_1, v)$, $I_2(0) = Subs(term_2, v)$, $O(0) = a$ und $I_1(t) = I_2(t) = O(t) = \tau$ für $t \neq 0$.

Somit gilt: $\mathcal{D}_A, v \models term_1 =_s term_2$

$\qquad\qquad\qquad\qquad\qquad\qquad\qquad\qquad\qquad\qquad\qquad\qquad\qquad\qquad$ □

(7.2) Satz: Es gilt: $\mathcal{D}_A \models G \Leftrightarrow A \models G$ (mit $A \models G$ gemäß [180] S.692 definiert).

$\qquad\qquad\qquad\qquad\qquad\qquad\qquad\qquad\qquad\qquad\qquad\qquad\qquad\qquad$ □

Beweis: Sei $v : X \to A$ eine Valuation. Es wird strukturelle Induktion benutzt:

(a) Nach (7.1) gilt für wohlgeformte Terme $term_1$, $term_2$:

$\mathcal{D}_A, v \models term_1 =_s term_2 \Leftrightarrow A, v \models term_1 =_s term_2$

(b) Es gilt: $\mathcal{D}_A, v \models \neg G$

$\Leftrightarrow \mathcal{D}_A, v \models G$ gilt nicht (nach Def.)

$\Leftrightarrow A, v \models G$ gilt nicht (nach Induktionsannahme)

$\Leftrightarrow A, v \models \neg G$ (nach Def.)

(c) Es gilt: $\mathcal{D}_A, v \models G \wedge H$

$\Leftrightarrow \mathcal{D}_A, v \models G$ und $\mathcal{D}_A, v \models H$ (nach Def.)

$\Leftrightarrow A, v \models G$ und $A, v \models H$ (nach Induktionsannahme)

$\Leftrightarrow A, v \models G \wedge H$ (nach Def.)

(d) Es gilt: $\mathcal{D}_A, v \models \forall x : s.G$

$\Leftrightarrow$ für alle Valuationen v_x mit $v_x(y) = v(y)$ für $y \neq x$: $\mathcal{D}_A, v \models G$ (nach Def.)

$\Leftrightarrow$ für alle Valuationen v_x mit $v_x(y) = v(y)$ für $y \neq x$: $A, v \models G$ (nach Induktionsannahme)

$\Leftrightarrow A, v \models \forall x : s.G$ (nach Def.)

Also gilt: $\mathcal{D}_A, v \models G \Leftrightarrow A, v \models G$

Damit wiederum gilt: $\mathcal{D}_A \models G \Leftrightarrow A \models G$ $\qquad\qquad\qquad$ $\square$

4. Sei $x \in \mathcal{I}_A^M \setminus \{\tau\}$ und $y \in \mathcal{O}_A^M \setminus \{\tau\}$. Sei $(I, O) \in \mathcal{U}_A$, wobei I lediglich endlich viele nichtleere Nachrichten in endlicher Zeit enthält. Sei $t_I \in \mathcal{T}$ mit $I(t_I) = x$ und sei $t_O = \min\{t \in \mathcal{MT}_\tau(O) \mid |\{\hat{t} \in \mathcal{MT}_\tau(O) \mid \hat{t} < t\}| = |\{\hat{t} \in \mathcal{MT}_\tau(I) \mid \hat{t} < t_I\}|\}$. Wenn das Objekt zum Zeitpunkt t_I die n-te nichtleere Nachricht erhalten hat, versendet das Objekt zum Zeitpunkt t_O die n-te nichtleere Nachricht (es handelt sich um die Antwort auf die Nachricht zum Zeitpunkt t_I und es gilt automatisch $t_I \leq t_O$). Es gilt: ($\exists (\hat{I}, \hat{O}) \in \mathcal{U}_A : (\hat{I}(0), \hat{O}(0)) = (x, y) \wedge \forall 0 \neq t \in \mathcal{T} : \hat{I}(t) = \tau) \Leftrightarrow O(t_O) = y$ Dies spiegelt die Tatsache wider, daß das Verhalten von $\mathcal{D}_A$ unabhängig von der Zeit und der Vorgeschichte, den bisherigen Kommunikationen, ist – $\mathcal{D}_A$ ist ein sogenanntes funktionales Objekt. Deshalb wiederum ist es sinnvoll, die Relation $\models$ nur mit Hilfe der Kommunikationen zum Zeitpunkt 0 zu definieren.

7.3 Zeitlose Übertragungseinheiten

Stärker noch als bei normalen Objekten treten die Probleme der Definition bei Übertragungseinheiten auf, da diese nicht nur causal sondern delayed sein müssen. Außerdem repräsentiert die Ausgabe eines Objekts eigentlich viele Ausgaben, die unabhängig voneinander verzögert werden können. Soll eine Übertragungseinheit mit Hilfe einer determinierten Übertragungseinheit definiert werden, so muß diese Übertragungseinheit die Möglichkeit haben, gleichzeitig mehrere Nachrichten an ein Objekt zu schicken.

Ein Verfahren, mit dem delayed Übertragungseinheiten leicht definiert werden können, ist:

1. Es wird eine causal Teil-Ein-/Ausgabebeschreibung $\mathcal{D}^P$ definiert. $\mathcal{D}^P$ gibt nicht normale Nachrichten sondern Mengen von Nachrichten an die Objekte weiter. Um sicher zu sein, daß $\mathcal{D}^P$ causal ist, kann man sie z.B. als determinierte pre-causal Teil-Ein-/Ausgabebeschreibung definieren.

2. $\mathcal{D}^P$ definiert eine causal Ein-/Ausgabebeschreibung $\mathcal{D}$.

3. $\mathcal{D}$ wird in eine causal Ein-/Ausgabebeschreibung $\mathcal{D}_1$ umgewandelt, die nicht mehr Mengen von Nachrichten, sondern wieder Nachrichten verschickt.

4. $\mathcal{D}_1$ wird in eine causal Ein-/Ausgabebeschreibung $\mathcal{D}_2$ umgewandelt, die sich genau wie $\mathcal{D}_1$ verhält, nur daß die Ströme von Nachrichten an die einzelnen Objekte unabhängig voneinander verzögert werden können. Unabhängig voneinander können die Nachrichten der einzelnen Ströme auch miteinander vertauscht werden (wenn dies durch eine Relation ϕ erlaubt wird).

5. $\mathcal{D}_2$ wird in eine delayed Ein-/Ausgabebeschreibung $\mathcal{D}_3$ umgewandelt, die sich genau wie $\mathcal{D}_2$ verhält, nur daß die Reaktionen auf jeden Fall etwas verzögert werden.

7.3.1 Auseinanderziehen von Nachrichten

Sei N eine Menge, $\tau \in N$ und sei $\mathcal{D}^P$ die Teil-Ein-/Ausgabebeschreibung
$(\mathcal{P}^E(N), N,$
$\{(I, O) \mid (\forall t \in \mathcal{T} : |\{t_0 \in \mathcal{T} \mid I(t_0) \neq \emptyset\}| < \infty) \wedge \exists f : \mathcal{MT}_\tau(O) \to \mathcal{MT}_\emptyset(I) :$

1. f ist surjektiv und monoton steigend [alle eingehenden nicht-leeren Mengen werden berücksichtigt, Nachrichten dürfen sich nicht überholen]

2. $\forall t \in \mathcal{MT}_\tau(O) : t \geq f(t)$ [$\mathcal{D}^P$ ist pre-causal]

3. $\forall t_0, t_1 \in \mathcal{MT}_\tau(O) : (t_0 \neq t_1 \wedge f(t_0) = f(t_1) \Rightarrow O(t_0) \neq O(t_1))$ [eine einkommende Nachricht wird nicht mehrmals versandt]

4. $\forall t \in \mathcal{MT}_\emptyset(I) : O(f^{-1}(t)) = I(t) \setminus \{\tau\}$ [Es werden alle Nachrichten versandt]

$\})$.

$\mathcal{D}^P$ ist causal. Sei $\mathcal{D}_{\mathcal{AUS}(N,\tau)}$ die zu $\mathcal{D}^P$ gehörende Ein-/Ausgabebeschreibung.

$\mathcal{D}_{\mathcal{AUS}(N,\tau)}$ ist causal, da $\mathcal{D}^P$ causal ist.

Sei M eine Menge. Für $m \in M$ sei N_m eine Menge und $\tau_m \in N_m$.

Sei $\mathcal{D}_{\mathcal{IAUS}((N_m)_{m \in M}, (\tau_m)_{m \in M})}$ die kanonische Ein-/Ausgabebeschreibung des objektbasierten Systems:

$(\Pi_{m \in M} \mathcal{P}^E(N_m), \Pi_{m \in M} N_m,$
$\{X_m \mid m \in M\}, \{(X_m, \mathcal{P}^E(N_m)) \mid m \in M\}, \{(X_m, N_m) \mid m \in M\},$
$\{(X_m, \mathcal{D}_{\mathcal{AUS}(N,\tau)}) \mid m \in M\},$
$\{(I, O) \mid \forall m \in M : \wp_m(O) = \wp_\perp(\wp_m(I)) \wedge \wp_\perp(\wp_m(O)) = \wp_m(I)\})$.

Dieses objektbasierte System bekommt Tupel von endlichen Mengen als Eingabe. Jede Menge eines Tupel wird an ein Objekt geschickt, das die Menge der Nachrichten auseinanderzieht. Die Ströme der einzelnen Nachrichten werden zu einem Tupel von Nachrichten zusammengefaßt und von dem objektbasierten System versandt.

$\mathcal{D}_{\mathcal{IAUS}((N_m)_{m \in M}, (\tau_m)_{m \in M})}$ ist causal.

Sei $\mathcal{D} = (\Pi_{m \in M} N_m, \Pi_{m \in M} \mathcal{P}^E(N_m), \mathcal{U})$ eine Ein-/Ausgabebeschreibung.

Dann ist $\mathcal{AU}_{(\tau_m)_{m \in M}}(\mathcal{D})$ die kanonische Ein-/Ausgabebeschreibung des objektbasierten Systems:

$(\Pi_{m \in M} N_m, \Pi_{m \in M} N_m,$
$\{X\}, \{(X, \Pi_{m \in M} N_m)\}, \{(X, \Pi_{m \in M} \mathcal{P}^E(N_m))\},$
$\{(X, \mathcal{D})\},$
$\{((I_\perp, I_X), (O_\perp, O_X)) \mid O_X = I_\perp \wedge (I_X, O_\perp) \in \mathcal{D}_{\mathcal{IAUS}((\mathcal{O}^M{}_k)_{k \in K}, (\tau_k)_{k \in K})}\phi)$

Das objektbasierte System bekommt Tupel von Nachrichten als Eingabe. Diese Tupel werden sofort an das Objekt des Systems weitergereicht. Die Ausgabe der Objekts ist ein Tupel von endlichen Mengen von Nachrichten. Diese werden auseinandergezogen und als Tupel einzelner Nachrichten nach außen gereicht.

Falls $\mathcal{D}$ causal ist, so ist $\mathcal{AU}_{(\tau_m)_{m \in M}}(\mathcal{D})$ causal.

7.3.2 Unabhängige Verzögerung und Vertauschung der Nachrichten für Objekte

Sei M eine Indexmenge. Für $m \in M$ sei N_m eine Menge, $\tau_m \notin N_m$, $N_m^\tau = N_m \cup \{\tau_m\}$ und $\phi_m \subset N_m \times N_m$.

Dann ist $\mathcal{D}_{IndBuf((N_m^\tau)_{m \in M}, (\phi_m)_{m \in M})}$ die kanonische Ein-/Ausgabebeschreibung des objektbasierten Systems:

$(\Pi_{m \in M} N_m^\tau, \Pi_{m \in M} N_m^\tau,$
$\{X_m \mid m \in M\}, \{(X_m, N_m^\tau) \mid m \in M\}, \{(X_m, N_m^\tau) \mid m \in M\},$
$\{(X_m, \mathcal{D}_{Buf(N_m^\tau, \phi_m)}) \mid m \in M\},$
$\{(I, O) \mid \forall m \in M : \wp_m(O) = \wp_m(\wp_\perp(I)) \wedge \wp_m(\wp_\perp(O)) = \wp_m(I)\}).$

Dieses objektbasierte System bekommt Tupel von Nachrichten als Eingabe. Jede Komponente des Tupels wird an einen unabhängigen Buffer geleitet, der die Nachrichten verzögern und entsprechend der ϕ_m vertauschen kann. Die Ausgaben der Buffer werden als Tupel von Nachrichten nach außen gereicht.

$\mathcal{D}_{IndBuf((N_m^\tau)_{m \in M}, (\phi_m)_{m \in M})}$ ist causal

Sei $\mathcal{D} = (\Pi_{m \in M} N_m^\tau, \Pi_{m \in M} N_m^\tau, \mathcal{U})$ eine Ein-/Ausgabebeschreibung.

Dann ist $\mathcal{IBUF}_{(\tau_m)_{m \in M}}^{(\phi_m)_{m \in M}}(\mathcal{D})$ die kanonische Ein-/Ausgabebeschreibung des objektbasierten Systems:

$(\Pi_{m \in M} N_m^\tau, \Pi_{m \in M} N_m^\tau,$
$\{X\}, \{(X, \Pi_{m \in M} N_m^\tau)\}, \{(X, \Pi_{m \in M} N_m^\tau)\},$
$\{(X, \mathcal{D})\},$
$\{((I_\perp, I_X), (O_\perp, O_X)) \mid O_X = I_\perp \wedge (I_X, O_\perp) \in \mathcal{D}_{IndBuf((N_m^\tau)_{m \in M}, (\phi_m)_{m \in M})}\})$

Dieses objektbasierte System bekommt Tupel von Nachrichten als Eingabe. Die Eingabe wird ohne Verzögerung an das Objekt weitergeleitet. Das Objekt anwortet mit Tupeln von Nachrichten. Die Nachrichten der einzelnen Komponenten werden unabhängig voneinander verzögert und entsprechend den ϕ_m vertauscht. Danach werden die Komponenten wieder zusammengefaßt und nach außen weitergegeben.

Falls $\mathcal{D}$ causal so ist $\mathcal{IBUF}_{(\tau_m)_{m \in M}}^{(\phi_m)_{m \in M}}(\mathcal{D})$ causal.

7.3.3 Verzögerung der Nachrichten

Sei $\mathcal{D} = (\mathcal{I}^M, \mathcal{O}^M, \mathcal{U})$ eine Ein-/Ausgabebeschreibung mit $\tau \in \mathcal{O}^M$. Dann ist $\mathcal{VER}_\tau(\mathcal{D})$ die kanonische Ein-/Ausgabebeschreibung des objektbasierten Systems:

$(\mathcal{I}^M, \mathcal{O}^M, \{X\}, \{(X, \mathcal{I}^M)\}, \{(X, \mathcal{O}^M)\}, \{(X, \mathcal{D})\}, \mathcal{D}_T)$
mit
$\mathcal{D}_T = (\mathcal{I}^M \times \mathcal{O}^M, \mathcal{O}^M \times \mathcal{I}^M,$
$\bigcup_{0 \neq t \in \mathcal{T}} \{((I_\perp, I_X), (O_\perp, O_X)) \mid$

1. $O_X = I_\perp$ [Eingaben von außen werden sofort an das Objekt weitergeleitet]

2. $\forall t_0 \in \mathcal{T} : O_\perp(t_0 + t) = I_X$ [die Ausgaben des Objekts werden um die Zeit t verzögert]

3. $\forall t < t_0 : O_\perp(t) = \tau$ [der durch die Verzögerung zu Beginn entstehende Abschnitt, der nicht vom Objekt definiert wird, wird mit τ aufgefüllt]

})

Dieses objektbasierte System gibt die von außen kommenden Nachrichten ohne Verzögerung an das Objekt weiter. Die Ausgaben des Objekts werden etwas verzögert und dann
ohne Veränderung nach außen gereicht.

Bei dieser Art von Verzögerung kann die Verzögerung während einer Rechnung nicht
beliebig klein werden. Falls $\mathcal{D}$ causal, so ist $\mathcal{VER}_\tau(\mathcal{D})$ delayed.

7.3.4   Zusammensetzung

Sei M eine Menge. Für $m \in M$ sei N_m eine Menge, $\tau_m \notin N_m$, $N_m^\tau = N_m \cup \{\tau_m\}$ und
$\phi_m \subset N_m \times N_m$.
Sei $\mathcal{D} = (\Pi_{m \in M}\, N_m, \Pi_{m \in M}\, \mathcal{P}^E(N_m), \mathcal{U})$ eine Ein-/Ausgabebeschreibung.
Dann ist
$$\mathcal{UF}^{(\phi_m)_{m \in M}}_{(\tau_m)_{m \in M}}(\mathcal{D}) = \mathcal{VER}_{(\tau_m)_{m \in M}}(\mathcal{IBUF}^{(\phi_m)_{m \in M}}_{(\tau_m)_{m \in M}}(\mathcal{AU}_{(\tau_m)_{m \in M}}(\mathcal{D})))$$
Falls $\mathcal{D}$ causal, so ist $\mathcal{UF}^{(\phi_m)_{m \in M}}_{(\tau_m)_{m \in M}}(\mathcal{D})$ delayed.

Kapitel 8

Komposition

Es wurde ein formales Modell für objektbasierte Systeme vorgestellt. Diese bauen auf dem Konzept der Ein-/Ausgabebeschreibungen auf und repräsentieren selbst wieder Ein-/Ausgabebeschreibungen. Dadurch sind objektbasierte Systeme sehr gut ineinander zu schachteln. In diesem Abschnitt wird eine Klasse von Ein-/Ausgabebeschreibungen definiert, die durch endliche und rekursive Komposition von objektbasierten Systemen erzeugt werden können.

(8.1) Definition: Seien $\mathcal{TRS}$ und $\mathcal{DS}$ Mengen von Ein-/Ausgabebeschreibungen. $\mathcal{TRS}$ ist die Menge der Übertragungseinheiten, die benutzt werden können, um objektbasierte Systeme zu konstruieren. $\mathcal{DS}$ ist die Menge der Objekte, die als Grundstock zur Definition von objektbasierten Systemen benutzt werden können.

1. $\mathcal{IDS}_{\mathcal{TRS}}^{\mathcal{DS}}(0) = \mathcal{DS}$

2. $\forall n \in \mathbb{N}_0 : \mathcal{IDS}_{\mathcal{TRS}}^{\mathcal{DS}}(n+1) = \{\mathcal{D}_0 | \, \exists$ objektbasiertes System
   $S_1 = (\mathcal{OOI}_1^M, \mathcal{OOO}_1^M, \Omega_1, \mathcal{OI}_1^M, \mathcal{OO}_1^M, \mathcal{ID}_1, \mathcal{TR}_1):$
   $(\forall \omega \in \Omega_1 : \mathcal{ID}_1(\omega) \in \mathcal{IDS}_{\mathcal{TRS}}^{\mathcal{DS}}(n)$ und $\mathcal{TR} \in \mathcal{TRS}) \} \cup$
   $\mathcal{IDS}_{\mathcal{TRS}}^{\mathcal{DS}}(n)$

3. $\mathcal{IDS}_{\mathcal{TRS}}^{\mathcal{DS}} = \bigcup_{n \in \mathbb{N}} \mathcal{IDS}_{\mathcal{TRS}}^{\mathcal{DS}}(n)$

4. Eine Ein-/Ausgabebeschreibung $\mathcal{D}$ heißt implementierbar mit Hilfe von $\mathcal{TRS}$ und $\mathcal{DS}$, wenn $\mathcal{D} \in \mathcal{IDS}_{\mathcal{TRS}}^{\mathcal{DS}}$

$\square$

(8.2) Bemerkung: Seien $\mathcal{TRS}$ und $\mathcal{DS}$ Mengen von Ein-/Ausgabebeschreibungen. Die Elemente von $\mathcal{TRS}$ seien output-closed und die Elemente von $\mathcal{DS}$ seien causal, dann sind die Elemente von $\mathcal{IDS}_{\mathcal{TRS}}^{\mathcal{DS}}$ causal. $\square$

Beweis: Die Elemente von $\mathcal{IDS}^{\mathcal{DS}}_{\mathcal{TRS}}(0)$ sind nach Voraussetzung alle causal.

Sei $n \in \mathbb{N}$ und seien die Elemente von $\mathcal{IDS}^{\mathcal{DS}}_{\mathcal{TRS}}(n)$ causal. Nach (6.19) sind die Elemente von $\mathcal{IDS}^{\mathcal{DS}}_{\mathcal{TRS}}(n+1)$ causal.

Also sind die Elemente von $\mathcal{IDS}^{\mathcal{DS}}_{\mathcal{TRS}}$ causal. $\qquad\square$

(8.3) Bemerkung: Seien $\mathcal{TRS}_i$ und $\mathcal{DS}_i$ $(i = 1,2)$ Klassen von Ein-/Ausgabebeschreibungen. Offensichtlich gilt dann:

1. $\mathcal{TRS}_1 \subset \mathcal{TRS}_2 \wedge \mathcal{DS}_1 \subset \mathcal{DS}_2 \Rightarrow \mathcal{IDS}^{\mathcal{DS}_1}_{\mathcal{TRS}_1} \subset \mathcal{IDS}^{\mathcal{DS}_2}_{\mathcal{TRS}_2}$

2. $\mathcal{IDS}^{\mathcal{DS}_1}_{\mathcal{TRS}_1} \subset \mathcal{IDS}^{\mathcal{IDS}^{\mathcal{DS}_1}_{\mathcal{TRS}_1}}_{\mathcal{TRS}_1}$

3. $\mathcal{IDS}^{\mathcal{DS}_1}_{\mathcal{TRS}_1}(1) \subset \mathcal{DS}_1 \Rightarrow \mathcal{IDS}^{\mathcal{DS}_1}_{\mathcal{TRS}_1} \subset \mathcal{DS}_1$

$\qquad\square$

Bisher wurden nur mit endlicher Tiefe verschachtelte objektbasierte Systeme betrachtet. Daß die objektbasierten Systeme verschachtelt werden können ist bereits wesentlich mehr, als z.B. im Actor-Modell [8, 5] oder in POOL [12, 157, 13] möglich ist. In anderen Modellen wie CCS [130] oder CSP [77] dagegen wird extensiv Gebrauch von unendlich verschachtelten Agenten gemacht, die mit Hilfe von Rekursion definiert werden. Diese Modelle erhalten im Gegensatz zu dem Actor-Modell, POOL und dem hier vorgestellten Modell auch erst ihre Mächtigkeit durch dieses Konzept. Da Rekursion für $gMobS$ nicht von so großer Wichtigkeit ist, wird in dieser Arbeit nur sehr kurz darauf eingegangen. Da die Definition von Rekursion aber prinzipiell möglich ist, wird sie vorgestellt. Eine tiefergehende Studie dieses Gebietes könnte sicher sehr interessante Ergebnisse liefern.

Bei der Benutzung von Rekursionen besteht immer ein Problem darin, einer Rekursionsgleichung einen sinnvollen Wert zuzuweisen. Dieses Problem läßt sich zurückführen auf das Problem, einen sinnvoll ausgezeichneten Fixpunkt zu finden.

(8.4) Beispiel: Sei $\mathcal{S} = (\mathcal{OOI}^M, \mathcal{OOO}^M, \Omega, \mathcal{OI}^M, \mathcal{OO}^M, \mathcal{ID}, \mathcal{TR})$ ein objektbasiertes System mit:

1. $\mathcal{OOI}^M = \mathcal{OOO}^M = \mathcal{OI}^M = \mathcal{OO}^M$

2. $\Omega = \{z\}$

3. $\mathcal{ID}(z) = \mathcal{D}_\mathcal{S}$

4. $\mathcal{TR} = (\mathcal{OOI}^{M^2}, \mathcal{OO}^{M^2}, \{((I, I_z), (O, O_z)) \mid O_z = I \wedge O = I_z\})$

Die Übertragungseinheit dieses objektbasierten Systems ist determiniert und intern predelayed, erfüllt also eigentlich alles, was man von einer Übertragungseinheit erwarten kann.

Allerdings ist jede Ein-/Ausgabebeschreibung ein Fixpunkt dieses objektbasierten Systems, einen eindeutigen Fixpunkt kann man in der Regel also nicht erwarten. Dies schon deshalb nicht, da $\top$ immer ein Fixpunkt eines solchen rekursiven Systems ist.

Auch in anderen Modellen haben Rekursionsgleichungen häufig keinen eindeutigen Fixpunkt; dort behilft man sich mit dem kleinsten Fixpunkt.

Auch S hat einen kleinsten Fixpunkt, nämlich $\bot$. $\qquad\qquad\qquad\qquad\qquad\qquad$ $\Box$

Ein objektbasiertes System kann als Funktion aufgefaßt werden, die Ein-/Ausgabebeschreibungen neue Ein-/Ausgabebeschreibungen zuordnet. (6.7) besagt nun, daß diese Funktion monoton ist und damit einen kleinsten Fixpunkt besitzt. Dieser kleinste Fixpunkt kann $\top$ sein. Über die Eigenschaften dieses Fixpunktes nichts bekannt – er muß nicht causal sein oder eine andere schöne Eigenschaft erfüllen.

Ist das betrachtete objektbasierte System intern delayed, so kann es auch als Funktion, die $\mathcal{DSC}$ in $\mathcal{DSC}$ abbildet, angesehen werden. Wiederum besagt (6.7), daß diese Funktion monoton ist und damit einen kleinsten causal Fixpunkt besitzt.

Wie dieser kleinste causal Fixpunkt mit dem kleinsten Fixpunkt zusammenhängt, ist noch unklar. Weitere Forschungen in diesem Bereich sind deshalb noch notwendig.

In [27] werden Objekte auch mit Hilfe von kleinsten causal Fixpunkten beschrieben.

Kapitel 9

Zerlegung objektbasierter Systeme

Es kann schon bei kleinen objektbasierten Systemen schwierig sein, das Verhalten zu durchschauen und vorauszusagen. Dieses Problem tritt ungleich stärker auf, wenn die Anzahl oder die Komplexität der Objekte zunimmt. Aus diesem Grund ist es sinnvoll, verschiedene Objekte zusammenzufassen und als eigenes kleines objektbasiertes System aufzufassen und zu verstehen, um das so erhaltene 'Objekt' in die Umgebung einzupassen. Um dies tun zu können, muß das Modell hierarchisch sein.

(9.1) Definition: Sei $\mathcal{S} = (\mathcal{OOI}^M, \mathcal{OOO}^M, \Omega, \mathcal{OI}^M, \mathcal{OO}^M, \mathcal{ID}, \mathcal{TR})$ ein objektbasiertes System. Sei $\Omega = \bigcup_{k \in K} \Omega_k$ mit $\Omega_k \cap \Omega_l = \emptyset$ für $k \neq l$. Seien $\mathcal{S}_k = (\mathcal{OOI}_k^M, \mathcal{OOO}_k^M, \Omega_k, \mathcal{OI}_k^M, \mathcal{OO}_k^M, \mathcal{ID}_k, \mathcal{TR}_k)$ für $k \in K$ und $\mathcal{S}_Z = (\mathcal{OOI}_Z^M, \mathcal{OOO}_Z^M, \Omega_Z, \mathcal{OI}_Z^M, \mathcal{OO}_Z^M, \mathcal{ID}_Z, \mathcal{TR}_Z)$ objektbasierte Systeme mit:

1. $\mathcal{OOI}_Z^M = \mathcal{OOI}^M$

2. $\mathcal{OOO}_Z^M = \mathcal{OOO}^M$

3. $\Omega_Z = K$

4. $\forall k \in K : \mathcal{ID}_Z(k) = \mathcal{D}_{\mathcal{S}_k}$

5. $\forall k \in K \; \forall \omega \in \Omega_k : \mathcal{ID}_k(\omega) = \mathcal{ID}(\omega)$

$(\mathcal{S}_Z, (\mathcal{S}_k)_{k \in K})$ heißt Zerlegung von $\mathcal{S}$, falls gilt:

1. Es gibt zu jeder Rechnung $\mathcal{R} = ((I_\omega, O_\omega)_{\omega \in \hat{\Omega}}, (I_T, O_T))$ von $\mathcal{S}$ zur Eingabe I mit Ausgabe O eine Rechnung $\mathcal{R}_Z = ((I_\omega^Z, O_\omega^Z)_{\omega \in \hat{\Omega}_Z}, (I_T^Z, O_T^Z))$ von $\mathcal{S}_Z$ zur Eingabe I mit Ausgabe O und Rechnungen
$\mathcal{R}_k = ((I_\omega, O_\omega)_{\omega \in \hat{\Omega}_k}, (I_T^k, O_T^k))$ von $\mathcal{S}_k$ zur Eingabe I_k^Z mit Ausgabe O_k^Z für $k \in K$.

2. Zu jeder Rechnung $\mathcal{R}_Z = ((I_\omega^Z, O_\omega^Z)_{\omega \in \hat{\Omega}_Z}, (I_T^Z, O_T^Z))$ von $\mathcal{S}_Z$ zur Eingabe I mit Ausgabe O und Rechnungen $\mathcal{R}_k = ((I_\omega, O_\omega)_{\omega \in \hat{\Omega}_k}, (I_T^k, O_T^k))$ von $\mathcal{S}_k$ zur Eingabe I_k^Z mit Ausgabe O_k^Z für $k \in K$ gibt es eine Rechnung $\mathcal{R} = ((I_\omega, O_\omega)_{\omega \in \hat{\Omega}}, (I_T, O_T))$ von $\mathcal{S}$ zur Eingabe I mit Ausgabe O.

$\square$

(9.2) Bemerkung: Sei $\mathcal{S}$ ein objektbasiertes System und sei $(\mathcal{S}_Z, (\mathcal{S}_k)_{k \in K})$ eine Zerlegung von $\mathcal{S}$, dann gilt:

$$\mathcal{D}_{\mathcal{S}} = \mathcal{D}_{\mathcal{S}_Z} \qquad\qquad \square$$

Beweis: Klar, da man zu jeder Rechnung des einen Systems eine entsprechende Rechnung des anderen Systems findet. $\qquad\qquad\square$

(9.3) Satz: Sei $\mathcal{S}_Z = (\mathcal{OOI}_Z^M, \mathcal{OOO}_Z^M, \Omega_Z, \mathcal{OI}_Z^M, \mathcal{OO}_Z^M, \mathcal{ID}_Z, \mathcal{TR}_Z)$ und $\mathcal{S}_k = (\mathcal{OOI}_k^M, \mathcal{OOO}_k^M, \Omega_k, \mathcal{OI}_k^M, \mathcal{OO}_k^M, \mathcal{ID}_k, \mathcal{TR}_k)$ für $k \in \Omega_Z$ objektbasierte Systeme mit $\Omega_k \cap \Omega_l = \emptyset$ für $k \neq l$ mit $\mathcal{ID}_Z(i) = \mathcal{D}_{\mathcal{S}_k}$ für $k \in \Omega$.

Dann gibt es ein objektbasiertes System $\mathcal{S}$, so daß $\mathcal{S}_Z$ eine Zerlegung von $\mathcal{S}$ ist. $\qquad\square$

Beweis: Sei $\mathcal{S}_Z = (\mathcal{OOI}_Z^M, \mathcal{OOO}_Z^M, \Omega_Z, \mathcal{OI}_Z^M, \mathcal{OO}_Z^M, \mathcal{ID}_Z, \mathcal{TR}_Z)$ und $\mathcal{S}_k = (\mathcal{OOI}_k^M, \mathcal{OOO}_k^M, \Omega_k, \mathcal{OI}_k^M, \mathcal{OO}_k^M, \mathcal{ID}_k, \mathcal{TR}_k)$ für $k \in \Omega_Z$ objektbasierte Systeme mit $\Omega_k \cap \Omega_l = \emptyset$ für $k \neq l$ mit $\mathcal{ID}_Z(i) = \mathcal{D}_{\mathcal{S}_k}$ für $k \in \Omega$.

Sei $\mathcal{S} = (\mathcal{OOI}^M, \mathcal{OOO}^M, \Omega, \mathcal{OI}^M, \mathcal{OO}^M, \mathcal{ID}, \mathcal{TR})$ mit:

1. $\mathcal{OOI}^M = \mathcal{OOI}_Z^M$

2. $\mathcal{OOO}^M = \mathcal{OOO}_Z^M$

3. $\Omega = \bigcup_{k \in \Omega_Z} \Omega_k$

4. $\forall \omega \in \Omega : \omega \in \Omega_k \Rightarrow \mathcal{OI}^M(\omega) = \mathcal{OI}_k^M(\omega)$

5. $\forall \omega \in \Omega : \omega \in \Omega_k \Rightarrow \mathcal{OO}^M(\omega) = \mathcal{OO}_k^M(\omega)$

6. $\forall \omega \in \Omega : \omega \in \Omega_k \Rightarrow \mathcal{ID}(\omega) = \mathcal{ID}_k(\omega)$

7. $\mathcal{TR} = \mathcal{D}_{\mathcal{S}_T}$ mit $\mathcal{S}_T = (\mathcal{OOI}_T^M, \mathcal{OOO}_T^M, \Omega_T, \mathcal{OI}_T^M, \mathcal{OO}_T^M, \mathcal{ID}_T, \mathcal{TR}_T)$ und:

    (a) $\Omega_T = \Omega_Z \cup \{T\}$

    (b) $\forall k \in \Omega_T \setminus \{T\} : \mathcal{ID}_T(k) = \mathcal{ID}_k(\bot)$

    (c) $\mathcal{ID}_T(T) = \mathcal{TR}_Z$

    (d) $\mathcal{TR} = ()$

Offensichtlich ist $(\mathcal{S}_Z, (\mathcal{S}_k)_{k \in \Omega_Z})$ eine Zerlegung von $\mathcal{S}$. $\qquad\square$

(9.4) Satz: Sei $\mathcal{S} = (\mathcal{OOI}^M, \mathcal{OOO}^M, \Omega, \mathcal{OI}^M, \mathcal{OO}^M, \mathcal{ID}, \mathcal{TR})$ ein objektbasiertes System. Sei $\Omega = \bigcup_{k \in K} \Omega_i$ mit $\Omega_k \cap \Omega_l = \emptyset$ für $k \neq l$. Dann gibt es eine Zerlegung $(\mathcal{S}_Z, (\mathcal{S}_k)_{k \in K})$ von $\mathcal{S}$ mit $\mathcal{S}_k = (\mathcal{OOI}_k^M, \mathcal{OOO}_k^M, \Omega_k, \mathcal{OI}_k^M, \mathcal{OO}_k^M, \mathcal{ID}_k, \mathcal{TR}_k)$ für $k \in K$. $\qquad\square$

Beweis: Sei $\mathcal{S} = (\mathcal{OOI}^M, \mathcal{OOO}^M, \Omega, \mathcal{OI}^M, \mathcal{OO}^M, \mathcal{ID}, \mathcal{TR})$ ein objektbasiertes System.
Sei $\Omega = \bigcup_{k \in K} \Omega_i$ mit $\Omega_k \cap \Omega_l = \emptyset$ für $k \neq l$.
Für $k \in K$ sei $\mathcal{S}_k = (\mathcal{OOI}_k^M, \mathcal{OOO}_k^M, \Omega_k, \mathcal{OI}_k^M, \mathcal{OO}_k^M, \mathcal{ID}_k, \mathcal{TR}_k)$ mit:

1. $\mathcal{OOI}_k^M = \Pi_{\omega \in \Omega_k} \mathcal{I}_\omega^M$

2. $\mathcal{OOO}_k^M = \Pi_{\omega \in \Omega_k} \mathcal{O}_\omega^M$

3. $\forall \omega \in \Omega_k : \mathcal{ID}_k(\omega) = \mathcal{D}_\omega$

4. $\left((I_\omega)_{\omega \in \Omega_k^T}, (O_\omega)_{\omega \in \Omega_k^T} \right) \in \mathcal{TR}_k \Leftrightarrow O_\perp = \Pi_{\omega \in \Omega_k} I_\omega \wedge I_\perp = \Pi_{\omega \in \Omega_k} O_\omega$

Sei $\mathcal{S}_Z = (\mathcal{OOI}_Z^M, \mathcal{OOO}_Z^M, \Omega_Z, \mathcal{OI}_Z^M, \mathcal{OO}_Z^M, \mathcal{ID}_Z, \mathcal{TR}_Z)$ mit:

1. $\mathcal{OOI}_Z^M = \mathcal{OOI}^M$

2. $\mathcal{OOO}_Z^M = \mathcal{OOO}^M$

3. $\Omega_Z = K$

4. $\forall k \in K : \mathcal{ID}_Z(k) = \mathcal{D}_{\mathcal{S}_k}$

5. $\left(\left(((I_\omega)_{\omega \in \Omega_k})_{k \in K}, I_\perp \right), \left(((O_\omega)_{\omega \in \Omega_k})_{k \in K}, O_\perp \right) \right) \in \mathcal{TR}_Z \Leftrightarrow$
   $\left((I_\omega)_{\omega \in \Omega^T}, (O_\omega)_{\omega \in \Omega^T} \right) \in \mathcal{TR}$

Die Übertragungseinheiten $\mathcal{TR}_k$ für $k \in K$ leiten also die Nachrichten, die sie von oben bekommen, nur weiter an ihre Objekte – an jedes die richtige Nachricht – und bündeln die von den Objekten einkommenden Nachrichten und leiten diese sofort nach oben weiter. Die Übertragungseinheit $\mathcal{TR}_Z$ faßt die von den verschiedenen objektbasierten Systemen kommenden Nachrichten zusammen, so daß die Nachrichten von allen Objekten bekannt sind. Dann reagiert $\mathcal{TR}_Z$ genau wie $\mathcal{TR}$ auf diese Nachrichten, nur daß die Nachrichten für die Objekte nicht direkt an die Objekte geleitete werden, sondern zunächst die Nachrichten für die einzelnen Systeme $\mathcal{S}_k$ gebündelt werden und an diese geschickt werden.

Offensichtlich handelt es sich bei $(\mathcal{S}_Z, (\mathcal{S}_k)_{k \in K})$ um eine Zerlegung von $\mathcal{S}$. $\square$

Zu beachten ist, daß die im Beweis von (9.4) konstruierten Übertragungseinheiten zwar intern delayed bzgl. $(\perp, \perp)$ aber nicht delayed sind.

Es wurde zwar gezeigt, daß sich jedes objektbasierte System zerlegen läßt. Dies bringt demjenigen, der das System verstehen will, allerdings nichts, da die Kommunikationen zwischen den Objekten eher noch komplizierter geworden sind. Damit sich das System vereinfacht, muß man Objekte zusammenfassen, die häufig miteinander kommunizieren, und Objekte trennen, die wenig auszutauschen haben. Dies kann allerdings nicht in einem so allgemeinen Kontext wie dem hier behandelten stattfinden, da eine sinnvolle Zerlegung stark von den Eigenschaften des objektbasierten Systems abhängt.

Kapitel 10

Anwendung von *gMobS*

10.1   Denotationale Semantik mit *gMobS*

Das wichtigste Anwendungsgebiet von *gMobS* wird wahrscheinlich die Definition von denotationalen Semantiken für objektbasierte und -orientierte Programmiersprachen sein.

Die denotationale Semantik einer funktionalen Programmiersprache F ist in der Regel eine Funktion $\mathcal{D} : \{$ Programme von $F \} \rightarrow (Inputs \rightarrow Outputs)$ für geeignete Mengen *Inputs* und *Outputs*.

$\mathcal{D}$ ist eine partielle Funktion, da für eine große Klasse von Programmen keine Semantik existiert. Zu dieser Klasse von Programmen gehören z.B. syntaktisch falsche Programme, aber auch Programme, die den statischen Typisierungsregeln nicht genügen. Allgemeiner kann man sagen, daß Programme gewissen Validity Constraints ([124] S.26ff) genügen müssen, um eine Semantik zu bekommen.

Dank Dana Scott wird heute recht gut verstanden, wie $\mathcal{D}$, *Inputs* und *Outputs* auch für rekursive und higher-order Funktionen konstruiert werden müssen. Die Menge der mathematischen Funktionen bildet also das denotationale Domain für funktionale Programmiersprachen.

Die Menge der Funktionen ist aber nicht als denotationales Domain für objektbasierte Sprachen geeignet [177], da objektbasierte Systeme nicht nur eine Funktion repräsentieren, sondern ihr Verhalten mit der Zeit (und in Abhängigkeit von den während dieser Zeit erhaltenen Nachrichten) verändern.

Ein allgemeineres – und sicherlich komplizierteres – denotationales Domain als die Menge der Funktionen bildet die Menge der Ein-/Ausgabebeschreibungen. Wenn die Programme einer Programmiersprache als Objekt aufgefaßt werden können (dies trifft sicherlich für fast alle Programmiersprachen zu, da fast jede Aktion als Versenden von Nachrichten aufgefaßt werden kann), kann die Menge der Ein-/Ausgabebeschreibungen als denotationales Domain für die denotationale Semantik dieser Programmiersprache benutzt werden. D.h. für eine beliebige Programmiersprache P kann eine denotationale Semantik durch $\mathcal{D} : \{$ Programme von $P \} \rightarrow \{$ Ein-/Ausgabebeschreibungen $\}$ definiert werden.

Das Problem besteht nun in der Definition von $\mathcal{D}$. Für funktionale Sprachen könnte dies relativ einfach durch eine Funktion $\mathcal{N} : \{$ mathematischen Funktionen $\} \rightarrow \{$ Ein-/Ausgabebeschreibungen $\}$ geschehen.

Die mathematischen Funktionen sind als Modell wesentlich einfacher und besser verstanden als *gMobS* und genügen als Modell für funktionale Sprachen. Deshalb wird eine Anwendung von *gMobS* auf funktionale Sprachen in dieser Arbeit nicht weiter untersucht.

Für objektbasierte Sprachen könnte diese Definition von $\mathcal{D}$ relativ einfach mit Hilfe von *gMobS* geschehen. Objektbasierte Sprachen zeichnen sich dadurch aus, daß sie ein Werkzeug sind, um Systeme von Objekten, die nur mit Hilfe von Nachrichten kommunizieren, zu beschreiben – zu spezifizieren. Zu beachten ist:

Typisierung und Polymorphie: Die meisten heutigen Programmiersprachen sind statisch typisiert – mit teilweise sehr weit entwickelten Typsystemen wie z.B. ML [126]; ein noch mächtigeres Typsystem wird in [88] beschrieben. Dies hat den Vorteil, daß eine Klasse von nicht korrekten Programmen bereits vom Compiler erkannt werden kann – in die Validity Constraints ([124] S.26ff) für Programme kann die statische Typisierung mit einbezogen werden. Dies trägt in einem hohen Maße zur Verläßlichkeit von Software bei. Eine gute Einführung in Typen wird in [33] gegeben. Der Sinn von Typen wird dort auf S.474 folgendermaßen beschrieben: "A type may be viewed as a set of clothes (or a suit of armor) that protects an underlying untyped representation from arbitrary or unintended use". Durch statische Typisierung ist es weiterhin möglich, eine große Anzahl von Optimierungen durchzuführen. So können z.B. Werte von verschiedenen Typen durch den gleichen Wert repräsentiert werden, und es kann oftmals bereits beim Compilieren festgelegt werden, welche Funktion verwendet wird (Overloading). Zu beachten ist aber, daß Overloading auch ohne statische Typisierung durchgeführt werden kann; der Empfänger einer Nachricht kann an Hand der konkreten Nachricht (bzw. der Argumente der Nachricht) erkennen, welche Funktionalität gewünscht wird.

Statische Typisierung spielt während der Laufzeit – wie der Name bereits andeutet – keine Rolle und muß im Domain für eine denotationale Semantik nicht enthalten sein.

Ein eng mit Typen verbundenes Konzept ist Polymorphie. Eine Funktion heißt polymorph, wenn ihre Argumente von mehr als einem Typ sein können. Eine gute Einführung in Polymorphie bietet [33]. Ist eine Sprache nicht statisch typisiert, so ist der Begriff Polymorphie zunächst nicht sinnvoll, da in solchen Sprachen jede Funktion jedes Datum als Argument erhalten kann. Man kann eine Funktion in solchen Sprachen aber polymorph nennen, wenn sie für eine große Menge von Werten (Werten mit völlig verschiedenen Eigenschaften, verschiedenen dynamischen Typen) sinnvolle Ergebnisse liefert. Diese Klassifizierung benötigt allerdings Meta-Wissen über die Argumente der Funktion und muß im Domain für eine denotationale Semantik enthalten sein.

Vererbung: Die meisten heutigen objektbasierten Programmiersprachen besitzen einen Vererbungsmechanismus. Auf diese Weise ist es möglich, bereits existierenden (meistens gut getesteten) Code wiederzuverwenden (reuse) und so die Größe des insgesamt zu schreibenden Codes zu verkleinern und den Code sicherer zu machen (Vererbung wird auch bei der objektorientierten Analyse zur Strukturierung von Design eingesetzt; dies ist aber noch außerhalb einer bestimmten Programmiersprache). Unerwartete Effekte bei der Vererbung können in parallelen objektbasierten

Systemen auftreten (inheritance anomaly [24, 167, 108, 113, 168, 106, 120, 112, 116]) und stellen ein erhebliches Problem dar.

Allerdings ist Vererbung nur ein Mechanismus, um ein Verhalten von Objekten einfach spezifizieren/implementieren zu können und ist nicht das Verhalten eines Objekts (B. Meyer schreibt z.B. in [124] S.5: "Classes and objects should not be confused: "class" is a compile-time notion, whereas objects only exist at runtime" und in klassenbasierten Sprachen wird Vererbung durch die Klassen geregelt). Das Problem der Vererbung muß deshalb in einem denotationalen Domain für die Dynamik von objektbasierten Systemen nicht enthalten sein.

Fehlerbehandlung: Jede moderne Programmiersprache muß ein Exception-Handling unterstützen, da eine adäquate Programmierung von Ausnahmesituationen mit Hilfe von normalen Konstrukten teilweise nicht möglich, auf jeden Fall aber sehr aufwendig und teilweise auch laufzeitintensiv ist.

Exception-Handling Mechanismen in objektbasierten Sprachen sind in der Regel etwa wie folgt aufgebaut (eine ausführliche Behandlung von Exception-Handling besonders für den Fall von objektorientierten Sprachen findet man in [52]):
Tritt während einer Aktivität innerhalb eines Objekts (bei der Ausführung einer Methode) eine Ausnahmesituation (Exception) auf, so wird zunächst versucht, diesen Fehler innerhalb des Objekts zu beheben (durch Aufruf einer entsprechenden Routine). Kann diese Routine den Fehler beheben/umgehen, so merkt die Umgebung von der aufgetretenen Exception nichts. Kann das Objekt den Fehler allerdings nicht selbst beheben, so signalisiert es dies geeigneten anderen Objekten durch entsprechende Fehlernachrichten. In sequentiellen Sprachen wird diese Fehlernachricht in der Regel an das Objekt geschickt, das die Methode aufgerufen hat, in der die Exception aufgetreten ist. In den meisten Programmiersprachen werden die Fehlernachrichten implizit verschickt und der Benutzer merkt nicht, daß der Fehler mit Hilfe von Nachrichten propagiert wird. Explizit mit Fehlernachrichten werden Fehler z.B. in ABCL/1 [83] weitergeleitet. Ein Objekt reagiert beim Erhalt einer solchen Fehlernachricht häufig ganz anders als beim Erhalt von normalen Methodenaufrufen oder Antwortnachrichten – innerhalb dieses Objekts tritt auch eine Ausnahmesituation ein, die entweder von diesem Objekt gelöst werden kann oder weitergeleitet wird.

Die Mechanismen für Exception-Handling sind lediglich Hilfsmittel, um das Verhalten von Objekten in speziellen Situationen auf einfache Weise beschreiben zu können. Das Problem der Wahl eines Exception-Handling-Mechanismus muß deshalb in einem denotationalen Domain für die Dynamik von objektbasierten Systemen nicht enthalten sein.

Da objektbasierte Programme lediglich Systeme von Objekten beschreiben, die nur mit Hilfe von Nachrichten miteinander kommunizieren, und jedes solche System von Objekten mit Hilfe von $gMobS$ beschrieben werden kann, ist es möglich, für eine objektbasierte Sprache S eine Funktion $\mathcal{M}$: {Programme von S} $\rightarrow$ {Objektbasierte Systeme von $gMobS$} zu definieren, die jedem Programm ein objektbasiertes System aus $gMobS$ zuordnet. Diese Funktion $\mathcal{M}$ kann in gewisser Weise als eine Art operationale Semantik interpretiert werden, da die objektbasierten Systeme von $gMobS$ als eine Art Computer-Modell angesehen werden können (insbesondere zusammen mit den Fortsetzungsrelationen). Das Verhalten eines objektbasierten Systems kann allerdings nicht unbedingt mit Hilfe einer Turing-Maschine implementiert werden, so daß auch nicht berechenbare Semantiken definiert werden können. Die denotationale Semantik $\mathcal{D}(P)$ eines Programms P kann dann durch die kanonische Ein-/Ausgabebeschreibung des objektbasierten Systems $\mathcal{M}(P)$ beschrieben werden.

Anschließend muß noch gezeigt werden, daß diese Semantik korrekt und möglichst auch fully abstract [163] bzgl. der wirklichen operationalen Semantik von P ist. Dies scheint aber sehr plausibel und der Autor erwartet, daß dies meistens der Fall sein wird. Sollte dies nicht der Fall sein, so liegt die Vermutung nahe, daß die Objekte oder die Kommunikation der Objekte nicht adäquat modelliert wurden.

10.2 Denotationale Semantik einer Beispielsprache

Um die Definition der Semantik von Programmiersprachen mit Hilfe von $gMobS$ besser zu verdeutlichen, wird an dieser Stelle die denotationale Semantik der einfachen (wenn auch relativ abstrakten) Beispielsprache SimpleLang mit Hilfe von $gMobS$ definiert. Um das Beispiel nicht unnötig kompliziert zu machen, unterstützt SimpleLang lediglich einfache Vererbung. Es ist kaum schwieriger, mehrfache Vererbung einzuführen, es treten allerdings Probleme wie Namenskonflikte auf, die gelöst werden müssen.

10.2.1 Grundlegende Bausteine

1. Es kann eine (endliche) Menge von Klassen definiert werden, denen Klassennamen zugewiesen werden können. Die Menge der Klassennamen ist CNames. Diese Menge kann unendlich sein.

2. Die Objekte in dem durch ein SimpleLang-Programm definierten objektbasierten System benötigen Adressen, um miteinander kommunizieren zu können. Die Adressen in diesem System sind ähnlich aufgebaut wie die Adressen im Actor-Modell. Jedes Objekt kann seine eigene Adresse verlängern, um die Adresse eines neuen Objekts zu erzeugen. Zu der neuen Adresse gehört auch ein Klassenname, der beschreibt, welche Klasse das Verhalten dieses Objekts bestimmt: $\mathsf{Adrs} = (\mathsf{CNames} \times \mathbb{N})^*$. Die Außenwelt hat die Adresse $() \in \mathsf{Adrs}$, die im folgenden mit $\perp$ identifiziert wird.

3. Jedes in dieser Sprache definierte Objekt besitzt eine Menge von Attributen oder Slots, die Namen aus der Menge SlotNames haben können. Die Attribute eines Objekts sind nicht typisiert, d.h. alle Attribute können die gleichen Inhalte speichern. Die Menge der Zustände eines Objekts ist $\mathsf{ObjStates} = (\mathsf{SlotNames} \rightarrow \mathsf{SlotContents})$.

4. Um Nachrichten auseinanderhalten zu können, werden diese mit verschiedenen Labeln versehen. Als Menge von Labeln dient hier immer die Menge der natürlichen Zahlen $\mathsf{Lbls} = \mathbb{N}$. Damit erkennbar ist, welchen Zweck die Menge hat, wird überall die Menge Lbls verwendet.

5. Die Objekte können untereinander und mit der Außenwelt mit Hilfe von Nachfragen (Requests) und Antworten (Answers) kommunizieren.

- Der Kern einer Nachfrage besteht aus einer Adresse, die den Empfänger der Nachricht angibt, einem Methodennamen, der die auszuführende Methode festlegt und weiteren Daten, die der Methode bei der Ausführung zur Verfügung gestellt werden.
  SRMess = Adrs × MNames × RDatas

- Ein Objekt kann mehrere Nachfragen abgeschickt haben, bevor es die erste Antwort bekommt. Um entscheiden zu können, zu welche Nachfrage eine einkommende Antwortnachricht gehört, werden die Nachfragen vor dem Verschicken mit einem eindeutigen Label versehen (eine Antwort auf eine Nachfrage muß das Label dieser Nachfrage enthalten).
  LRMess = SRMess × Lbls

- Bekommt ein Objekt eine Nachfrage, so muß es auch wissen, an welches Objekt die Antwort zu richten ist. Deshalb hängt die Übertragungseinheit an jede Nachfrage den Absender dieser Nachfrage, bevor sie diese ausliefert.
  RMess = LRMess × Adrs

- Der Kern einer Antwort besteht lediglich aus einem Antwortdatum.
  SAMess = ADatas

- Damit entschieden werden kann, auf welche Nachfrage von welchem Objekt diese Antwortnachricht antwortet, wird der Absender und das Label der Nachfrage, auf die diese Antwortnachricht antwortet, an die Nachricht gehängt.
  AMess = SAMess × Adrs × Lbls

- Empfangen kann ein Objekt die leere Nachricht τ, Nachfragen und Antworten.
  InMess = $\{\tau\}$ ∪ RMess ∪ AMess

- Versenden kann ein Objekt die leere Nachricht τ, Nachfragen, in denen der Absender noch nicht eingetragen ist, und Antworten.
  OutMess = $\{\tau\}$ ∪ LRMess ∪ AMess

6. Die Methoden der Klassen werden mit Hilfe von Continuations (ein aus der Theorie denotationaler Semantiken [164, 151] und vom Lisp-Dialekt Scheme [48] bekanntes Konzept) definiert.

   (a) Eine Continuation ist eine Funktion, die den Zustand eines Objekts und eine eintreffende Nachricht als Argumente bekommt. Das Ergebnis des Funktionsaufrufs repräsentiert das Verhalten. Es besteht die Möglichkeit, daß eine Antwortnachricht versandt wird und sich der Zustand des Objekts nicht ändert. Dies bedeutet, daß der Methodenaufruf, der durch diese Continuation repräsentiert wurde, beendet ist. Die zweite Möglichkeit ist, daß die Continuation einen neuen Zustand des Objekts und eine Nachfragenachricht, die verschickt wird, liefert.
   Conts = (ObjStates × InMess) → SAMess ∪ (ObjStates × SRMess × Conts)

   (b) Eine Sprache läßt in der Regel nicht alle denkbaren Continuations als Methoden zu, sondern schränkt die Menge so ein, daß nur berechenbare Continuations erlaubt sind, die in der Regel auch noch durch einen Compiler vernünftig kontrollierbar sind (die Funktion ist berechenbar und meistens können noch einige statische Analysen durchgeführt werden).
   Methods ⊂ Conts

7. Innerhalb der Klassen werden die Methoden unter Methodennamen gespeichert. Die Menge der Methodennamen ist MNames.

10.2.2 Programme und informelle Semantik

Ein Programm $\mathcal{P}$ der Sprache SimpleLang hat folgenden Aufbau:

$$CName_1 := Class(Super_1, MName_1^1 : Method_1^1, \ldots, MName_1^{n_1} : Method_1^{n_1});$$
$$\vdots$$
$$CName_m := Class(Super_m, MName_m^1 : Method_m^1, \ldots, MName_m^{n_m} : Method_m^{n_m});$$

Durch dieses Programm werden unter den paarweise verschiedenen Klassenvariablen $CName_1, \ldots, CName_m$ die entsprechenden Klassen gespeichert. Die Klasse $CName_k$ hat dabei die Klasse, die in $Super_k$ gespeichert ist, als Superklasse. Soll eine Klasse keine Superklasse haben, so kann dieser Eintrag auf den Klassennamen gesetzt werden, in dem diese Klasse selbst gespeichert ist, die Klasse hat sich selbst als Superklasse. Zusätzlich zu den von der Superklasse geerbten Methoden definiert die Klasse unter den Methodennamen $MName_k^1, \ldots, MName_k^{n_k}$ die Methoden $Method_k^1, \ldots, Method_k^{n_k}$ und überschreibt dabei geerbte Methoden gleichen Namens (alle Methoden sind virtual). Auf die überschriebenen Methoden kann anders als in Smalltalk [65] nicht mehr zugegriffen werden. Um überschriebene geerbte Methoden nicht vergessen zu müssen, könnte ein Renaming-Mechanismus wie in Eiffel [124] eingeführt werden. Die Definition der Methoden geschieht in dieser Sprache einfach durch Angabe der entsprechenden Continuation, während die Definition der Methoden in echten objektbasierten Programmiersprachen durch Angabe von Programmtext geschieht. Die Methoden werden in SimpleLang nicht durch Programmtext beschrieben, da (1) dies eine viel detailliertere Syntaxbeschreibung erfordern würde, ohne tiefere Einblicke zu gewähren, (2) die Umwandlung von Programmtext in Continuations hinreichend bekannt ist und (3) SimpleLang auf diese Weise unnötig spezialisiert würde. Eine einfache und wohlbekannte Methode, Continuations zu definieren, ist das λ-Kalkül.

Die (informelle operationale) Semantik des Programms $\mathcal{P}$ ist folgende:

1. Zu jedem Klassennamen gibt es unendlich viele Objeke, deren Verhalten von diesem Klassennamen bestimmt wird. Durch welchen Klassennamen das Verhalten eines Objekts bestimmt wird, ist an der Adresse (an der letzten Komponente dieser Adresse) dieses Datums abzulesen.

2. Keines der Objekte ist von sich aus aktiv und deshalb ist das ganze System der Objekte solange inaktiv, bis von außen eine Nachfrage an eines der Objekte gerichtet wird. Dies ähnelt dem Konzept der Sprache Eiffel [124], in dem ein Programm auch durch eine Nachricht an ein erstes Objekt gestartet wird.

3. Erhält ein Objekt eine Nachfrage, so ist in dieser Nachfrage ein Methodenname gespeichert. In der Klasse des empfangenden Objekts (zu welcher Klasse das Objekt gehört geht aus der Adresse hervor) wird auf die kanonische Weise [176] S. 36 (die der Smalltalk-Technik [65] entspricht) nach einer Methode mit diesem Namen gesucht:
Ein Objekt sucht zunächst in der eigenen Klasse nach einer Methode mit dem entsprechenden Namen. Ist dort keine solche Methode definiert, so sucht das Objekt in

der Superklasse dieser Klasse. Ist auch dort keine entspechende Methode definiert, so wird in der Superklasse der Superklasse gesucht. Diese Suche wird fortgesetzt, bis die entsprechende Methode gefunden wurde.

Anders als in Smalltalk wird von dieser Suche nicht zurückgekehrt, wenn keine Methode mit diesem Namen existiert. Dadurch wird auf die entsprechende Nachfrage niemals geantwortet. Diese Funktionalität wurde gewählt, um den Formalismus etwas zu vereinfachen. Es ist kein Problem, eine andere Funktionalität zu wählen.

Wird zu dem Methodennamen eine Methode geliefert, so wird ein ausführbarer Task eröffnet, in dem der Sender, das Label der Nachfrage, die gefundene Methode und die erhaltene Nachricht stehen.

4. Erhält ein Objekt eine Antwort, so wird anhand des Labels der Antwort bestimmt, welcher Task die dazugehörige Nachfrage geschickt hat. Dieser Task wird zusammen mit der Antwortnachricht zu einem ausführbaren Task.

5. Ein ausführbarer Task wird ausgeführt, indem die in dem Task gespeicherte Continuation auf den Zustand des Objekts und auf die in dem Task gespeicherte Nachricht angewandt wird.

Liefert die Continuation als Ergebnis eine Antwortnachricht, so wird dieser Task geschlossen und die Antwort mit der in dem Task gespeicherten Adresse und dem gespeicherten Label versehen und verschickt. Der Zustand des Objekts ändert sich nicht.

Andernfalls liefert die Continuation ein Tupel bestehend aus dem neuen Zustand des Objekts, einer Nachfrage, die mit einem Label versehen und versandt wird und einem Task, der zusammen mit dem Label der versandten Nachricht zu den wartenden Tasks getan wird.

Es fällt auf, daß jede Zustandsänderung eines Objekts vom Versand einer Nachricht begleitet ist. Dies wurde eingeführt, um den Formalismus zu vereinfachen. Die Ausdruckskraft der Sprache wird dadurch nicht vermindert, da ein Objekt eingeführt werden kann, das auf erhaltene Nachrichten sofort antwortet. An dieses Objekt kann eine dummy-Nachricht geschickt werden, wenn eigentlich keine Nachricht verschickt werden soll.

10.2.3 Denotationale Semantik

Vererbung

Zunächst wird die Semantik der Vererbung definiert. Auch dafür wird *gMobS* verwendet. Es wäre auch kein Problem, die Vererbung mit Hilfe anderer Mechanismen zu definieren und diese in die spätere Definition der Objekte einzubinden. Die Definition der Vererbung mit Hilfe von *gMobS* verdeutlicht aber die Mächtigkeit dieses Konzepts.

Als erstes wird jeder Klasse $CName_k$ ein Objekt $\mathcal{D}_k = (\mathcal{I}_k^M, \mathcal{O}_k^M, \mathcal{U}_k)$ zugeordnet. Als Eingabemenge besitzen diese Objekte $\mathcal{I}_k^M = \{\tau\} \cup \mathsf{MNames} \times \mathsf{RMess}$ und als Ausgabemenge besitzen sie $\mathcal{O}_k^M = \{\tau\} \cup \mathsf{Methods} \times \mathsf{RMess} \cup \mathsf{CNames} \times \mathsf{MNames} \times \mathsf{RMess}$. Um zu gewährleisten, daß diese Objekte causal sind, wird wieder nach dem im Kapitel 7 aufgezeigten Verfahren vorgegangen. Zunächst wird eine determinierte pre-causal Ein-/

Ausgabebeschreibung $\mathcal{D}_{k,det} = (\mathcal{I}^M_{k,det}, \mathcal{O}^M_{k,det}, \mathcal{U}^P_{k,det})$ definiert. Es gilt:
$\mathcal{U}^P_{k,det} = \{(I,O) \mid \forall t \in \mathcal{T} :$

1. $I(t) = \tau \Rightarrow O(t) = \tau$

2. $I(t) = (MName^i_k, RMes) \Rightarrow O(t) = (Method^i_k, RMes)$

3. $(I(t) \neq \tau \wedge \forall i \in \{1, \dots, n_k\}, RMes \in \mathsf{RMess} : I(t) \neq (MName^i_k, RMes))$
   $\Rightarrow O(t) = (Super_k, I(t))$

$\}$.
Es gilt: $\mathcal{D}_k = \mathcal{BUF}^\emptyset_\tau(\mathcal{D}_{k,det})$.

Die Klassen werden nun zu einem objektbasierten System $\mathcal{S}_{Class} = (\mathcal{OOI}^M_{Class}, \mathcal{OOO}^M_{Class}, \Omega_{Class}, \mathcal{OI}^M_{Class}, \mathcal{OO}^M_{Class}, \mathcal{ID}_{Class}, \mathcal{TR}_{Class})$ zusammengesetzt. Dieses System enthält die Klassen als Objekte $\Omega_{Class} = \{CName_1, \dots, CName_m\}$.

Die Menge der Nachrichten, die $\mathcal{S}_{Class}$ von der Außenwelt empfangen kann, ist $\mathcal{OOI}^M_{Class} = \{\tau\} \cup \mathsf{CNames} \times \mathsf{MNames} \times \mathsf{RMess}$. Die Menge der Nachrichten, die $\mathcal{S}_{Class}$ an die Außenwelt schicken kann, ist $\mathcal{OOO}^M_{Class} = \{\tau\} \cup \mathsf{Methods} \times \mathsf{RMess}$.

Zur Definition der Übertragungseinheit $\mathcal{TR}_{Class}$ wird nach der in Kapitel 7 vorgestellten Methode vorgegangen.

Zunächst wird eine determinierte pre-causal Teil-Ein-/Ausgabebeschreibung $\mathcal{D}^P = (\mathcal{I}^M, \mathcal{O}^M, \mathcal{U}^P)$ definiert. Die Mengen der Eingaben $\mathcal{I}^M$ und der Ausgaben $\mathcal{O}^M$ sind nach den obigen Definitionen und nach Abschnitt 7.3 klar. Das Verhalten von $\mathcal{D}^P$ ist nur für Eingaben definiert, die in endlicher Zeit lediglich endlich viele Tupel enthalten, bei denen nicht alle Komponenten gleich der leeren Nachricht τ sind.

Sei I eine solche Eingabe, dann ist $(I,O) \in \mathcal{U}^P$ genau dann, wenn gilt:

1. $\forall t \in \mathcal{T} \; \forall k \in \{1, \dots, m\} :$
   $\wp_{CName_k}(O(t)) = \{(MName, RMes) \mid$
   $$\exists \omega \in \hat{\Omega} : \wp_\omega(I(t)) = (CName_k, MName, RMes)\}$$

2. $\forall t \in \mathcal{T} : \wp_\perp(O(t)) = \{\wp_\omega(I(t)) \mid \omega \in \hat{\Omega} \wedge \wp_\omega(I(t)) \in \mathsf{Methods} \times \mathsf{RMess}\}$

Diese determinierte und pre-causal Teil-Ein-/Ausgabebeschreibung $\mathcal{D}^P$ definiert eine causal Ein-/Ausgabebeschreibung $\mathcal{D}$. Für die Übertragungseinheit gilt dann:
$$\mathcal{TR}_{Class} = \mathcal{UF}^{(\emptyset) \; \omega \in \hat{\Omega}_{Class}}_{(\tau) \; \omega \in \hat{\Omega}_{Class}}(\mathcal{D}).$$

$\mathcal{D}_{Class}$ ist dann die kanonische Ein-/Ausgabebeschreibung des objektbasierten Systems $\mathcal{S}_{Class}$.

Semantik

Die Semantik des Programms $\mathcal{P}$ wird mit Hilfe eines objektbasierten Systems $\mathcal{S}_P = (\mathcal{OOI}^M_P, \mathcal{OOO}^M_P, \Omega_P, \mathcal{OI}^M_P, \mathcal{OO}^M_P, \mathcal{ID}_P, \mathcal{TR}_P)$ definiert. Es gilt:

1. $\mathcal{OOI}^M_P = \mathsf{OutMess}$

2. $\mathcal{OOO}^M_P = \mathsf{InMess}$

3. $\Omega_P = \mathsf{Adrs} \setminus \{()\}$

4. Für $\omega \in \Omega_P$ ist $\mathcal{OI}_P^M(\omega) = \mathsf{InMess}$

5. Für $\omega \in \Omega_P$ ist $\mathcal{OO}_P^M(\omega) = \mathsf{OutMess}$

6. Sei $\omega = (sadr, (CName, l)) \in \mathsf{Adrs}$. Die Ein-/Ausgabebeschreibung $\mathcal{ID}_P(\omega)$ wird selbst mit Hilfe eines objektbasierten Systems definiert, da das Verhalten bereits relativ komplex ist. Zunächst müssen dafür ein paar weitere Mengen definiert werden:

   (a) Ein Task besteht aus einer Adresse, die bestimmt, an welches Objekt das Ergebnis dieses Tasks geschickt werden muß, einem Label, das angibt, welches Label die Nachfrage hatte, die diesen Task initiiert hat, und einer Continuation, die festlegt, wie sich dieser Task weiter verhält.
   $\mathsf{Tasks} = \mathsf{Adrs} \times \mathsf{Lbls} \times \mathsf{Conts}$

   (b) Ein wartender Task besteht aus einem Task zusammen mit einem Label, das angibt, auf welche Antwortnachricht der Task wartet.
   $\mathsf{WTasks} = \mathsf{Tasks} \times \mathsf{Lbls}$

   (c) Ein ausführbarer Task besteht aus einem Task zusammen mit einer Nachricht, die (zusammen mit dem Zustand des Objekts) als Eingabe für die Continuation des Tasks dient.
   $\mathsf{RTasks} = \mathsf{Tasks} \times \mathsf{InMess}$

Das erste Objekt $\mathcal{D}_1 = (\mathcal{I}_1^M, \mathcal{O}_1^M, \mathcal{U}_1)$ des objektbasierten Systems erzeugt aus Nachfragen mit Hilfe von $\mathcal{D}_{Class}$ ausführbare Tasks. Es gilt:

   (a) $\mathcal{I}^M = \{\tau\} \cup \mathsf{RMess}$

   (b) $\mathcal{O}^M = \{\tau\} \cup \mathsf{RTasks}$

   (c) $(I, O) \in \mathcal{U}_1$ genau dann, wenn es ein $(I_C, O_C) \in \mathcal{U}_{Class}$ gibt, so daß für alle $t \in \mathcal{T}$ gilt:

       i. $I(t) = \tau \Rightarrow I_C(t) = \tau$

       ii. $O_C(t) = \tau \Rightarrow O(t) = \tau$

       iii. $I(t) = RMes = (((Adr, MName, RData), Lbl), Adr^r)$
   $\Rightarrow I_C(t) = (CName, MName, RMes)$

       iv. $O_C(t) = (Method, RMes)$ mit $RMes = (((Adr, MName, RData), Lbl), Adr^r)$
   $\Rightarrow O(t) = ((Adr^r, Lbl, Method), RMes)$

Das zweite Objekt $\mathcal{D}_2 = (\mathcal{I}_2^M, \mathcal{O}_2^M, \mathcal{U}_2)$ erhält ausführbare Tasks als Eingabe, die es ausführt. Dadurch wird der interne Zustand verändert und beeinflußt nachfolgende Ausführungen. Als Ausgabe gibt das Objekt entweder eine Antwortnachricht, d.h. der Task ist beendet, oder es liefert einen wartenden Task zusammen mit einer Nachfragenachricht. Der wartende Task wartet auf eine Antwort auf diese Nachfrage. Es gilt:

   (a) $\mathcal{I}_2^M = \{\tau\} \cup \mathsf{RTasks}$

   (b) $\mathcal{O}_2^M = \{\tau\} \cup \mathsf{SAMess} \cup \mathsf{WTasks} \times \mathsf{LRMess}$

(c) Das Verhalten $\mathcal{U}_2$ wird nur für Eingaben definiert, die lediglich endlich viele Nachrichten ungleich der leeren Nachricht τ in endlicher Zeit enthalten. Sei I eine solche Eingabe. Dann ist $(I, O) \in \mathcal{U}_2$ genau dann, wenn es ein $K = \{1, \ldots, k_0\}$ oder $K = \mathbb{N} \setminus \{0\}$ mit $K_0 = K \cup \{0\}$, eine streng monoton steigende Folge $(t_n)_{n \in K} = \mathcal{MT}_\tau(I)$ und eine Folge $(ObjState_n)_{n \in K_0} \subset$ ObjStates gibt, so daß für alle $t \in \mathcal{T}$ gilt:

    i. $I(t) = \tau \Rightarrow O(t) = \tau$

    ii. Falls $t = t_n$ und $I(t) = ((Adr, Lbl, Cont), InMes)$ und
        $Cont(ObjState_{n-1}, InMes) \in$ SAMess, so ist
        $O(t) = (Cont(ObjState_{n-1}, InMes), Adr, Lbl)$ und $ObjState_n = ObjState_{n-1}$

    iii. Falls $t = t_n$ und $I(t) = ((Adr, Lbl, Cont), InMes)$ und
        $Cont(ObjState_{n-1}, InMes) \notin$ SAMess, so ist
        $Cont(ObjState_{n-1}, InMes) = (ObjState_n, SRMes, Cont_1)$ und
        $O(t) = (((Adr, Lbl, Cont_1), n), (SRMes, n))$.

Das dritte Objekt $\mathcal{D}_3 = (\mathcal{I}_3^M, \mathcal{O}_3^M, \mathcal{U}_3)$ erhält wartende Tasks, die von diesem Objekt gespeichert werden, und Antwortnachrichten. Anhand des Labels der Antwortnachricht wird der Task, der auf diese Antwort gewartet hat, ausgewählt, zu einem ausführbaren Task gemacht und ausgegeben. Es gilt:

(a) $\mathcal{I}_3^M = \{\tau\} \cup$ WTasks $\cup$ AMess

(b) $\mathcal{O}^M = \{\tau\} \cup$ RTasks

(c) Auch das Verhalten $\mathcal{U}_3$ dieses Objekts wird nur für Eingaben definiert, die lediglich endlich viele Nachrichten ungleich der leeren Nachricht τ in endlicher Zeit enthalten.

Sei I eine solche Eingabe. Dann ist $(I, O) \in \mathcal{U}_3$ genau dann, wenn es ein $K = \{1, \ldots, k_0\}$ oder $K = \mathbb{N} \setminus \{0\}$ mit $K_0 = K \cup \{0\}$, eine streng monoton steigende Folge $(t_n)_{n \in K} = \mathcal{MT}_\tau(I)$ sowie eine Folge $(M_n)_{n \in K_0} \subset 2^{\mathsf{WTasks}}$ mit $M_0 = \emptyset$ gibt, so daß für alle $t \in \mathcal{T}$ gilt:

    i. $I(t) = \tau \Rightarrow O(t) = \tau$

    ii. $t = t_n$ und $I(t) = WTask \in$ WTasks
        $\Rightarrow O(t) = \tau$ und $M_n = M_{n-1} \cup \{WTask\}$

    iii. Sei $t = t_n$ und $I(t) = AMes_1 = (AData_1, Adr_1, Lbl_1) \in$ AMess.
        Falls es kein $((Adr, Lbl, Cont), Lbl_1) \in M_{n-1}$ gibt, so verhält sich das Objekt im folgenden chaotisch.
        Sonst ist $M_n = M_{n-1} \setminus \{((Adr, Lbl, Cont), Lbl_1)\}$ und
        $O(t) = ((Adr, Lbl, Cont), AMes)$.

Diese drei Objekte werden nun durch eine Übertragungseinheit $\mathcal{TR}$ verbunden. Welche Nachrichten die Übertragungseinheit von außen bekommen kann und welche sie nach außen schicken kann, ist bereits durch $\mathcal{OI}_P^M(\omega)$ und $\mathcal{OO}_P^M(\omega)$ festgelegt. Erhält die Übertragungseinheit von außen eine Nachfrage, so wird diese an das erste Objekt geleitet, eine Antwort wird an das dritte Objekt geschickt. Die Ausgaben des ersten Objekts werden an das zweite Objekt geleitet. Verschickt das zweite Objekt eine Antwortnachricht, so wird diese nach außen gereicht. Andere Nachrichten werden aufgeteilt, der wartende Task wird an das dritte Objekt geleitet, während die Nachfragenachricht nach außen geleitet wird. Ausgaben des dritten Objekts werden an das zweite Objekt geschickt.

Für die formale Definition der Übertragungseinheit wird wieder das in Abschnitt 7.3 eingeführte Verfahren verwendet. Zunächst wird eine Teil-Ein-/Ausgabebeschreibung $\mathcal{D}^P = (\mathcal{I}^M, \mathcal{O}^M, \mathcal{U}^P)$ definiert, dessen Ein- und Ausgabemengen nach Abschnitt 7.3 klar sind. Das Verhalten ist nur für Eingaben definiert, die in endlicher Zeit lediglich endlich viele Tupel enthalten, deren Komponenten nicht alle τ sind. Sei I eine solche Eingabe, dann ist $(I, O) \in \mathcal{U}^P$ genau dann, wenn für alle $t \in \mathcal{T}$ gilt:

(a) Falls $\wp_2(I(t)) = (\mathit{WTask}, \mathit{LRMes}) \in \mathsf{WTasks} \times \mathsf{LRMess}$ ist $\wp_\perp(O(t)) = \{\mathit{LRMes}\}$. Sonst ist $\wp_\perp(O(t)) = \{\wp_2(I(t))\}$

(b) Falls $\wp_\perp(I(t)) \in \mathsf{RMess}$, so ist $\wp_1(O(t)) = \{\wp_\perp(I(t))\}$. Sonst ist $\wp_1(O(t)) = \emptyset$.

(c) $\wp_2(O(t)) = \{\wp_1(I(t)), \wp_3(I(t))\}$

(d) $\wp_3(O(t)) = \{\mathit{WTask}, \mathit{AMes}\}$. Dabei gilt:

    i. Falls $\wp_2(I(t)) \in \mathsf{WTasks} \times \mathsf{LRMess}$, so ist $\wp_2(I(t)) = (\mathit{WTask}, \mathit{LRMes})$ für ein $\mathit{LRMes} \in \mathsf{LRMess}$. Sonst ist $\mathit{WTask} = \tau$.

    ii. Falls $\wp_\perp(I(t)) \in \mathsf{AMess}$, so ist $\mathit{AMes} = I(t)$. Sonst ist $\mathit{AMes} = \tau$.

Das Verhalten der Übertragungseinheit ist dann $\mathcal{UF}^{(\emptyset)_{m \in \{\perp,1,2,3\}}}_{(\tau)_{m \in \{\perp,1,2,3\}}}(\mathcal{D}^P)$.

$\mathcal{ID}_P(\omega)$ ist die kanonische Ein-/Ausgabebeschreibung des gerade definierten objektbasierten Systems.

7. Nun wird noch die Übertragungseinheit $\mathcal{TR}_P$ definiert. Bevor eine Nachfragenachricht weitergeleitet wird, hängt die Übertragungseinheit an diese die Adresse des versendenden Objekts. Nachrichten, die () als Empfänger haben, werden nach außen geschickt, alle anderen Nachrichten werden an das entsprechende Objekt weitergeleitet.

Wieder wird für die formale Definition der Übertragungseinheit das in Abschnitt 7.3 eingeführte Verfahren verwendet. Zunächst wird eine Teil-Ein-/Ausgabebeschreibung $\mathcal{D}^P = (\mathcal{I}^M, \mathcal{O}^M, \mathcal{U}^P)$ definiert, dessen Ein- und Ausgabemengen nach Abschnitt 7.3 klar sind. Das Verhalten ist nur für Eingaben definiert, die in endlicher Zeit lediglich endlich viele Tupel enthalten, deren Komponenten nicht alle τ sind. Zu jedem Zeitpunkt dürfen nur endlich viele Komponenten der Eingabe ungleich der leeren Nachricht τ sein. Sei I eine solche Eingabe, dann ist $(I, O) \in \mathcal{U}^P$ genau dann, wenn für alle $t \in \mathcal{T}$ und für alle $\omega \in \mathsf{Adrs}$ gilt:
$\wp_\omega(O(t)) = \{\mathit{RMes} = (((\mathit{Adr}, \mathit{MName}, \mathit{RData}), \mathit{Lbl}), \mathit{Adr}^r) \mid$
$\mathit{Adr} = \omega \ \wedge \ \wp_{\mathit{Adr}^r}(I(t)) = ((\mathit{Adr}, \mathit{MName}, \mathit{RData}), \mathit{Lbl})\}$,
wobei $\perp$ mit () identifiziert wird.

Die Übertragungseinheit von $\mathcal{S}_P$ ist:

$$\mathcal{TR}_P = \mathcal{UF}^{(\emptyset)_{m \in \mathsf{Adrs}}}_{(\tau)_{m \in \mathsf{Adrs}}}(\mathcal{D}^P)$$

Die Semantik des Programms $\mathcal{P}$ ist die kanonische Ein-/Ausgabebeschreibung von $\mathcal{S}_P$.

10.2.4 Bemerkungen zu SimpleLang

Bei SimpleLang handelt es sich um eine typische sequentielle Sprache. Das Versenden von
Nachrichten hat eine Remote-Procedure-Call Semantik. Versendet ein Task eine Nach-
richt, so kann er nicht eher weiterarbeiten, als die Antwort auf diese Nachricht eingetroffen
ist. Erst bei der Beendigung kann ein Task eine Antwortnachricht versenden.
Dies bedeutet allerdings nicht, daß das Programm nicht doch parallel arbeiten kann. Der
Benutzer hat die Möglichkeit, eine Vielzahl von Nachfragen an ein Programm zu schicken,
die dann parallel bearbeitet werden können und sich gegenseitig auch beeinflussen können.
Zu beachten ist, daß die Semantik für von SimpleLang für diese Nutzung vollständig spezifiziert ist.
In den in diesem Abschnitt definierten Übertragungseinheiten können sich Nachrichten
nicht gegenseitig überholen (wenn sie das gleiche Objekt als Ziel haben). Solange Programme von SimpleLang rein sequentiell benutzt werden, hat dies keine Auswirkungen.
Werden mehrere Anfragen parallel gestellt, so bedeutet dies, daß der Programmlauf sehr
synchronisiert abläuft. Auf einem parallelen Rechner mag dies schwierig (effizient) zu
implementieren sein. Eine weniger strenge Handhabung der Reihenfolge ist leicht durch
eine Vergrößerung der Mengen, die das Überholen von Nachrichten regeln, zu erreichen.
In der Sprache SimpleLang scheinen Objekte nicht explizit erzeugt werden zu müssen
(im Gegensatz zu eigentlich allen objektbasierten Sprachen). Vielmehr scheinen beliebige Nachrichten an beliebige Objekte geschickt werden zu können. Dies ist allerdings
abhängig von der Wahl der möglichen Methoden Methods und dem Syntax für die Definition der Methoden. So kann diese Menge so eingeschränkt werden, daß Nachrichten nur
an Objekte geschickt werden können, deren Adressen im Zustand des Objekts gespeichert
sind – die Menge der benutzten Objekte ist dann allerdings statisch. Ein expliziter Al-
lokationsmechanismus kann nachgebaut werden. Da die Veränderung des Zustands eines
Objekts zu jeder Zeit nur durch eine Continuation definiert wird, ist es möglich, atomare
Operationen und damit auch kritische Bereiche zu definieren.
Durch die Mächtigkeit des Konzepts der Continuations (Programmkonstrukte wie Verzweigungen, bedingte Verzweigungen und Schleifen sind modellierbar) wird durch dieses
Beispiel eine große Klasse von objektbasierten sequentiellen Programmiersprachen abge-
deckt.
Die meisten objektorientierten Sprachen haben einen anderen Vererbungsmechanismus
als SimpleLang. Der Vererbungsmechanismus von SimpleLang wird mit Hilfe eines Objekts definiert, das leicht durch ein anderes Objekt auszutauschen ist. Durch Benutzung
eines anderen Objekts, das einen anderen Vererbungsmechanismus implementiert, können
gänzlich andere Vererbungsmechanismen – z.B. auch mehrfache Vererbung – in Simple-
Lang eingeführt werden.

Zu beachten ist, daß in dieser Sprache Klassen keine Laufzeitobjekte sind, obwohl ihre
Semantik mit Hilfe von *gMobS* definiert wird.

Eine gute objektorientierte Sprache hat einen komplizierteren Aufbau als SimpleLang. Ein
wichtiger Bestandteil von objektorientierten Programmiersprachen ist ein gutes Typsystem, das eine große Anzahl von unsinnigen Klassendefinitionen erkennt (gerade bei der in
SimpleLang benutzten Vererbung ist ein gutes statisches Typsystem sinnvoll, da während
der Laufzeit nicht erkannt wird, wenn eine aufgerufene Methode nicht existiert). Hat
eine Sammlung von Klassen allerdings die Typprüfung (allgemeiner die Überprüfung der
validity constraints) überstanden, so kann auf genau die hier vorgestellte Art den Pro-

grammen eine Semantik zugewiesen werden.

In der Beschreibung der Semantik von SimpleLang wird kein Exception-Handling eingeführt. Dies ist nicht nötig, da die Fehlerbehandlung durch die Continuations durchgeführt werden kann. Tritt ein Fehler auf, so kann die Continuation, die gerade ausgeführt wird, eine Antwortnachricht erzeugen, die einen Fehler signalisiert. Die Continuation, die diese Fehlernachricht erhält, springt in einen entsprechenden Fehlerfall (der bei einer konkreten Sprache durch einen entsprechenden Fehlerzweig definiert würde) und sendet selbst eine Antwort, die eine Fehlerinformation enthält, falls die Continuation den Fehler nicht beheben kann.

Bei der Abarbeitung von SimpleLang werden weder beim Versenden von Nachrichten noch bei der Bearbeitung von Continuations Zeitschranken berücksichtigt – es handelt sich nicht um eine Realzeit-Sprache. Es ist allerdings leicht, für das Versenden von Nachrichten Verzögerungen einzuführen, die nicht überschritten werden dürfen. Auf diese Weise kann SimpleLang ohne großen Aufwand in eine Realzeit-Sprache umgewandelt und deren Semantik mit Hilfe von *gMobS* definiert werden.

Kapitel 11

Einordnung

11.1 Abstrakte Datentypen

Abstrakte Datentypen (ADTs) [43, 123, 80, 23, 180] sind eines der wichtigsten Konzepte
für die Beschreibung der Semantik von sequentiellen objektbasierten Sprachen. Auch
einige parallele objektbasierte Sprachen lassen sich modellieren. Für eine große Klasse von
parallelen objektbasierten Sprachen sind ADTs allerdings nicht geeignet, da (1) von sich
aus aktive Objekte, (2) Objekte mit Methoden, die keine Antwort liefern und (3) Objekte
mit Methoden, die nach der Antwort weiterarbeiten, schlecht zu modellieren sind. Wie
in 7.2 gezeigt wird, können ADTs mit Hilfe von Ein-/Ausgabebeschreibungen modelliert
werden, so daß die durch ADTs beschriebenen Sprachen mit Hilfe von Ein-/Ausgabebe-
schreibungen auf natürliche Weise definiert werden können. ADTs und Erweiterungen
[121] sind ein sehr wichtiges Hilfsmittel, um Ein-/Ausgabebeschreibungen zu definieren.
Ein interessantes Beispiel ist [30].

11.2 Actor-Modell und POOL

Die durch das Actor-Modell [8, 5] und die layered Semantik von POOL [12, 11] beschreibbaren Systeme von Objekten bestehen aus Objekten, die nur mit Hilfe von Nachrichten
miteinander kommunizieren. Die Nachrichten werden zwischen den Objekten durch eine
Übertragungseinheit übermittelt. Anders als in *gMobS* können neue Objekte erzeugt werden. Das Erzeugen von neuen Objekten kann aber auf einfache Art modelliert werden,
indem alle potentiell erzeugten Objekte bereits existieren (dies sind natürlich unendlich
viele). Die Erzeugung eines Objekts entspricht dann dem Versenden einer Initialisierungsnachricht an das entsprechende Objekt.

Da sowohl die Objekte als auch die Übertragungseinheit dieser Modelle mit Hilfe von Ein-/
Ausgabebeschreibungen beschreibbar sind, handelt es sich bei diesen beiden Modellen
um Spezialfälle von *gMobS*. Da die Objekte in diesen Modellen mit Hilfe von Zuständen
beschrieben werden, sind die Objekte nach Satz (4.30) causal (obwohl die in den Modellen
verwendete Repräsentation nicht direkt eine State Space Representation ist). Auch die
Übertragungseinheit scheint delayed zu sein, dies wurde aber noch nicht formal bewiesen.
Deshalb ist noch nicht klar, ob alle in diesen Modellen beschreibbaren Systeme delayed
und damit auf jeden Fall gutartig sind.

11.3 Prozeß-Netzwerke

Gilles Kahn [90] erkannte, daß Fixpunkt-Techniken auch auf parallele Programme angewandt werden können. Er betrachtete Netzwerke von sequentiellen Prozessen, die asynchron über unbeschränkte FIFO-Kanäle miteinander kommunizieren. Die durch die operationale Semantik definierte Ein-/Ausgabefunktion eines solchen Netzwerkes ist der kleinste Fixpunkt der Netzwerk-Rekursions-Gleichung. Die von Kahn betrachteten Netzwerke waren allerdings sehr eingeschränkt – insbesondere mußten die benutzten Funktionen stetig und damit auch monoton sein.

Viele wichtige Funktionen sind allerdings nicht monoton, wie z.B. das "fair merge" und das "timed merge". Es gibt eine große Anzahl von Ansätzen, das Kahn-Prinzip zu erweitern.

Einen für diese Arbeit sehr interessanten Ansatz wählt Yates [181, 182, 183], da das von ihm betrachtete Modell der Prozeßnetze dem Modell $gMobS$ sehr stark ähnelt und auch ein Spezialfall von $gMobS$ ist.

Während in [181, 183] die Semantik mit Hilfe von vollständigen partiellen Ordnungen (cpo) definiert wird, wird die Semantik in [182] mit Hilfe des gleichen vollständigen Raumes definiert, der auch als Grundlage dieser Arbeit dient.

Im folgenden werden die Ergebnisse von Yates und das Prinzip von Kahn in die Ergebnisse über objektbasierte Systeme eingeordnet.

Zunächst ist es unmöglich, eine Verbindung zwischen operationaler Semantik und objektbasierten Systemen herzustellen, da operationale Semantik bisher noch nicht definiert wurde. Die bei der Definition von closed und output-closed verwendeten Fortsetzungsrelationen können zwar als operationale Semantiken angesehen werden, da sie festlegen, wie eine Rechnung fortgesetzt wird, an dieser Stelle soll aber nicht vorausgesetzt werden, daß alle operationalen Semantiken mit Hilfe dieser Fortsetzungsrelationen definiert werden können.

Natürlicherweise müssen sich die durch die operationale Semantik beschriebenen Rechnungen auch an die Regeln des Systems halten und deshalb gilt:

(11.1) Bemerkung: Sei S ein objektbasiertes System, dann ist jede operationale Ein-/Ausgabebeschreibung von S determinierter als die kanonische Ein-/Ausgabebeschreibung von S. □

Beweis: Dies ist Lemma (4.11) in [181] bzw. Proposition 2 in [182]. □

Dann ergibt sich sofort:

(11.2) Bemerkung: Sei S ein intern pre-delayed objektbasiertes System mit determinierten Objekten und determinierter Übertragungseinheit, dann ist jede operationale Ein-/Ausgabebeschreibung gleich der kanonischen Ein-/Ausgabebeschreibung. □

Beweis: Sei S ein intern pre-delayed objektbasiertes System mit determinierten Objekten und determinierter Übertragungseinheit. Nach (6.18) ist die kanonische Ein-/Ausgabebeschreibung determiniert. Die operationale Ein-/Ausgabebeschreibung ist eine echte determiniertere Ein-/Ausgabebeschreibung. Nach (4.14) stimmen die beiden Ein-/Ausgabebeschreibungen damit überein. □

Nach (6.24) ist dieses Ergebnis eine Verallgemeinerung des Ergebnisses von Yates in [182].

11.4   Systemtheorie und Kybernetik

Das in dieser Arbeit entwickelte Modell führt die in der Literatur getrennt betrachteten Gebiete der Systemtheorie und der Kybernetik mit der Theorie denotationaler Semantiken von objektbasierten Sprachen teilweise zusammen. Die Theorie der denotationalen Semantik kann nun von den tiefgehenden Untersuchungen, die z.B. in [117, 119] durchgeführt wurden, profitieren. Anderseits ist dieses Modell auch eine Weiterführung dieser Untersuchungen. Die gemeinsame Verwendung eines Konzepts zur Beschreibung der Semantik von Programmiersprachen und zur Beschreibung des Verhaltens von realen Systemen (wie sie in der System- und Kontrolltheorie durchgeführt wird) könnte ein Ausgangspunkt für eine stärkere Verknüpfung dieser Bereiche sein.

Teil II

Eine denotationale Semantik für MuPAD

In diesem Kapitel wird eine denotationale Semantik von MuPAD mit Hilfe von *gMobS* definiert. Da MuPAD ein relativ komplexes System ist, zeigt dies die Mächtigkeit und die gute Handhabbarkeit von *gMobS*. Die Semantik wird allerdings nicht vollständig definiert, da dies den Rahmen dieser Arbeit sprengen würde und auch nur gezeigt werden soll, wie grundsätzlich vorgegangen werden kann. Durch eine Definition der entsprechenden Funktions-Objekte ist es allerdings möglich, diese Grundlage zu einer vollständigen denotationalen Semantik zu erweitern. Da MuPAD sehr komplex ist, wäre dies aber mit sehr viel Aufwand verbunden.

Die Definition der denotationalen Semantik ist stark an die wirkliche Implementation angelehnt und gibt deshalb auch einen Einblick in die Realisierung von MuPAD.

Die Definition einer (nicht formalen) operationalen Semantik von MuPAD ist in [58, 59] zu finden. Eine ganz kurze Einführung in MuPAD und eine Einführung in die vom Autor entwickelten und implementierten Konzepte der Parallelität und der Objektorientiertheit in MuPAD stehen im Anhang dieser Arbeit.

Kapitel 12

Überblick

In diesem Abschnitt wird informal beschrieben, auf welche Weise MuPAD modelliert wird.

Es ist nicht selbstverständlich, daß sich eine denotationale Semantik von MuPAD mit Hilfe von objektbasierten Systemen definieren läßt, da MuPAD ein eher funktionales System ist, in dem auch Seiteneffekte existieren, auf das Objektorientiertheit nur aufgesetzt wurde.

Die Definition wird auf 2 Ebenen stattfinden und damit der Funktionalität von MuPAD gerecht werden. Zunächst wird mit Hilfe eines objektbasierten Systems die Semantik eines Clusters beschrieben. Mit Hilfe eines weiteren objektbasierten Systems werden die endlich vielen Cluster, aus denen MuPAD gebildet wird, zusammengefaßt.

12.1 Modellierung von Clustern

MuPAD besteht aus einer endlichen Anzahl von Clustern. Jeder Cluster wird durch ein objektbasiertes System beschrieben. Als Objekte enthält ein Cluster:

Funktions-Objekte: In MuPAD ist bereits eine große Anzahl von Funktionen fest als Kern-Funktionen implementiert. Durch den dynamischen Linker [160] besteht weiterhin die Möglichkeit, während der Laufzeit beliebige Funktionen zum Kern zu linken und so zu benutzen, als wären sie von vornherein im Kern implementiert. Es kann deshalb nicht davon ausgegangen werden, daß es eine Funktion gibt, die nicht im Kern implementiert ist.

Zu der Menge der Objekte eines Clusters gehört deshalb die Menge $\mathcal{FO}$ aller causal Ein-/Ausgabebeschreibungen, die in endlicher Zeit nur eine endliche Anzahl von Nachrichten verschicken und die erst dann Nachrichten ungleich der leeren Nachricht verschicken, wenn sie eine nicht-leere Nachricht erhalten haben.

Daten-Objekte: Die Daten, mit denen in MuPAD umgegangen werden kann, werden durch Daten-Objekte repräsentiert. Daten-Objekte können direkt Daten wie ganze Zahlen darstellen oder können aus Verweisen auf eine beliebige aber endliche Anzahl von Objekten bestehen – Beispiele dafür sind Listen oder Funktionsaufrufe.

Daten-Objekte haben selbst nur eine sehr eingeschränkte Funktionalität, die wirklichen Rechnungen werden von den Funktions-Objekten durchgeführt.

Während einer Rechnung werden ständig neue Daten-Objekte benötigt. Da sich die Anzahl der Objekte eines objektbasierten Systems während einer Rechnung nicht ändern kann, muß das System eine unendliche Anzahl von Objekten zur Verfügung stellen, die dann während einer Rechnung nach und nach wirklich mit einbezogen – allokiert – werden. Dabei muß vermieden werden, daß ein Daten-Objekt für mehrere Aufgaben allokiert wird, d.h. daß ein Daten-Objekt nicht mehrere Daten gleichzeitig darstellen soll. Da nur Funktions-Objekte neue Daten-Objekte allokieren und ein Funktions-Objekt zu einem Zeitpunkt nur ein Daten-Objekt anfordern kann, wird dieses Problem gelöst, indem jedem Funktions-Objekt unendlich viele Daten-Objekte zugeordnet sind und die Übertragungseinheit sich für jedes Funktions-Objekt speichert, welche Daten-Objekte noch allokiert werden können. Fordert ein Funktions-Objekt ein neues Daten-Objekt an, so wird aus der Menge der zu diesem Funktions-Objekt gehörenden Daten-Objekte ein noch nicht allokiertes herausgesucht und benutzt.

Die Menge der Daten-Objekte eines Clusters ist $\mathcal{DO} = \mathcal{FO} \times \mathbb{N}$.

Zu beachten ist, daß die in MuPAD existierenden Variablen *nicht* durch Daten-Objekte eines Clusters sondern durch Daten-Objekte der Zusammenfassung von Clustern repräsentiert werden. Dies ist analog zu der Implementation auf einer shared Memory Maschine.

12.2 Zusammenfassung von Clustern

Das objektbasierte System, das die denotationale Semantik von MuPAD definiert, besteht aus folgenden Objekten:

Clustern: einer beliebigen, endlichen und sich während einer Rechnung nicht ändernden Anzahl von Clustern, die durch ihre Nummern eindeutig identifiziert werden.

Variablen: einer normalerweise unendlichen Menge $\mathcal{VO}$ von Variablen, die von den Clustern gemeinsam benutzt werden.

Gemeinsamer Speicher: einem allen Clustern bekannten Objekt $Dest_{Shared}$, welches die Cluster für Kommunikationen untereinander benutzen können.

Kommunikation mit außen: einem Objekt $Dest_{Out}$, mit dessen Hilfe mit der Außenwelt kommuniziert werden kann.

12.3 Nachrichten

12.3.1 Interne Nachrichten

Die Objekte eines objektbasierten Systems kommunizieren mit Hilfe von Nachrichten. Die häufigste während einer Rechnung von MuPAD auftretende Nachricht ist die leere Nachricht τ. In der Regel sendet jedes Objekt bis zu jedem Zeitpunkt nur eine endliche Anzahl von Nachrichten ungleich τ.

Eine Nachricht ungleich τ besteht aus:

Zieladresse: Jedes im gesamten System existierende Objekt hat eine eindeutige Adresse. Die Adresse eines Objekts innerhalb eines Clusters ist zusammengesetzt aus einer Identifizierung des entsprechenden Clusters und einer Identifizierung, die innerhalb dieses Clusters gilt.

Objekte, die sich nicht innerhalb eines Clusters befinden, haben eine eigene Adresse und können so eindeutig identifiziert werden.

Anhand der Zieladresse einer Nachricht entscheiden die Übertragungseinheiten, an welches Objekt die Nachricht geleitet wird.

Sender: Jede Nachricht, die an ein Objekt gerichtet wird, enthält die Adresse des Absenders. Dabei ist nicht der Sender selbst dafür verantwortlich, diese Adresse einzutragen, sondern die Übertragungseinheit.

Mit Hilfe dieser Information kann der Empfänger einer Nachricht bestimmen, an wen gegebenenfalls eine Antwort geschickt werden muß.

Inhalt: Jede Nachricht enthält auch Daten, die den Sinn dieser Nachricht genauer spezifizieren.

12.3.2   Externe Nachrichten

MuPAD selbst hat auch die Möglichkeit, mit der Außenwelt zu kommunizieren. Die Nachrichten, die mit der Außenwelt ausgetauscht werden können, bestehen aus einem:

File-Descriptor: Dieser File-Descriptor bestimmt ein File, von dem diese Nachricht kommt bzw. an das diese Nachricht gerichtet ist.

Zeichen: Dieses Zeichen stellt den Inhalt dieser Nachricht dar. Es ist also immer nur möglich, einzelne Zeichen zu empfangen und zu senden. Durch mehrfaches Senden bzw. Empfangen können auch Zeichenketten übertragen werden.

12.4   Beschreibung von Objekten und Übertragungseinheiten

Die in diesem Kapitel beschriebenen Objekte und Übertragungseinheiten sollten alle causal bzw. delayed sein, da nur so garantiert wird, daß die denotationale Semantik von MuPAD selbst wieder eine causal Ein-/Ausgabebeschreibung ist.

Deshalb werden zunächst determinierte pre-causal Vor-Objekte und Vor-Übertragungseinheiten definiert. Da diese Ein-/Ausgabebeschreibungen determiniert sind, sind sie auch causal, haben aber noch nicht die Möglichkeit, mit beliebiger Verzögerung auf Nachrichten zu reagieren. Mit Hilfe von in Kapitel 7 eingeführten Funktionen erhalten die Vor-Objekte und Vor-Übertragungseinheiten die Möglichkeit, zeitverzögert zu reagieren. Dabei wird sichergestellt, daß die Objekte causal und die Übertragungseinheiten delayed sind.

Kapitel 13

Nachrichten

Um definieren zu können, wie sich Objekte bei der Ankunft von Nachrichten verhalten, muß zunächst definiert werden, welche Nachrichten es gibt. In diesem Abschnitt werden alle Arten von Nachrichten, die innerhalb eines Clusters verschickt werden können, definiert und ihre Bedeutung kurz erläutert.

Die am häufigsten benutzte Nachricht ist die leere Nachricht τ, die besagt, daß keine Informationen übertragen werden.

Die Menge $\mathcal{MS}$ aller anderen Nachrichten ist die Menge aller Tupel
$\mathcal{M} = (Dest,\ Sender,\ Type,\ Label,\ IType,\ Dom,\ Ref,\ Cont,\ Env)$,
wobei die Einträge folgende Bedeutung haben:

13.1 Zieladresse $Dest$

Die Zieladresse $Dest \in (ClS \times (\mathcal{FO} \cup \mathcal{DO})) \cup \{Dest_T, Dest_{Out}, Dest_{Shared}\}$ einer Nachricht bestimmt, an wen die Nachricht ausgeliefert werden soll.

1. Ein Wert $Dest = (Cluster, Object) \in (ClS \times (\mathcal{FO} \cup \mathcal{DO}))$ bedeutet dabei, daß die Nachricht an das Objekt $Object$ im Cluster $Cluster$ ausgeliefert werden soll.

2. Falls $Dest = Dest_T$, so ist der Empfänger der Nachricht die Übertragungseinheit des entsprechenden Clusters.

3. Falls $Dest \in \mathcal{VO}$, so wird die Nachricht an eine der Variablen von MuPAD gesendet.

4. Falls $Dest = Dest_{Shared}$, so wird die Nachricht an das globale Objekt gesendet, mit dessen Hilfe globale Kommunikationen abgewickelt werden können.

5. Falls $Dest = Dest_{Out}$, so wird die Nachricht an das Objekt gesendet, das für die Kommunikation mit der Außenwelt verantwortlich ist.

13.2 Sender $Sender$

Anhand des Eintrags $Sender \in (ClS \times (\mathcal{FO} \cup \mathcal{DO})) \cup \{Dest_{Out}, Dest_{Shared}\}$ in einer Nachricht kann der Empfänger der Nachricht feststellen, wer diese Nachricht verschickt hat und an wen damit eine eventuelle Antwort zu richten ist.

Der Absender einer Nachricht füllt diese Komponente nicht selbst aus. Vielmehr übernimmt das diejenige Übertragungseinheit, die als erste von dieser Nachricht erreicht wird.

13.3 Typ *Type*

Der Typ *Type* einer Nachricht gibt genaueren Aufschluß über den Sinn dieser Nachricht und bestimmt hauptsächlich die Reaktionen. An Typen für Nachrichten gibt es:

New

Bei der Durchführung von Rechnungen müssen ständig neue Objekte erzeugt werden. Welche neuen Objekte benutzt werden, kann nur von der Übertragungseinheit bestimmt werden (tatsächlich werden keine neuen Objekte erzeugt, sondern bisher nicht verwendete Objekte werden in die Rechnung mit einbezogen). Mit Hilfe einer Nachricht des Typs *New* (mit $Dest = Dest_T$) kann die Übertragungseinheit aufgefordert werden, ein neues Objekt festzulegen. In dieser Nachricht wird auch festgelegt, wie das neue Objekt initialisiert werden soll.
Eine Nachricht dieses Typs kann nur von einem Funktions-Objekt kommen.

Init

Erhält die Übertragungseinheit eine Aufforderung, ein neues Objekt bereitzustellen (mittels einer Nachricht des Typs *New*), so wählt sie ein noch nicht eingesetztes Objekt aus und fordert es mit Hilfe einer Nachricht des Typs *Init* auf, sich zu initialisieren. Diese Nachricht enthält genaue Angaben, welchen Zustand das Objekt annehmen soll.

Eval

Mit einer Nachricht dieses Typs fordert ein Objekt ein anderes Objekt auf, sich zu evaluieren ([58] S. 107). In der Nachricht werden noch einige Nebenbedingungen mitgegeben, die bei der Evaluierung berücksichtigt werden sollen.

Set

In der Regel werden Objekte, nachdem sie initialisiert wurden, nicht wieder verändert, um jede Art von Seiteneffekten zu vermeiden. Bei der Veränderung von Variablen und Domains sind Seiteneffekte allerdings erwünscht und gehören zur Implementation von MuPAD. Deshalb ist es mit Hilfe von Nachrichten des Typs *Set* möglich, den Inhalt und die Referenzen eines Objekts zu ändern bzw. gänzlich neu zu definieren. Es ist allerdings nicht möglich, den Typ oder das Domain eines Objekts zu verändern.

Answer

Auf die meisten Nachrichten, die ein Objekt erhält, reagiert es mit einer Antwortnachricht – Ausnahmen sind nur Antwortnachrichten selbst. Durch den Typ *Answer* signalisiert eine Nachricht, daß es sich nicht um einen Auftrag sondern um eine Antwort handelt. Eine Antwort enthält als Label *Label* genau das Label, das auch die Nachricht enthielt, die diese Antwortnachricht hervorgerufen hat.

Apply

Die wirkliche Arbeit wird in MuPAD durch Funktions-Objekte ausgeführt, nur Funktions-Objekte können Nachrichten dieses Typs empfangen. Eine an ein Funktions-Objekt gerichtete Nachricht des Typs *Apply* fordert dieses Objekt dazu auf, die von ihm repräsentierte Funktion auf das erste im Referenzteil gespeicherte Objekt anzuwenden. Die Funktion kann dabei weitere im Referenzteil gespeicherte Werte zur genaueren Bestimmung der Funktionalität benutzen.

Content

Teilweise ist es nötig, den Zustand von Objekten abzufragen, um Operationen durchführen zu können. Ein Funktions-Objekt kann z.B. zwei Objekte, die Zahlen repräsentieren, nur addieren, wenn dem Funktions-Objekt bekannt ist, welche Zahlen diese Objekte repräsentieren – dies ist im Zustand der Objekte gespeichert. Mit Hilfe einer Nachricht des Typs *Cont* ist es deshalb möglich, den gesamten Zustand eines Objekts abzufragen.

Push

Zur Modellierung des dynamischen Scopings ist es notwendig, daß Variablen neue Schachteln erzeugen können, die die darunter liegenden Schachteln verdecken. Mit einer Nachricht dieses Typs wird eine Variable zur Erzeugung einer entsprechenden leeren Schachtel aufgefordert. Der an dieser Stelle benutzte Stack unterscheidet sich etwas von dem üblichen Verständnis eines Stacks, auf den Werte gepusht und von dem Werte gepopt werden. Dieser Stack wird aber in MuPAD verwendet. Eine genauere Beschreibung des Stacks ist in [100] zu finden.

Pop

Mit Hilfe von Nachrichten dieses Typs ist es möglich, die oberste Schachtel eines Stacks zu löschen.

Lock

In der Regel arbeiten die verschiedenen in MuPAD existierenden Tasks ([58] S.170) nebeneinander, ohne sich gegenseitig zu beeinflussen. Manchmal ist eine gegenseitige Einflußnahme allerdings notwendig. In diesen Fällen müssen die verschiedenen Tasks synchronisiert werden. Deshalb besteht die Möglichkeit, ein Objekt mit Hilfe einer Nachricht dieses Typs dazu aufzufordern, ein Lock zu setzen. Bei Erhalt dieser Nachricht prüft das empfangende Objekt, ob das Lock bereits gesetzt ist. Ist dies der Fall, so wird dem Sender eine Nachricht geschickt, daß das Lock nicht gesetzt werden konnte. Andernfalls wird das Lock gesetzt und dem Sender dies mitgeteilt.

Unlock

Ein gesetztes Lock wird mit Hilfe einer Nachricht dieses Typs wieder zurückgesetzt.

13.4 Label *Label*

Versendet ein Objekt eine Nachricht, die keine Antwortnachricht ist, so bekommt diese Nachricht ein Label *Label* $\in \mathbb{N}$ zugeordnet, das noch keine andere Nachricht dieses Objekts (die keine Antwortnachricht war) bekommen hat.

Verschickt ein Objekt eine Antwortnachricht, dann geschieht dies als Reaktion auf eine Nachricht. Die Antwortnachricht auf diese Nachricht bekommt das gleiche Label. Auf diese Weise kann der Empfänger der Antwortnachricht folgern, auf welche seiner möglicherweise mehreren Nachrichten geantwortet wurde.

13.5 Interner Typ *IType* und Domain *Dom*

Jedes Objekt besitzt Informationen darüber, welche Art von Datum es repräsentiert. Diese Informationen müssen übertragen werden können (z.B. in Nachrichten des Typs *Init* und *New*). Deshalb enthält jede Nachricht Einträge des Typs *IType* und *Dom*.

13.6 Referenzen *Ref*

Häufig müssen Nachrichten Referenzen auf Objekte enthalten. Deshalb gibt es einen Eintrag *Ref*, der eine beliebige aber endliche Anzahl von Referenzen auf Objekte enthalten kann.

13.7 Inhalt *Cont*

Jedes Objekt kann einen Inhalt besitzen, der den Zustand des Objekts genauer beschreibt. Dieser Inhalt muß manchmal übertragen werden, und so enthält jede Nachricht einen Eintrag $Cont \in \mathbb{R} \cup StackSet \cup Char^*$.

13.8 Umgebung *Env*

Die Reaktion eines Objekts auf eine Nachricht hängt in der Regel nicht nur vom Typ und dem Inhalt einer Nachricht ab, sondern findet auch noch in einer bestimmten Umgebung statt, die durch den Eintrag *Env* beschrieben wird. Als Einträge hat die Umgebung mindestens:

Substitutionslevel *Level*

Falls der Wert *Level* $\in \mathbb{N}$ – auch Substitutionslevel ([58] S.107) genannt – kleiner als der Wert ist, der durch die Variable **LEVEL** repräsentiert wird, so wird die Variable evaluiert, indem der Inhalt der Variablen ausgelesen und mit *Level* $+ 1$ evaluiert wird.

Andernfalls evaluiert die Variable zu sich selbst.

Art der Evaluation *Eval*

In MuPAD gibt es verschiedene Stufen der Evaluation – das Evaluieren und das Simplifizieren. Welche Stufe der Evaluierung von einer Nachricht gewünscht wird, spezifiziert die in der Nachricht enthaltene Umgebung mit Hilfe des Eintrags *Eval*. Hat dieser Eintrag den Wert *EvalEval*, so soll das Datum richtig evaluiert werden. Hat dieser Eintrag dagegen den Wert *EvalSimplify*, so soll das Datum nur vereinfacht werden (formal wurde der Vorgang des Vereinfachens noch nicht beschrieben, daß MuPAD zwischen Evaluieren und Vereinfachen unterscheidet wird aber in [58] S.196 Mitte deutlich).

Vorgänger-Tasks *Fathers*

Werden von einem Task neue Tasks erzeugt, so definiert dieser Task zusammen mit seinen Vorgänger-Tasks den Wert aller Variablen für die Nachfolge-Tasks, für die die Nachfolge-Tasks selbst keine lokalen Variablen anlegen (dynamisches Scoping, ([58] S.170). Damit ein Task den Inhalt einer nicht lokal angelegten Variable auslesen kann, muß er alle seine Vorgänger kennen, da auch der direkte Vorgänger-Task diese Variable nicht lokal angelegt haben muß.

In der Umgebung einer Nachricht – die letztendlich von einem Task initiiert wurde – steht eine Liste aller Vorgänger (einschließlich sich selbst).

In MuPAD existiert ein Tasking-Mechanismus, der an dieser Stelle nicht weiter beschrieben wird, da dies zu tief in die Semantik eingeht. Die Parallelität von MuPAD, aus der auch der Tasking-Mechanismus abgeleitet ist, wird allerdings im Anhang C vorgestellt.

Kapitel 14

Beschreibung eines Clusters

Zunächst wird die Semantik eines Clusters in MuPAD beschrieben. Später wird ein MuPAD-Prozeß aus einer endlichen Anzahl von Clustern zusammengesetzt.

14.1 Daten-Objekte

Bei der Beschreibung der Daten-Objekte wird davon ausgegangen, daß ein Daten-Objekt in endlicher Zeit nur eine endliche Anzahl von Nachrichten erhält, die nicht mit der Nachricht τ übereinstimmen. In diesem Abschnitt wird also nur eine Teil-Ein-/Ausgabebeschreibung für die Objekte definiert, die sich – wie beschrieben – kanonisch zu einer Ein-/Ausgabebeschreibung fortsetzen läßt.

Die Menge $\mathcal{IM}^O$ aller Nachrichten, die von einem Daten-Objekt empfangen werden können, ist die Menge aller Nachrichten, die nicht den Typ New haben.

Die Menge $\mathcal{OM}^O$ aller Nachrichten, die von einem Daten-Objekt versandt werden können, ist die Menge aller Nachrichten mit dem Typ $Answer$ und $Apply$ sowie die leere Nachricht τ.

14.1.1 Zustände von Daten-Objekten

Für die Beschreibung der Daten-Objekte werden Zustände benutzt, die sich durch das Empfangen von Nachrichten ändern können. Die in diesem Abschnitt beschriebenen Daten-Objekte sind nur mit einem Minimum an eigener Intelligenz ausgerüstet und übernehmen keine komplizierteren Rechnungen. Die komplizierteren Rechnungen werden von den Funktions-Objekten durchgeführt, die den Kern-Funktionen von MuPAD entsprechen.

Zunächst werden die Daten-Objekte so beschrieben, als ob sie auf die empfangenen Nachrichten ohne Verzögerung determiniert reagieren würden. Später werden diese Daten-Objekte dann mit Hilfe eines objektbasierten Systems zu Daten-Objekten, die mit Zeitverzögerung arbeiten, die aber trotzdem sicher eine causal Ein-/Ausgabebeschreibung darstellen.

Der Zustand eines Daten-Objektes ist ein Tupel
$Z^O = (IType^O, Dom^O, Refs^O, Cont^O, Continue^O, Label^O, Lock^O)$, wobei die Einträge folgende Bedeutung haben:

Der interne Typ $IType^O$

Es gibt völlig verschiedene Arten von Werten, die von einem Daten-Objekt repräsentiert werden können. Welche Art von Wert ein Daten-Objekt wirklich beschreibt, hängt vom internen Typ $IType^O$ zusammen mit Dom^O ab. Beispiele für interne Typen sind:

$CatExpr$: Ein Datum dieses internen Typs repräsentiert einen Funktionsaufruf. Die erste Referenz im Referenzteil repräsentiert die aufzurufende Funktion, während die restlichen Referenzen die Argumente repräsentieren.

$CatInt$: Ein Datum dieses Typs repräsentiert eine ganze Zahl. Der Wert, den dieses Datum repräsentiert, ist im Inhalt $Cont^O$ des Datums kodiert.

$CatExt$: Die Semantik eines Datums dieses Typs wird allein durch das Domain Dom^O des Datums bestimmt.

$CatIdent$: Ein Datum dieses Typs repräsentiert Variablen. Der Inhalt
$Cont^O \in (ClS \times \mathbb{N} \to ((ClS \times (\mathcal{FO} \cup \mathcal{DO})) \cup \mathcal{VO})^*)$ repräsentiert den Stack. Dabei ist $Cont^O(cl, task)$ die Liste der Schachteln, die der Task mit Nummer $task$ auf dem Cluster cl angelegt hat.

Das Domain Dom^O

Es gibt nur eine fest vorgegebene endliche Anzahl von internen Typen, die die gebräuchlichsten Arten von Werten repräsentieren. Der Benutzer hat aber auch die Möglichkeit, eine völlig neue Art von Werten – einen neuen Typ – zu definieren. Ein solcher Typ wird mit Hilfe des Dom^O-Eintrags gespeichert. Wie dies genau geschieht geht über diese Arbeit hinaus. Ein Überblick über das in MuPAD verwendete Domain-Konzept wird allerdings in Anhang D gegeben.

Die Referenzen $Refs^O$

Ein großer Teil der MuPAD-Daten setzt sich selbst wieder aus MuPAD-Daten zusammen. Aus diesem Grund hat jedes Daten-Objekt die Möglichkeit, Namen von anderen Objekten – also Referenzen – zu enthalten. Die Anzahl der Referenzen, die ein Element enthält, ist dabei beliebig aber endlich – d.h.
$Refs^O \in ((ClS \times (\mathcal{FO} \cup \mathcal{DO})) \cup \{Dest_T, Dest_{Out}, Dest_{Shared}\})^*$.

Der Inhalt $Cont^O$

Damit Zahlen und andere grundlegende Daten einfach zu repräsentieren sind, haben Daten-Objekte die Möglichkeit, verschiedene Werte $Cont^O \in \mathbb{R} \cup StackSet \cup Char^*$ zu beinhalten.

$\mathbb{R}$: Der Inhalt eines Datums kann Zahlen repräsentieren.

$StackSet = (ClS \times \mathbb{N} \to ((ClS \times (\mathcal{FO} \cup \mathcal{DO})) \cup \mathcal{VO})^*)$: Der Inhalt eines Datums kann einen Stack repräsentieren. Der Inhalt repräsentiert dann den Stack von jedem Task auf jedem Cluster.

$Char^*$: Der Inhalt eines Datums kann einen String repräsentieren.

Die Continuation $Continue^O$

Jedes Datum besitzt ein
$Continue^O \in (\mathbb{N} \to (ClS \times (\mathcal{FO} \cup \mathcal{DO}))) \cup \{Dest_{Out}, Dest_{Shared}\} \times \mathbb{N})$, das bestimmt,
wie das Daten-Objekt auf Antwortnachrichten reagiert.

Der Labelzeiger $Label^O$

Jedes Datum besitzt einen Eintrag $Label^O \in \mathbb{N}$, der angibt, welches das letzte von diesem
Daten-Objekt benutzte Label in einer Nachricht ist, die keine Antwortnachricht war.

Das Lock $Lock^O$

Mit Hilfe der in den Daten-Objekten enthaltenen Locks können sich verschiedene MuPAD-
Threads synchronisieren. $Lock^O$ kann die Werte *Locked* und *Unlocked* annehmen.

14.1.2 Vor-Objekte

Zunächst wird eine determinierte pre-causal Ein-/Ausgabebeschreibung $\mathcal{D}_O$ für Daten-
Objekte definiert. $\mathcal{D}_O$ hat nicht die Möglichkeit, zeitverzögert zu reagieren. Mit Hilfe von
$\mathcal{D}_O$ wird die wirkliche Semantik der Daten-Objekte festgelegt.

Wenn ein Daten-Objekt in einem beliebigen Zustand ist und eine Nachricht τ erhält, so
verändert das Daten-Objekt seinen Zustand nicht und verschickt selbst die Nachricht τ.

Sei ein Daten-Objekt in einem Zustand
$Z^O = (IType^O, Dom^O, Refs^O, Cont^O, Continue^O, Label^O, Lock^O)$
und erhalte eine Nachricht
$\mathcal{M} = (Dest, Sender, Type, Label, IType, Dom, Ref, Cont, Env)$.
Das Daten-Objekt reagiert auf die eingegangene Nachricht sofort – also ohne jede Verzögerung – mit der Nachricht
$\mathcal{M}_1 = (Dest_1, Sender_1, Type_1, Label_1, IType_1, Dom_1, Ref_1, Cont_1, Env_1)$
und geht in den Zustand
$Z_1^O = (IType_1^O, Dom_1^O, Refs_1^O, Cont_1^O, Continue_1^O, Label_1^O, Lock_1^O)$
über.

Im folgenden wird für die verschiedenen Möglichkeiten des Typs $Type$ der eintreffenden
Nachricht die Reaktion des Daten-Objekts beschrieben. Wird für einen der Einträge von
$\mathcal{M}_1$ im folgenden kein Wert definiert, so ist dieser Wert undefiniert, d.h. es kann sich um
jeden möglichen Wert handeln. Wird für einen der Einträge von Z_1^O im folgenden kein
Wert definiert, so ist dieser Wert gleich dem entsprechenden Wert in Z^O, d.h. dieser Teil
des Zustandes hat sich dann nicht geändert. Geht aus der nachfolgenden Beschreibung das
Verhalten eines Objekts im Zustand Z^O bei Empfang der Nachricht $\mathcal{M}$ nicht hervor, so
verändert das Daten-Objekt seinen Zustand nicht und versendet selbst die leere Nachricht
τ.

$Type = Init$

Unabhängig vom Zustand gilt:

1. $IType_1^O = IType$

2. $Dom_1^O = Dom$

3. $Refs_1^O = Ref$

4. $Cont_1^O = Cont$

Falls $IType = CatIdent$, so antwortet das Objekt mit der leeren Nachricht τ, ansonsten gilt:

1. $Dest_1 = Sender$

2. $Type_1 = Answer$

3. $Label_1 = Label$

$Type = Eval$

Daten-Objekte haben die Möglichkeit, sich zu sich selbst zu evaluieren – dann ist $IType^O \in NoEvalSet$. Andernfalls wird die Evaluation von einem Funktions-Objekt durchgeführt.
Es gilt z.B. $CatInt \in NoEvalSet$ und $CatExpr, CatExt \notin NoEvalSet$.

$IType^O \in NoEvalSet$: Das Daten-Objekt ändert seinen Zustand nicht, und es gilt:

1. $Dest_1 = Sender$
2. $Label_1 = Label$
3. $Type_1 = Answer$
4. $Ref_1 = Dest$
5. $Env_1 = Env$

$IType^O \notin NoEvalSet$: Es gilt:

1. $Dest_1 = EvalFunc(IType^O)$

   $EvalFunc$ ist dabei eine Funktion, die zu jedem Typ ein Funktions-Objekt liefert, das die Evaluation von Daten dieses Typs durchführt.

2. $Label_1 = Label_1^O = Label^O + 1$

3. $Type_1 = Apply$

4. $Ref_1 = Dest$

5. $Env_1 = Env$

6. $Continue_1^O(Label_1) := (Sender, Label)$

$Type = Set$

Es gilt:

1. $Type_1 = Answer$

2. $Dest_1 = Sender$

Abhängig vom internen Typ des Daten-Objekts ändert sich auch noch der interne Zustand:

$IType^O = CatIdent$: Dann ist $Cont^O \in (ClS \times \mathbb{N} \to ((ClS \times (\mathcal{FO} \cup \mathcal{DO})) \cup \mathcal{VO})^*)$.
Sei $(f_1, \ldots, f_n)$ die Liste aller Vorgängertasks. Außerdem sei $Sender = (cl, ob)$.

Dann sei n_0 die größte Zahl, so daß
$Cont^O(cl, f_{n_0}) = (L_1, \ldots, L_{k-1}, L_k) \neq ()$.

Dann stimmt $Cont_1^O$ mit $Cont^O$ überein bis auf:

$Cont_1^O(cl, f_{n_0}) = (L_1, \ldots, L_{k-1}, Ref(1))$.

$IType^O = CatDomain$: $Refs_1^O = Ref$

$Type = Content$

Es gilt:

1. $Dest_1 = Sender$

2. $Label_1 = Label$

3. $Type_1 = Answer$

4. $IType_1 = IType^O$

5. $Dom_1 = Dom^O$

6. $Ref_1 = Refs^O$

7. $Cont_1 = Cont^O$

8. $Env_1 = Env$

$Type = Answer$

Es gilt:

1. $Continue^O(Label) = (Dest_1, Label_1)$

2. $Type_1 = Answer$

3. $Ref_1 = Ref$

4. $Cont_1 = Cont$

5. $Env_1 = Env$

$Type = Push$

Sei $Sender = (cl, ob)$ und sei $Fathers = (f_1, \ldots, f_n)$ die Liste der Vorgänger.
Falls $IType^O = CatIdent$ ist, so gilt:
$Cont^O \in (ClS \times \mathbb{N} \to ((ClS \times (\mathcal{FO} \cup \mathcal{DO})) \cup \mathcal{VO})^*)$ mit $Cont^O(cl, f_n) = (L_1, \ldots, L_k)$.
Es gilt:

1. $Cont_1^O$ stimmt mit $Cont^O$ überein bis auf:

   $Cont_1^O(cl, f_n) = (L_1, \ldots, L_k, Ref(1))$,

2. $Dest_1 = Sender$

3. $Label_1 = Label$

4. $Type_1 = Answer$

5. $Env_1 = Env$

$Type = Pop$

Sei $Sender = (cl, ob)$ und sei $Fathers = (f_1, \ldots, f_n)$ die Liste der Vorgänger.
Falls $IType^O = CatIdent$ ist, so gilt:
$Cont^O \in (ClS \times \mathbb{N} \to ((ClS \times (\mathcal{FO} \cup \mathcal{DO})) \cup \mathcal{VO})^*)$ mit $Cont^O(cl, f_n) = (L_1, \ldots, L_{k+1})$.
Es gilt:

1. $Cont_1^O$ stimmt mit $Cont^O$ überein, bis auf:

   $Cont_1^O(cl, f_n) = (L_1, \ldots, L_k)$.

2. $Dest_1 = Sender$

3. $Label_1 = Label$

4. $Type_1 = Answer$

5. $Env_1 = Env$

$Type = Lock$

Es gilt:

1. $Dest_1 = Sender$

2. $Label_1 = Label$

3. $Type_1 = Answer$

4. $Env_1 = Env$

Falls $Lock^O = Unlocked$, so gilt außerdem:

1. $Lock_1^O = Locked$

2. $Cont_1 = 1$

Falls $Lock^O = Locked$, so gilt:

1. $Cont_1 = 0$

$Type = Unlock$

Es gilt:

1. $Lock^O = Unlocked$

2. $Dest_1 = Sender$

3. $Label_1 = Label$

4. $Type_1 = Answer$

5. $Env_1 = Env$

14.1.3 Objekte

Aus diesen determinierten und pre-causal also auch causal Vor-Objekten $\mathcal{D}_O$ werden nun Daten-Objekte konstruiert, indem die Auslieferung der Nachrichten, die bei dem Daten-Objekt ankommen, mit Hilfe eines Buffers hinausgezögert wird.

Sei $\phi = (\mathcal{IM}^O \setminus \{\tau\})^2$. Diese Relation legt fest, welche Nachrichten von welchen Nachrichten überholt werden dürfen. Die Relation ϕ besagt, daß jede Nachricht von jeder anderen Nachricht überholt werden darf.

Die Daten-Objekte werden durch die Ein-/Ausgabebeschreibung $\mathcal{BUF}_\tau^\phi(\mathcal{D}_O)$ beschrieben.

14.2　Funktions-Objekte

Neben den Daten-Objekten gibt es in MuPAD noch Funktions-Objekte, die die internen Kern-Funktionen von MuPAD repräsentieren. Diese Funktions-Objekte sind diejenigen Objekte in MuPAD, die die eigentliche Arbeit ausführen.

In MuPAD existiert bereits eine große Anzahl von Kern-Funktionen, und mit Hilfe des dynamischen Linkers [160] können zur Laufzeit beliebige neue Funktionen dazugelinkt werden.

In dieser Arbeit werden keine Funktions-Objekte definiert, da nur vorgestellt werden soll, wie eine denotationale Semantik beschrieben werden kann. Durch eine Definition der entsprechenden Funktions-Objekte könnte die hier vorgestellte Semantik relativ einfach – obwohl wegen des Umfangs mit sehr viel Arbeit verbunden – zu einer Semantik für MuPAD erweitert werden.

Allerdings sind alle Funktions-Objekte, die zu einem Cluster gehören, causal, versenden in endlicher Zeit nur endlich viele Nachrichten und versenden keine Nachrichten ungleich der leeren Nachricht τ, bevor sie nicht eine nicht-leere Nachricht empfangen haben.

$\mathcal{FO}$ ist die Menge aller causal Ein-/Ausgabebeschreibungen $\mathcal{D} = (\mathcal{I}^M, \mathcal{O}^M, \mathcal{U})$, für die gilt:

1. $\mathcal{I}^M$ ist die Menge aller Nachrichten mit Typen aus $\{Apply, Answer\}$ zuzüglich der leeren Nachricht τ.

   $\mathcal{O}^M$ ist die Menge aller Nachrichten, die nicht den Typ *Init* haben.

2. Bei Empfang von endlich vielen Nachrichten ungleich τ versendet $\mathcal{D}$ nur eine endliche Anzahl von Nachrichten ungleich τ.

3. $\mathcal{D}$ versendet keine Nachricht ungleich τ bevor $\mathcal{D}$ nicht eine Nachricht ungleich τ erhalten hat.

14.3 Die Übertragungseinheit innerhalb der Cluster

Die Übertragungseinheit innerhalb eines Clusters ähnelt sehr stark der Übertragungseinheit, wie sie im Actor-Modell [8, 5] definiert wird. Dies bedeutet, daß die Übertragungseinheit Nachrichten von den Objekten bekommt und mit einer unbestimmten Verzögerung an die Ziel-Objekte weiterschickt.

Zusätzlich übernimmt diese Übertragungseinheit noch die Aufgabe, neue Objekte festzulegen – zu allokieren. Dies wird im Actor-Modell von den Actors selbst durchgeführt. Es wäre möglich, das Allokieren von neuen Objekten entsprechend der tatsächlichen Implementierung zu modellieren – dies ist aber unnötiger Aufwand, da die Allokations-Methode nicht die Semantik beeinflußt. Vielmehr wird in dieser Arbeit eine Methode benutzt, die der Technik im Actor-Modell sehr nahe kommt. Möchte ein Objekt ein neues Objekt erzeugen, so bekommt dieses neue Objekt einen Namen, der aus dem Namen des erzeugenden Objekts durch eindeutige Verlängerung entsteht. Die hier verwendete Methode ist weniger kompliziert, da nur ganz spezielle Objekte – die Funktions-Objekte – nur ganz spezielle Objekte – die Daten-Objekte – allokieren können.

14.3.1 Objektmenge

Die Objektmenge $\mathcal{O}$, zwischen denen diese Übertragungseinheit Nachrichten vermittelt, setzt sich zusammen aus der Menge der Funktions-Objekte $\mathcal{FO}$ und der Menge der Daten-Objekte $\mathcal{DO} = \mathcal{FO} \times \mathbb{N}$.

14.3.2 Nachrichten

Welche Nachrichten die Übertragungseinheit von den Daten/Funktions-Objekten bekommt bzw. zu diesen schicken darf, ist aus der vorherigen Definition der Daten/Funktions-Objekte klar.

Von außen darf die Übertragungseinheit alle Nachrichten bekommen, die nicht den Typ *New* haben.

Nach außen kann die Übertragungseinheit alle Nachrichten schicken, die nicht den Typ
Init oder *New* haben.

14.3.3 Zustände

Der Zustand der Übertragungseinheit wird beschrieben durch:

1. einen Wert $Cluster \in \mathbb{N}$, der angibt, welche Nummer dieser Cluster hat

2. eine Funktion $NextAlloc : \mathcal{FO} \to \mathbb{N}$, die für jedes Funktionsobjekt angibt, um
   welchen Wert der Name des Objekts verlängert werden muß, um den Namen des
   neu erzeugten Objekts zu erhalten.

14.3.4 Vor-Übertragungseinheit

Bei der Definition der Übertragungseinheit wird ein ähnliches Verfahren angewandt, wie
auch bei der Definition der Daten-Objekte. Zunächst wird eine determinierte pre-causal
Übertragungseinheit $\mathcal{D}_T$ – die aber nicht pre-delayed ist – definiert, die dann mit Hilfe
eines objektbasierten Systems zu einer delayed Übertragungseinheit wird. Jede Nachricht, die die Vor-Übertragungseinheit erhält, ist ein Tupel von Nachrichten der Objekte.
Jede Nachricht, die die Vor-Übertragungseinheit versendet, ist ein Tupel von Mengen von
Nachrichten, die an die Objekte geleitet werden sollen.

Bei der Definition des Verhaltens dieser Vor-Übertragungseinheit wird davon ausgegangen,
daß innerhalb einer endlichen Zeit nur eine endliche Anzahl von erhaltenen Nachrichten
nicht ausschließlich aus leeren Nachrichten τ besteht und daß jede Nachricht nur eine
endliche Anzahl von Einträgen ungleich der leeren Nachricht τ hat.

Erhält die Übertragungseinheit eine Nachricht, in der alle Komponente die leere Nachricht sind, so verschickt die Vor-Übertragungseinheit eine Nachricht, in der alle Komponenten die leere Menge sind, und verändert ihren Zustand nicht.

Die Vor-Übertragungseinheit sei im Zustand $(Cluster, NextAlloc)$ und erhalte eine Nach-
richt $UEMessage$ und für $\omega \in \mathcal{O} \cup \{\perp\}$ ($\perp$ repräsentiert die Außenwelt des Clusters) sei
$IProj(\omega) = (Dest_\omega, Sender_\omega, Type_\omega, Label_\omega, IType_\omega, Dom_\omega, Ref_\omega, Cont_\omega, Env_\omega)$
die Nachricht, die die Übertragungseinheit vom Objekt ω erhält.

Die Übertragungseinheit geht ohne Zeitverzögerung in den Zustand
$(Cluster_1, NextAlloc_1)$ über und verschickt die Nachricht
$\Pi_{\omega \in \mathcal{O} \cup \{\perp\}} OProj(\omega)$, wobei $OProj(\omega)$ die Menge aller Nachrichten
$\mathcal{M} = (Dest, Sender, Type, Label, IType, Dom, Ref, Cont, Env)$
ist, für die einer der folgenden Punkte gilt:

1. Es gibt ein $\hat{\omega} \in \mathcal{O} \cup \{\perp\}$, so daß $IProj(\hat{\omega})$ bis auf den Absender mit $\mathcal{M}$ übereinstimmt, $Dest = (Cluster, \omega)$ und $Sender = (Cluster, \hat{\omega})$ ist.

2. Es gibt ein $\hat{\omega} \in \mathcal{FO}$, so daß gilt:

   (a) $IProj(\hat{\omega})$ ist eine Nachricht vom Typ New, die bis auf das Ziel, den Typ und
       den Absender mit $\mathcal{M}$ übereinstimmt und die als Absender das Objekt $\hat{\omega}$ hat.

   (b) $Type = Init$

    (c) $\omega = (\hat{\omega}, NextAlloc(\omega))$.

        Es gilt: $NextAlloc_1(\omega) = NextAlloc(\omega) + 1$

    (d) $Dest = (Cluster, \omega)$

    (e) $Sender = (Cluster, \hat{\omega})$

Es ist zu beachten, daß nicht mehrere Nachrichten – insbesondere nicht mehrere Nachrichten des Typs New – zu einem Zeitpunkt vom Objekt $\hat{\omega}$ empfangen worden sind.

3. Es gibt ein $\hat{\omega} \in \mathcal{O}$, so daß gilt:

    (a) $IProj(\hat{\omega})$ stimmt bis auf den Absender mit $\mathcal{M}$ überein

    (b) $Sender = (Cluster, \hat{\omega})$

    (c) $\omega = \bot$

    (d) $\forall o \in \mathcal{O} : Dest \neq (Cluster, o)$

    (e) $Dest \neq Dest_T$

4. $IProj_(\bot)$ ist eine Nachricht des Typs $Init$. Der Cluster wird durch diese Nachricht initialisiert. Dazu setzt der Cluster seinen $Cluster$ auf den Inhalt $Cont$ der Nachricht und ruft eine fest definierte Initialisierungs-Funktion, die durch $InitFunction$ spezifiziert wird, auf.

    D.h. $IProj_(\bot)$ stimmt mit $\mathcal{M}$ bis auf den Empfänger und den Typ überein. $Cluster_1 = Cont$, $Dest = InitFunction$ und $Type = Apply$.

Die Vor-Übertragungseinheit arbeitet also folgendermaßen:

1. Erhält die Vor-Übertragungseinheit eine Nachricht des Typs New, so legt sie ein neues Daten-Objekt fest, verändert entsprechend den eigenen Zustand und schickt an das neue Daten-Objekt eine Nachricht, daß es sich initialisieren soll.

2. Erhält die Vor-Übertragungseinheit eine Nachricht des Typs $Init$, so initialisiert sie entsprechend dem Inhalt dieser Nachricht den eigenen Zustand $Cluster$ und schickt an die Initialisierungsfunktion $InitFunction$ die Aufforderung, sich auszuführen und damit den ganzen Cluster zu initialisieren.

3. Erhält die Vor-Übertragungseinheit normale Nachrichten, so werden diese entsprechend der enthaltenen Adresse weitergeleitet und der Sender entsprechend gesetzt.

14.3.5 Übertragungseinheit

Ähnlich wie bei den Objekten wird nun mit Hilfe der Vor-Übertragungseinheit $\mathcal{D}_T$ die Übertragungseinheit definiert.

Sei $\phi = (\mathcal{IM}^O \setminus \{\tau\})^2$. Wiederum kann also jede Nachricht von jeder anderen Nachricht überholt werden.

Die Übertragungseinheit genügt dann der Ein-/Ausgabebeschreibung

$$\mathcal{UF}^{(\phi)}_{\prod_{\omega \in \mathcal{O} \cup \{\bot\}}} {}^{\omega \in \mathcal{O} \cup \{\bot\}}_{\tau}(\mathcal{D}_T).$$

Kapitel 15

Die Semantik von MuPAD

Die Semantik von Clustern in MuPAD wurde denotational beschrieben. Nun wird die denotationale Semantik von MuPAD mit Hilfe eines weiteren objektbasierten Systems $\mathcal{S}_{MuPAD}$ beschrieben. MuPAD besteht aus einer endlichen festen Anzahl solcher Cluster, einer Menge von Variablen und einem gemeinsamen Objekt, das benötigt wird, damit verschiedene Cluster und Prozesse Daten untereinander austauschen können. Außerdem existiert noch ein Objekt, das für die Kommunikation mit der Außenwelt verantwortlich ist.

15.1 Objektmenge und Nachrichten

Mit der Außenwelt $\perp$ kann MuPAD mit Hilfe von Nachrichten kommunizieren, die einen File-Descriptor und ein Zeichen enthalten: $\mathcal{M}^M = FDS \times CS$.

Die Objektmenge $MuObjects$ der Übertragungseinheit von $\mathcal{S}_{MuPAD}$ setzt sich zusammen aus:

1. Einer endlichen Menge $ClS \subset \mathbb{N}$ von Clustern.

   Welche Nachrichten diese Objekte schicken und empfangen können, geht aus der Definition der Cluster hervor.

2. Einer Menge $\mathcal{VO}$, die die Variablen von MuPAD repräsentiert.

   Welche Nachrichten diese Variablen empfangen und verschicken können, geht aus der Definition der Daten-Objekte hervor.

3. Dem Objekt $Dest_{Shared}$, dessen Adresse allgemein bekannt ist und das daher zur Kommunikation der Cluster untereinander benutzt werden kann. Bei diesem Objekt handelt es sich um ein normales Daten-Objekt. Welche Nachrichten dieses Objekt empfangen und verschicken kann, geht aus der Definition der Daten-Objekte hervor.

4. Dem Objekt $Dest_{Out}$, mit dessen Hilfe alle Kommunikationen mit der Außenwelt stattfinden.

   Dieses Objekt kann Nachrichten aus $\mathcal{MS}$ und $\mathcal{M}^M$ senden und empfangen. In dieser Arbeit wird nicht die Ein-/Ausgabebeschreibung angegeben, der dieses Objekt genügt, da dies für das grundsätzliche Verständnis nicht notwendig ist.

15.2 Zustände

Die Übertragungseinheit von $\mathcal{S}_{MuPAD}$ benötigt keine Zustände, da sich ihr Verhalten nicht nach den in der Vergangenheit erhaltenen Nachrichten richtet. Zu jedem Zeitpunkt beeinflussen nur die zu diesem Zeitpunkt erhaltenen Nachrichten die Übertragungseinheit.

15.3 Vor-Übertragungseinheit

Wie auch bei der Definition der Objekte und der Übertragungseinheit für die Cluster wird die Übertragungseinheit von $\mathcal{S}_{MuPAD}$ definiert, indem zunächst eine determinierte pre-causal Vor-Übertragungseinheit definiert wird. Diese Vor-Übertragungseinheit wird dann später in eine delayed Übertragungseinheit umgewandelt. Die Nachrichten, die die Übertragungseinheit erhält, bestehen aus einem Tupel von Nachrichten der einzelnen Objekte. Die Nachrichten, die die Übertragungseinheit versendet, bestehen aus einem Tupel von Mengen von Nachrichten, die an die Objekte geschickt werden.

Auch bei der Definition dieser Vor-Übertragungseinheit wird davon ausgegangen, daß in endlicher Zeit nur endlich viele Nachrichten empfangen werden, bei der nicht alle Komponenten die leere Nachricht sind. Außerdem wird bei jeder Nachricht davon ausgegangen, daß nur endlich viele Komponenten ungleich der leeren Nachricht sind.

Zum Zeitpunkt 0 verschickt die Vor-Übertragungseinheit an alle Variablen des Systems die Nachricht $(Dest, Sender, Type, Label, IType, Dom, Ref, Cont, Env)$ mit

1. $Type = Init$

2. $IType = CatIdent$

3. $Ref = ()$

4. $Cont \in (ClS \times \mathbb{N} \to ((ClS \times (\mathcal{FO} \cup \mathcal{DO})) \cup \mathcal{VO})^{*})$ mit $Cont \equiv ()$.

An den Cluster $cl \in ClS$ schickt die Vor-Übertragungseinheit zum Zeitpunkt 0 die Nachricht
$(Dest, Sender, Type, Label, IType, Dom, Ref, Cont, Env)$ mit:

1. $Type = Init$

2. $Cont = cl$

An alle anderen Objekte schickt die Vor-Übertragungseinheit zum Zeitpunkt 0 die leere Nachricht.

Zu allen anderen Zeitpunkten verhält sich die Vor-Übertragungseinheit folgendermaßen:

Die Vor-Übertragungseinheit erhalte die Nachricht $UEMessage$, und für jedes Objekt ω sei $IProj(\omega)$ die Nachricht, die vom Objekt ω kommt.

Die Vor-Übertragungseinheit verschickt ohne Zeitverzögerung die Nachricht $OProj(\omega)$ an das Objekt ω, wobei gilt:

1. $OProj(\bot) = \{IProj(Dest_{Out}) \in \mathcal{M}^{M}\}$

2. $OProj(Dest_{Out}) =$
$\{IProj(\perp)\} \cup \{IProj(\hat{\omega}) =$
$(Dest_{\hat{\omega}}, Sender_{\hat{\omega}}, Type_{\hat{\omega}}, Label_{\hat{\omega}}, IType_{\hat{\omega}}, Dom_{\hat{\omega}}, Ref_{\hat{\omega}}, Cont_{\hat{\omega}}, Env_{\hat{\omega}}) \mid$
$Dest_{\hat{\omega}} = Dest_{Out}\}$

3. Für $cl \in ClS$ ist

$OProj(cl) =$
$\{IProj(\perp)\} \cup \{IProj(\hat{\omega}) =$
$(Dest_{\hat{\omega}}, Sender_{\hat{\omega}}, Type_{\hat{\omega}}, Label_{\hat{\omega}}, IType_{\hat{\omega}}, Dom_{\hat{\omega}}, Ref_{\hat{\omega}}, Cont_{\hat{\omega}}, Env_{\hat{\omega}}) \mid$
$\exists ob : Dest_{\hat{\omega}} = (cl, ob)\}$

4. Für alle anderen Objekte ω ist

$OProj(\omega) =$
$\{IProj(\hat{\omega}) =$
$(Dest_{\hat{\omega}}, Sender_{\hat{\omega}}, Type_{\hat{\omega}}, Label_{\hat{\omega}}, IType_{\hat{\omega}}, Dom_{\hat{\omega}}, Ref_{\hat{\omega}}, Cont_{\hat{\omega}}, Env_{\hat{\omega}}) \mid$
$Dest_{\hat{\omega}} = \omega\}$

15.4 Übertragungseinheit

Sei

1. $\phi_{\perp} = \{((fd_1, c_1), (fd_2, c_2)) \in \mathcal{M}^{M^2} \mid fd_1 \neq fd_2\}$

2. $\phi_{Dest_{Out}} = \{((fd_1, c_1), (fd_2, c_2)) \in \mathcal{M}^{M^2} \mid fd_1 \neq fd_2\} \cup \{(\mathcal{M}_1, \mathcal{M}_2) \mid \mathcal{M}_1 \notin \mathcal{M}^M \vee \mathcal{M}_2 \notin \mathcal{M}^M\}$

3. Für alle anderen Objekte ω ist ϕ_ω die Menge aller 2-Tupel von Nachrichten, die ω empfangen kann, in denen keine der Komponenten die leere Nachricht τ oder eine Nachricht des Typs $Init$ ist.

(ϕ_ω) besagt, daß jede Nachricht von jeder anderen Nachricht überholt werden kann. Ausnahmen sind, daß sich Nachrichten von/nach außen, die sich auf den gleichen Filedescriptor beziehen, nicht überholen dürfen. Außerdem dürfen Initialisierungsnachrichten nicht überholt werden.

Die Übertragungseinheit genügt dann der Ein-/Ausgabebeschreibung

$$\mathcal{UF}^{(\phi)_{\omega \in \mathcal{O} \cup \{\perp\}}}_{\Pi_{\omega \in \mathcal{O} \cup \{\perp\}} \tau}(\mathcal{D}_M)$$

15.5 MuPAD

Die denotationale Semantik von MuPAD ist die durch das definierte objektbasierte System beschriebene Ein-/Ausgabebeschreibung $\mathcal{D}_{MuPAD} = (\mathcal{M}^M, \mathcal{M}^M, \mathcal{U}_{MuPAD})$.

Zu beachten ist, daß der Benutzer nichts von den intern benutzten Nachrichten mitbekommt – er kommuniziert nur mit Nachrichten aus $\mathcal{M}^M$. Eine andere interne Implementation wäre durchaus möglich.

Kapitel 16

Zusammenfassung

Im ersten Teil der Arbeit wurde zunächst das Konzept der Ein-/Ausgabebeschreibungen, das eng mit den time systems [119] verwandt ist, für die Beschreibung des Verhaltens von Objekten eingeführt und untersucht. Es handelt sich dabei um ein allgemeines Modell, da jedes Verhalten eines Objekts modelliert werden kann. Obwohl time systems bereits sehr alt sind, ist dem Autor keine Anwendung dieses Begriffs zur Beschreibung von Objekten innerhalb der Informatik bekannt. Es wurden übliche Begriffe wie pre-causal, causal und output-complete [119], aber auch gänzliche neue Begriffe wie closed und output-closed eingeführt sowie bekannte Begriffe wie Verzögerung zu den Begriffen pre-delayed und delayed verallgemeinert. Diese neuen Begriffe sind für die Konstruktion von Rechnungen für die später eingeführten objektbasierten Systeme notwendig. Die Beziehungen der bekannten und der neuen Begriffe untereinander wurden ausführlich untersucht. Dabei wurde u.a. [119] Prop. 2.1 durch (4.38) etwas verallgemeinert. Während in [119] gesagt wird, daß Prop. 2.1 für die System- und Kontrolltheorie in der Regel allgemein genug ist, zeigt das Beispiel der Buffer [(4.5)], daß zeitlose Objekte meistens nicht die Voraussetzungen für Satz (4.38) erfüllen. Dies zeigt zum einen die Unterschiede in den Problemstellungen in der Systemtheorie und der Theorie der objektbasierten Systeme auf. Zum anderen zeigt dies, daß weitere Forschung in diese Richtung notwendig ist.

Es wurde ebenfalls untersucht, wie das durch time systems [119] nur partiell definierte Verhalten von Objekten in das durch Ein-/Ausgabebeschreibungen total definierte Verhalten eingebettet werden kann. Dies ist sehr wichtig, da die Definition partieller Objekte wesentlich einfacher und weniger fehleranfällig ist als die Definition vollständiger Objekte. Weitere Untersuchungen über die Einbettung anderer Konzepte wie z.B. Petri-Netze, Traces, Stream-processing Functions, Prozeß-Calculi scheinen ein interessantes Forschungsgebiet zu sein.

Auf dem Konzept der Ein-/Ausgabebeschreibungen aufbauend wurde dann *gMobS*, ein allgemeines Modell für objektbasierte Systeme, entwickelt. *gMobS* ist dabei in der Hinsicht allgemein, daß jedes System, das aus Objekten besteht, die nur mit Hilfe von Nachrichten miteinander und mit der Außenwelt kommunizieren, modelliert werden kann (diese Aussage läßt sich nicht formal beweisen, da diese Aussage nicht formal zu greifen ist, erscheint aber intuitiv klar).

Bekannte Modelle wie das Actor-Modell [8] und die layered Semantik von POOL [12] für objektbasierte Systeme, das Modell von Yates [182] für Prozeß-Netzwerke aber auch das zeitgleich und unabhängig entwickelte SysLab Systemmodell [148, 99] können leicht als

Spezialfall von $gMobS$ identifiziert werden.

Da Objekte in $gMobS$ nur mit Hilfe von Nachrichten kommunizieren, haben sie nicht die Möglichkeit, neue Objekte zu erzeugen. Damit $gMobS$ trotzdem die Mächtigkeit anderer Modelle erhält, muß ein System aus unendlich vielen Objekten bestehen können. Die Erzeugung eines neuen Objekts entspricht der Aktivierung und Initialisierung eines nicht aktiv an einer Rechnung teilnehmenden Objekts.

Eine entscheidende Eigenschaft von $gMobS$ besteht darin, daß objektbasierte Systeme selbst wieder eine Ein-/Ausgabebeschreibung repräsentieren. Dies bedeutet insbesondere, daß ein objektbasiertes System selbst als Objekt innerhalb eines objektbasierten Systems benutzt werden kann – es handelt sich um ein hierarchisches Modell. Es wurde untersucht, welche Eigenschaften die Objekte und die Kommunikation der Objekte haben müssen, damit die durch ein objektbasiertes System repräsentierte Ein-/Ausgabebeschreibung "sinnvoll", d.h. pre-causal ist. Es stellt sich heraus, daß die von einem objektbasierten System repräsentierte Ein-/Ausgabebeschreibung causal ist, wenn die Objekte causal und die Kommunikation der Objekte untereinander delayed ist. Dies ist eine relativ schwache Forderung und sichert die gute Anwendbarkeit von $gMobS$.

Da $gMobS$ ein hierarchisches Modell ist, besteht die Möglichkeit, Rekursion zu definieren. (6.7) stellt sicher, daß eine solche Rekursion einen kleinsten Fixpunkt besitzt. Werden causal Ein-/Ausgabebeschreibungen auf causal Ein-/Ausgabebeschreibungen abgebildet, so existiert auch ein kleinster causal Fixpunkt (für diskrete Objekte wurde dies auch in [27] benutzt). Welche Beziehungen allerdings zwischen dem kleinsten Fixpunkt und dem kleinsten causal Fixpunkt bestehen ist unbekannt.

Eng verbunden mit diesem Problem ist auch die Untersuchung, ob Prozeß-Calculi mit $gMobS$ modellierbar sind. Dies scheint zunächst unmöglich, da Prozeß-Calculi die Einkapselung verletzen. Der Autor hat aber die Vermutung, daß die Prozeß-Calculi mit Hilfe von Objekten, die ohne Verzögerung reagieren, modellierbar sind.

In Kapitel 10 wurde herausgearbeitet, wie $gMobS$ zur Definition einer denotationalen Semantik einer objektbasierten Sprache benutzt werden kann. Dies wurde insbesondere durch die Definition einer denotationalen Semantik für eine einfache sequentielle objektorientierte Sprache verdeutlicht. Diese Möglichkeiten wurden bereits in Abschnitt 7.2 angedeutet, indem abstrakte Datentypen (bzw. many-sorted algebras), die Grundlage für die übliche Definition einer Semantik von sequentiellen objektbasierten Sprachen, mit Hilfe von $gMobS$ modelliert wurden. Die Definition einer denotationalen Semantik mit Hilfe von $gMobS$ ist auch deshalb sinnvoll, da in der abstrakten System- und Kontrolltheorie reale Systeme mit Hilfe des $gMobS$ zugrundeliegenden Formalismus beschrieben werden. Eine Beschreibung hybrider Systeme, d.h. des Gesamtverhaltens von Realität und Programm ist so auf sehr natürliche Weise möglich.

Im zweiten Teil dieser Arbeit wurde durch die teilweise Definition einer denotationalen Semantik für MuPAD gezeigt, daß $gMobS$ auch für die Definition einer denotationalen Semantik von funktionalen und imperativen Sprachen geeignet ist. Außerdem wurde die gute Handhabbarkeit demonstriert. Die Modellierung von MuPAD verdeutlicht auch die Notwendigkeit und die Mächtigkeit eines hierarchischen Modells, da eine nicht-hierarchische Modellierung wesentlich aufwendiger und weniger intuitiv wäre.

Anhang A

Definitionen

An dieser Stelle werden die Definitionen und Sätze, die in dieser Arbeit benötigt wurden, aufgeführt. Es handelt sich um eine Erweiterung der Auflistung der Definitionen aus 3.

(A.1) Definition:

1. $\mathbb{N} = \{0, 1, 2, \ldots\}$ ist die Menge der natürlichen Zahlen mit der 0.

2. $\mathbb{R}_+$ ist die Menge der reellen Zahlen, die größer oder gleich 0 sind.

3. $\mathcal{T} \subset \mathbb{R}_+$ ist eine Menge, für die gilt:

    (a) $0 \in \mathcal{T}$ [Eigentlich wird nur benötigt, daß $\mathcal{T}$ ein kleinstes Element hat, aber diese Forderung vereinfacht den Formalismus.]

    (b) $\forall \emptyset \neq A \subset \mathcal{T} : \sup(A) \in \mathcal{T} \cup \{\infty\}$

    (c) $\sup(\mathcal{T}) = \infty$ [Dies ist eine rein technische Forderung, um den Formalismus etwas zu vereinfachen. Die Theorie könnte auch ohne die Forderung durchgeführt werden.]

    $\mathcal{T}$ ist in dieser Arbeit keine feste Menge, sondern vielmehr der Prototyp der Mengen, die als Zeitskala benutzt werden können. Sollte es in speziellen Fällen auf die konkrete Menge ankommen, so wird sie im Zusammenhang fest definiert. In der Regel wird es sich um die Mengen $\mathbb{N}$ oder $\mathbb{R}_+$ handeln.

$\square$

(A.2) Definition: Sei A eine Menge, dann ist $\mathcal{P}^E(A)$ die Menge aller endlichen Teilmengen von A. $\hfill \square$

(A.3) Definition: Seien A und B Mengen, dann heißt $R \subset A \times B$ (binäre) Relation (von A nach B). Anstatt $(a, b) \in R$ wird auch manchmal $b \in R(a)$ oder aRb geschrieben.

1. R heißt

    (a) funktional oder Funktion, wenn gilt: $\forall a \in A : |\{b \in B \mid (a, b) \in R\}| \leq 1$

    (b) total, wenn gilt: $\forall a \in A \; \exists b \in B : (a, b) \in R$

(c) injektiv, wenn gilt: $\forall a_1, a_2 \in A, b \in B : ((a_1, b), (a_2, b) \in R \Rightarrow a_1 = a_2)$

(d) surjektiv, wenn gilt: $\forall b \in B \, \exists a \in A : (a, b) \in R$

2. $Vb(R) = \{a \in A \mid \exists b \in B : (a, b) \in R\}$ heißt Vorbereich von R.

3. $Nb(R) = \{b \in B \mid \exists a \in A : (a, b) \in R\}$ heißt Nachbereich von R.

4. Es ist $(A \to B) = \{f \subset A \times B \mid f \text{ ist funktional und total }\}$. Für $f \in (A \to B)$ wird statt $b \in f(a)$ auch $b = f(a)$ geschrieben.

Für $f \in (A \to B)$ und $\tau \in B$ ist $\mathcal{MT}_\tau(f) = \{a \in A \mid f(a) \neq \tau\}$

□

(A.4) Bemerkung: Sei I eine Indexmenge und A und B_i für $i \in I$ Mengen, dann werden die Funktionenräume $(A \to \prod_{i \in I} B_i)$ und $\prod_{i \in I}(A \to B_i)$ auf die kanonische Weise ohne weitere Hinweise miteinander identifiziert.   □

(A.5) Bemerkung: Sei I eine Indexmenge und A_i für $i \in I$ Mengen, dann gilt für $j \in I$:
$\wp_j : \prod_{i \in I} A_i \to A_j, (x_i)_{i \in I} \mapsto x_j$.   □

(A.6) Bemerkung: Seien A, B Mengen und $R \subset A \times B$ eine Relation und sei $a \in A$. Die Schreibweise

1. $\forall (a, b) \in R$ ist eine Abkürzung für $\forall b \in B$ mit $(a, b) \in R$

2. $\exists (a, b) \in R$ ist eine Abkürzung für $\exists b \in B$ mit $(a, b) \in R$

Diese Schreibweise wird auch benutzt, wenn b gegeben ist und a mit einem Quantor versehen werden soll.   □

(A.7) Definition:

1. Seien A, B und C Mengen und seien $R_1 \subset A \times B$ und $R_2 \subset B \times C$ Relationen, dann ist $R_2 \circ R_1 = \{(a, c) \in A \times C \mid \exists b \in B : (a, b) \in R_1 \wedge (b, c) \in R_2\}$

2. Seien A_1, A_2, B_1, B_2 Mengen und seien $R_1 \subset A_1 \times B_1, R_2 \subset A_2 \times B_2$ Relationen, dann ist $R_1 \cup R_2 = \{(a, b) \in (A_1 \cup A_2) \times (B_1 \cup B_2) \mid (a, b) \in R_1 \vee (a, b) \in R_2\}$

□

(A.8) Definition: Sei A eine Menge und $R \subset A \times A$ eine Relation. R heißt

1. transitiv, falls gilt: $\forall a, b, c \in A : (a, b), (b, c) \in R \Rightarrow (a, c) \in R$

2. reflexiv, falls gilt: $\forall a \in A : (a, a) \in R$

3. antisymmetrisch, falls gilt: $\forall a, b \in A : (a, b) \in R \wedge (b, a) \in R \Rightarrow a = b$

4. symmetrisch, falls gilt: $\forall a, b \in A : (a, b) \in R \Rightarrow (b, a) \in R$

5. linear, falls gilt: $\forall a, b \in A : (a, b) \in R \vee (b, a) \in R$

6. partielle Ordnung, falls R reflexiv, antisymmetrisch und transitiv ist.

7. Ordnung, falls R eine partielle und lineare Ordnung ist.

8. Wohlordnung, falls R eine Ordnung ist und jede Teilmenge von A ein kleinstes Element hat, d.h. wenn gilt:
$$\forall B \subset A \,\exists \min(B) \in B \,\forall b \in B : (\min(B), b) \in R$$

$\square$

(A.9) Definition: Sei A eine Menge und $\leq \subset A \times A$ eine partielle Ordnung auf A.

1. Sei $K \subset A$. K heißt Kette, wenn $\leq$ eine lineare Ordnung auf K ist, d.h. wenn gilt:
$$\forall k_1, k_2 \in K : k_1 \leq k_2 \vee k_2 \leq k_1$$

2. Sei $B \subset A$. $s \in A$ heißt obere Schranke (upper bound) von B, falls gilt:
$$\forall b \in B : b \leq s$$

3. Sei $B \subset A$. $s \in A$ heißt untere Schranke (lower bound) von B, falls gilt:
$$\forall b \in B : s \leq b$$

4. $(A, \leq)$ heißt induktiv geordnet, falls gilt:

    (a) $A \neq \emptyset$

    (b) Jede nichtleere Kette K in A hat eine obere Schranke.

5. Sei $B \subset A$. $l \in A$ heißt kleinste obere Schranke (least upper bound) von B, falls l eine obere Schranke von B ist und für jede obere Schranke s von B gilt: $l \leq s$.

6. Sei $B \subset A$. $g \in A$ heißt größte untere Schranke (greatest lower bound) von B, falls g eine untere Schranke von B ist und für jede untere Schranke s von B gilt: $s \leq g$.

7. Für $B \subset A$ muß keine kleinste obere Schranke existieren. Existiert aber eine solche, so ist sie eindeutig und wird mit $\bigsqcup B$ bezeichnet.

8. Für $B \subset A$ muß keine größte untere Schranke existieren. Existiert aber eine solche, so ist sie eindeutig und wird mit $\bigsqcap B$ bezeichnet.

9. $(A, \leq)$ heißt Verband (lattice), falls für alle $a, b \in A$ sowohl $\bigsqcup\{a, b\}$ als auch $\bigsqcap\{a, b\}$ existieren.

10. $(A, \leq)$ heißt vollständiger Verband (complete lattice), falls für alle $B \subset A$ sowohl $\bigsqcup B$ als auch $\bigsqcap B$ existieren. Das dann existierende kleinste Element $\bot = \bigsqcup \emptyset$ heißt Bottom und das existierende größte Element $\top = \bigsqcup A$ heißt Top.

11. $\leq$ heißt complete partial order (c.p.o.), falls es ein kleinstes Element in A gibt und jede Kette in A eine kleinste obere Schranke hat.

12. Sei $f \in (A \to A)$. f heißt monoton, wenn gilt:
$$\forall a, b \in A : a \leq b \Rightarrow f(a) \leq f(b)$$

$\square$

(A.10) Satz: (Wohlordnungssatz) Sei S eine Menge, dann gibt es eine Wohlordnung $\leq$ auf S. □

(A.11) Satz: (Zorn'sches Lemma) Sei $(A, \leq)$ induktiv geordnet, dann besitzt A ein maximales Element, d.h. es gilt: $\exists m \in A \; \forall a \in A : (m \leq a \Rightarrow m = a)$ □

Das Zorn'sche Lemma, der Wohlordnungssatz und das Auswahlaxiom sind äquivalent. Genauer wird auf den Zusammenhang z.B. in [133] eingegangen.

(A.12) Definition: Seien A, B Mengen und $\leq \subset A \times A$, $\leq \subset B \times B$ complete partial orders auf A bzw. B.

1. $f \in (A \to B)$ heißt stetig, wenn für alle Ketten $(a_n)_{n \in \mathbb{N}}$ gilt:
   $f(\bigsqcup_{n \in \mathbb{N}} a_n) = \bigsqcup_{n \in \mathbb{N}} f(a_n)$

2. $[A \to B] = \{ f \in (A \to B) \mid$ f ist stetig $\}$

3. Seien $f, g \in [A \to B]$, dann gilt: $f \leq g :\Leftrightarrow \forall a \in A : f(a) \leq g(a)$

□

(A.13) Satz: Sei A eine Menge und $\leq \subset A \times A$ eine c.p.o. auf A. Dann gilt:

1. Sei $f : A \to A$ monoton, dann gibt es einen kleinsten Fixpunkt von f in A, d.h. es gilt:

   $\exists a \in A : (a = f(a) \wedge \forall b \in A : (b = f(b) \Rightarrow a \leq b))$

2. $\leq$ ist eine c.p.o. auf $[A \to A]$

3. Sei $f : A \to A$ stetig, dann ist f monoton.

4. Sei $Fix : [A \to A] \to A$ die Funktion, die jedem $f \in [A \to A]$ den kleinsten Fixpunkt von f zuordnet, dann ist Fix stetig.

Eine tiefergehende Behandlung von c.p.o's bzw. lattices wird in [152, 45] gegeben. □

(A.14) Definition: Seien $A \subset \mathbb{R}_+$ und B Mengen und seien
$f, g \in (A \to B)$, dann gilt für $t_0 \in \mathbb{R}_+ \cup \{\infty\}$:
$f =_{t_0} g :\Leftrightarrow \forall t \in A, t < t_0 : f(t) = g(t)$ □

(A.15) Definition: Sei A eine durch $<$ geordnete Menge. Seien $a_1, a_2 \in A$.

1. $A_{a_1}^{a_2} = \{ a \in A \mid a_1 \leq a < a_2 \}$

2. Sei B eine Menge, und sei $f \in (A \to B)$.
   $f_{a_1}^{a_2} = \{ (a, b) \in f \mid a_1 \leq a < a_2 \}$

□

(A.16) Definition: Sei M eine Menge, sei $d : M \times M \to \mathbb{R}_+$.

1. d heißt Metrik, falls gilt:

   (a) $\forall x, y \in M : d(x,y) = 0 \Leftrightarrow x = y$

   (b) $\forall x, y \in M : d(x,y) = d(y,x)$

   (c) $\forall x, y, z \in M : d(x,z) \leq d(x,y) + d(y,z)$

2. (M, d) heißt metrischer Raum, wenn d eine Metrik ist

$\square$

(A.17) Definition: Sei (M, d) ein metrischer Raum.

1. Sei $(a_n)_{n \in \mathbb{N}} \subset M$ und $a \in M$. $(a_n)_{n \in \mathbb{N}}$ konvergiert gegen a
   ($lim_{n \to \infty} a_n = a$), falls gilt:
   $\forall \epsilon > 0 \, \exists n_0 \in \mathbb{N} \, \forall n \in \mathbb{N}, n > n_0 : d(a_n, a) < \epsilon$

2. Sei $(a_n)_{n \in \mathbb{N}} \subset M$. $(a_n)_{n \in \mathbb{N}}$ heißt Cauchy-Folge, wenn gilt: $\forall \epsilon > 0 \, \exists n_0 \in \mathbb{N} \, \forall n, m \in$
   $\mathbb{N}, n, m > n_0 : d(a_n, a_m) < \epsilon$

3. (M, d) heißt vollständig, wenn jede Cauchy-Folge konvergiert.

4. Sei $\phi : M \to M$. ϕ heißt kontrahierend, wenn es ein $0 < r < 1$ gibt, so daß gilt:
   $\forall x, y \in M : d(\phi(x), \phi(y)) < r * d(x,y)$

5. Sei $A \subset B$, dann ist $\mathcal{HP}(A) = \{ x \in M \mid \forall \epsilon > 0 \, \exists x \neq x_\epsilon \in A : d(x, x_\epsilon) < \epsilon \}$ die
   Menge aller echten Häufungspunkte von A.

6. Sei $A \subset M$, dann heißt A topologisch abgeschlossen, wenn $\mathcal{HP}(A) \subset A$.

$\square$

(A.18) Satz: (Banach'scher Fixpunktsatz) Sei (M, d) ein vollständiger metrischer Raum,
und sei $\phi : M \to M$ kontrahierend, dann gibt es genau einen Fixpunkt von ϕ, d.h. es
existiert genau ein $x \in M$ mit: $x = \phi(x)$. $\hfill \square$

(A.19) Definition:

1. Sei A eine Menge. $\mathcal{F} \subset \mathcal{T} \times A$ heißt verallgemeinerte Folge von $\mathcal{T}$ in A, falls gilt:

   (a) $\mathcal{F}$ ist funktional

   (b) $Vb(\mathcal{F})$ ist wohlgeordnet mit der Ordnung auf $\mathbb{R}$, d.h. für alle $t_1 \in Vb(\mathcal{F})$
       existiert ein $t_2 \in Vb(\mathcal{F})$, so daß gilt:
       $t_1 \neq \max(Vb(\mathcal{F})) \Rightarrow t_1 < t_2$ und für alle $t \in Vb(\mathcal{F})$ gilt: $\neg(t_1 < t < t_2)$.

   (c) $\forall t \in Vb(\mathcal{F}) : \{\hat{t} \in Vb(\mathcal{F}) \mid \hat{t} \leq t\}$ ist abgeschlossen in $\mathbb{R}$.
       Diese Forderung ist gleichbedeutend mit der Forderung:
       $\forall A \subset Vb(\mathcal{F}) : \sup(A) \in Vb(\mathcal{F}) \cup \{\sup(Vb(\mathcal{F}))\}$.

2. $\mathcal{FM}_{\mathcal{T}}^{A}$ ist die Menge aller verallgemeinerten Folgen von $\mathcal{T}$ in A.

3. Für eine verallgemeinerte Folge $\mathcal{F} \in \mathcal{FM}_{\mathcal{T}}^{A}$ und $(t, a) \in \mathcal{F}$ heißt
   $\hat{t} = \min\{t_1 \in Vb(\mathcal{F}) \mid t_1 > t\}$ der Nachfolger von (t, a) bzw. t und $(\hat{t}, \mathcal{F}(\hat{t}))$ das
   Nachfolgeelement von (t, a), bzw. t.

4. Für eine verallgemeinerte Folge $\mathcal{F} \in \mathcal{FM}_{\mathcal{T}}^{A}$ heißt $(t, a) \in \mathcal{F}$ oder $t \in Vb(\mathcal{F})$ Limes-
   Element, falls t nicht der Nachfolger eines $t_0 \in Vb(\mathcal{F})$ ist.

5. Eine verallgemeinerte Folge $\mathcal{F} \in \mathcal{FM}_{\mathcal{T}}^{A}$ hat Schrittweite $t \in \mathcal{T}$, falls für alle $t_0 \in$
   $Vb(\mathcal{F})$ mit Nachfolger t_1 gilt: $t_1 - t_0 \leq t$

6. Für eine verallgemeinerte Folge $\mathcal{F} \in \mathcal{FM}_{\mathcal{T}}^{A}$ ist $\sup(\mathcal{F}) = \sup(Vb(\mathcal{F}))$

7. Eine verallgemeinerte Folge $\mathcal{F} \in \mathcal{FM}_{\mathcal{T}}^{(\mathcal{T} \to A)}$ heißt konsistent, falls gilt:
   $\forall (t_1, I_1), (t_2, I_2) \in \mathcal{F} : I_1 =_{\min(t_1, t_2)} I_2$

   $\mathcal{F}$ heißt echt konsistent, falls $\mathcal{F}$ eine konsistente Folge ist und gilt: $\sup(\mathcal{F}) = \infty$.

8. Eine verallgemeinerte Folge $\mathcal{F} \in \mathcal{FM}_{\mathcal{T}}^{(\mathcal{T} \to A)}$ heißt verträglich mit
   $f \in (\mathcal{T} \to A)$, falls gilt: $\forall (t, f_t) \in \mathcal{F} : f =_t f_t$

9. Seien $\mathcal{F}_1, \mathcal{F}_2 \in \mathcal{FM}_{\mathcal{T}}^{A}$ verallgemeinerte Folgen. $\mathcal{F}_1$ heißt kleiner als $\mathcal{F}_2$, $\mathcal{F}_1 < \mathcal{F}_2$,
   falls gilt: $\forall \hat{t} \in Vb(\mathcal{F}_1) : \{(t, a) \in \mathcal{F}_1 \mid t \leq \hat{t}\} = \{(t, a) \in \mathcal{F}_2 \mid t \leq \hat{t}\}$

□

(A.20) Bemerkung: Sei A eine Menge und $\mathcal{F} \in \mathcal{FM}_{\mathcal{T}}^{A}$ eine verallgemeinerte Folge.
Dann ist $\sup(\mathcal{F}) = \infty$ genau dann, wenn $Vb(\mathcal{F})$ abgeschlossen ist und jedes $t \in Vb(\mathcal{F})$
einen Nachfolger hat. □

Beweis: Sei $\mathcal{F}$ eine verallgemeinerte Folge.

1. Sei $\sup(\mathcal{F}) = \infty$.

   Sei $t \in Vb(\mathcal{F})$. Dann existiert ein $t_0 \in Vb(\mathcal{F})$ mit $t_0 > t$. Also hat t auch einen
   Nachfolger.

   Sei t ein Häufungspunkt von $Vb(\mathcal{F})$. Dann existiert ein $t_0 \in Vb(\mathcal{F})$ mit $t_0 > t$. D.h.
   $t \in Vb(\mathcal{F})$ und damit ist $Vb(\mathcal{F})$ abgeschlossen.

2. Sei $Vb(\mathcal{F})$ abgeschlossen ist und jedes $t \in Vb(\mathcal{F})$ habe einen Nachfolger.

   Angenommen, es gilt: $\sup(\mathcal{F}) < \infty$.

   Sei $t_0 = \inf\{t \in \mathbb{R}_+ \mid \forall t_1 \in Vb(\mathcal{F}) : t_1 \leq t\}$. Da $Vb(\mathcal{F})$ abgeschlossen, gilt:
   $t_0 \in Vb(\mathcal{F})$. t_0 einen Nachfolger t_1 mit $t_1 > t_0$. Dies ist ein Widerspruch.

□

(A.21) Bemerkung: (Prinzip der vollständigen Induktion für verallgemeinerte Folgen)
Sei A eine Menge, $f \in (A \to \{TRUE, FALSE\})$ und $\mathcal{F} \in \mathcal{FM}_{\mathcal{T}}^{A}$. Es gelte:

1. $f(\min(Vb(\mathcal{F}))) = TRUE$

2. Für alle $t_0 \in Vb(\mathcal{F})$, für die für alle $t \in Vb(\mathcal{F})$ mit $t < t_0$ gilt: $f(\mathcal{F}(t)) = TRUE$,
   gilt: $f(\mathcal{F}(t_0)) = TRUE$

Dann gilt für alle $t \in Vb(\mathcal{F})$: $f(\mathcal{F}(t)) = TRUE$. $\qquad\qquad\square$

Beweis: Sei $F = \{t \in Vb(\mathcal{F}) \mid f(t) = FALSE\}$. Sei $t_0 = \min(F)$. Da $t_0 \neq \min(Vb(\mathcal{F}))$
muß aber $f(t_0) = TRUE$ gelten, also $t_0 \notin F$. Dies ist ein Widerspruch. $\qquad\square$

(A.22) Bemerkung:

1. $<$ ist eine partielle Ordnung auf $\mathcal{FM}$.

2. Sei $M \subset \mathcal{FM}$ eine Menge verallgemeinerter Folgen. Für jede linear (bzgl. $<$)
   geordnete Menge $M_0 \subset M$ sei $(\bigcup_{\mathcal{F} \in M_0} \mathcal{F}) \in M$, dann existiert zu jedem $\mathcal{F}_0 \in M$
   eine in M maximale verallgemeinerte Folge $\mathcal{F}_1 \in M$ mit: $\mathcal{F}_0 < \mathcal{F}_1$.

$$\qquad\qquad\square$$

Beweis:

1. Einfaches Nachrechnen der Eigenschaften.

2. Einfache Anwendung des Zornschen Lemmas.

$$\qquad\qquad\square$$

(A.23) Definition: Sei B eine Menge. Sei $d_{\mathcal{T}}^{B} : (\mathcal{T} \to B)^2 \to [0,1]$ mit

$$\forall f, g \in (A \to B) : d_A^B(f,g) = \begin{cases} 0 & : \quad f = g \\ 2^{-\sup_{\mathcal{T}}\{t \in \mathcal{T} \mid f =_t g\}} & : \quad \text{sonst} \end{cases}$$

$$\qquad\qquad\square$$

(A.24) Bemerkung: Sei B eine Menge. $((\mathcal{T} \to B), d_{\mathcal{T}}^{B})$ ist ein vollständiger metrischer
Raum, für den gilt:

1. Sei $0 < t_0 \in \mathbb{R}_+$ und $\phi : (\mathcal{T} \to B) \to (\mathcal{T} \to B)$, so daß gilt:
   $\forall f, g \in (\mathcal{T} \to B), t \in \mathcal{T} : f =_t g \Rightarrow \phi(f) =_{t+t_0} \phi(g)$, dann gilt:
   $d_{\mathcal{T}}^{B}(\phi(f), \phi(g)) \leq 2^{-t_0} d_{\mathcal{T}}^{B}(f,g)$

   Dies bedeutet, daß ϕ kontrahierend ist.

2. Sei $(f_n)_{n \in \mathbb{N}} \subset (\mathcal{T} \to B)$, dann gilt:

   $(f_n)_{n \in \mathbb{N}}$ ist eine Cauchy-Folge (und ist damit genau dann konvergent)
   $\Leftrightarrow \exists (t_n)_{n \in \mathbb{N}} \subset \mathcal{T}$ mit $\lim_{n \to \infty} t_n = \infty$, so daß gilt: $\forall n \in \mathbb{N} : f_n =_{t_n} f_{n+1}$

3. Sei $\mathcal{F} \in \mathcal{FM}_{\mathcal{T}}^{(\mathcal{T} \to B)}$ eine echt konsistente verallgemeinerte Folge, dann existiert genau ein mit $\mathcal{F}$ verträgliches $I \in (\mathcal{T} \to B)$: $\forall (t_1, I_1) \in \mathcal{F}: I_1 =_{t_1} I$

I wird Grenzwert von $\mathcal{F}$ genannt: $I = \lim(\mathcal{F})$.

$\square$

Beweis: Nur von (3): Seien $I_0, I_1 \in (\mathcal{T} \to B)$ mit $\mathcal{F}$ verträglich und $t \in \mathcal{T}$. Es existiert ein $t_0 \in Vb(\mathcal{F})$ mit $t_0 > t$ [da $\mathcal{F}$ echt konsistent ist]. D.h. $I_0(t) = \mathcal{F}(t_0)(t) = I_1(t)$. Also ist $I_0 = I_1$.

Sei $(t_n)_{n \in \mathbb{N}} \subset Vb(\mathcal{F})$ streng monoton steigend mit $\lim_{n \to \infty} t_n = \infty$. Eine solche Folge existiert, da $\mathcal{F}$ echt konsistent ist. Dann ist $(\mathcal{F}(t_n))_{n \in \mathbb{N}}$ eine Cauchy-Folge und konvergiert gegen ein I_0. I_0 ist mit $\mathcal{F}$ verträglich. $\square$

(A.25) Bemerkung: Bei der Definition einer Programmiersprache wird die Semantik dieser Sprache in der Regel zunächst operational angegeben. D.h. es werden einfach die Veränderungen, die ein Befehl durchführt, beschrieben. Schon vor langer Zeit wurde allerdings erkannt, daß diese Beschreibung nur unzureichend ist, um Programme und die dahinterliegenden Konzepte wirklich zu verstehen. Aus diesem Grund wurden denotationale Semantiken entwickelt, die die Semantik von Programmen mit Hilfe von mathematischen Strukturen beschreiben [154]. Es liegt nahe, eine Funktion der Programmiersprache in der denotationalen Semantik auch als mathematische Funktion aufzufassen. Die Menge der Werte, die in der Sprache benutzt werden kann, sei V. Dann ist die denotationale Semantik einer Funktion F in der Sprache ein $f \in (V \to V)$. Gerade in funktionalen Programmiersprachen (deren operationale Semantik meistens durch das λ-Kalkül beschrieben wird), aber auch in allen Computeralgebra-Systemen ist es möglich, higher-order Funktionen zu definieren. Dies sind Funktionen, die beliebige Funktionen – insbesondere sich selbst – als Argument bekommen können. Dies bedeutet, daß die Menge V der Werte der Programmiersprache eine nichttriviale Lösung der Fixpunktgleichung $V = (V \to V)$ sein muß. Innerhalb der normalen Mengenlehre ist dies nicht möglich, da $(V \to V)$ eine höhere Kardinalität als V hat. Es ist also notwendig, nicht alle Funktionen von V nach V zuzulassen, sondern eine Teilmenge zu finden, die es ermöglicht, einen Fixpunkt zu finden, und trotzdem noch genügend Funktionen zuläßt, um sinnvoll arbeiten zu können. Die Standardlösung beruht auf (A.13) und wird z.B. in [154, 153] benutzt. Entscheidend ist dabei, daß alle grundlegenden Operationen in den Standardsprachen, die Komposition stetiger Funktionen und die Fixpunktfunktion Fix, mit deren Hilfe Rekursionen definiert werden, stetig sind. Außerdem ist natürlich wichtig, daß ein Fixpunkt für $V = [V \to V]$ existiert.

Wie in [182, 183] gezeigt wird, ist die Theorie von Scott auf Realzeit-Netzwerken nicht ohne Probleme anwendbar.

Ein weiteres Gebiet der Mathematik, das für denotationale Semantiken verwendet wird, sind vollständige Räume im Zusammenhang mit dem Banach'schen Fixpunktsatz. Beispiele sind die denotationale Semantik von POOL [10, 13, 12, 157], von Realzeit-Netzwerken [147, 182], aber auch von allgemeinen Prozessen [47]. Auch bei dieser Methode kann es Probleme bei der Definition des Wertebereichs der Programmiersprache geben. Für POOL wird dies gelöst, indem nur bestimmte kontrahierende Funktionen zugelassen werden.

In dieser Arbeit werden zunächst vollständigen Räume verwendet, ohne den Banach'schen Fixpunktsatz zu benutzen. Stattdessen wird die Charakterisierung für Cauchy-Folgen benutzt (bei genauerem Hinsehen ist dieses Kriterium sehr eng mit dem Banach'schen Fixpunktsatz verknüpft), da die Anwendung des Banach'schen Fixpunktsatzes etwas zusätzliche Arbeit benötigt und nicht konstruktiv ist. Bei der Behandlung von rekursiven Strukturen wird dann auf vollständige Verbände zurückgegriffen, ohne die Aussagen über stetige Funktionen zu benötigen. In dieser Arbeit braucht keine Rücksicht auf den Wertebereich einer Programmiersprache genommen zu werden, da dieser Wertebereich bereits als gegeben angenommen wird. In der Regel treten aber auch keine Probleme auf, da Objekte in objektbasierten Systemen normalerweise nicht mit Hilfe von Objekten, sondern mit Namen von Objekten kommunizieren. In den Fällen, in denen doch Objekte übertragen werden müssen (z.B. beim Vergleichen), handelt es sich nicht um Objekte höherer Ordnung. □

(A.26) Definition: Ein Tupel $A = (\mathcal{I}^A, \mathcal{O}^A, \mathcal{Z}^A, \mathcal{U}^A, \mathcal{S}^A, \mathcal{OP}^A)$ heißt (Mealy-)Automat, falls gilt:

1. $\mathcal{I}^A$ ist eine Menge. Diese Menge gibt an, welche Eingaben der Automat akzeptiert.

2. $\mathcal{O}^A$ ist eine Menge. Diese Menge gibt an, welche Ausgaben der Automat durchführen kann.

3. $\mathcal{Z}^A$ ist eine Menge. Diese Menge gibt an, in welchen Zuständen sich der Automat befinden kann.

4. $\mathcal{U}^A \subset (\mathcal{Z}^A \times \mathcal{I}^A) \times \mathcal{Z}^A$ ist total, und es gilt:
   $\forall z_1 \in \mathcal{Z}^A \ \forall i \in \mathcal{I}^A : |\{z_2 \in \mathcal{Z}^A \mid ((z_1, i), z_2) \in \mathcal{U}^A\}| < \infty$ (Der Automat verzweigt nur endlich).

   Diese Relation bestimmt, wie sich der Zustand des Automaten in Abhängigkeit von der Eingabe verändern kann. Dabei bedeutet $((z_1, i), z_2) \in \mathcal{U}^A$, daß der Automat, wenn er im Zustand z_1 ist und die Eingabe i erhält, in den Zustand z_2 übergehen kann.

5. $\mathcal{S}^A \in \mathcal{Z}^A$ gibt an, von welchem Anfangszustand aus eine Rechnung dieses Automaten startet.

6. $\mathcal{OP}^A \in ((\mathcal{Z}^A \times \mathcal{I}^A) \to \mathcal{O}^A)$. Diese Funktion bestimmt, welche Ausgaben ein Automat durchführt. Dabei bedeutet $o = \mathcal{OP}^A(z, i)$, daß der Automat im Zustand z bei Eingabe i die Ausgabe o tätigt.

A heißt endlicher Automat, wenn $\mathcal{Z}^A$ endlich ist.
A heißt determiniert, wenn $\mathcal{U}^A$ funktional ist. □

(A.27) Definition: Sei $A = (\mathcal{I}^A, \mathcal{O}^A, \mathcal{Z}^A, \mathcal{U}^A, \mathcal{S}^A, \mathcal{OP}^A)$ ein Automat.

1. Sei $I \in (\mathbb{N} \to \mathcal{I}^A)$. $R \in (\mathbb{N} \to \mathcal{Z}^A)$ heißt Rechnung von A zur Eingabe I, falls gilt:

   (a) $R(0) = \mathcal{S}^A$
   (b) $\forall n \in \mathbb{N} : ((R(n), I(n)), R(n+1)) \in \mathcal{U}^A$

2. Eine Rechnung R zu einer Eingabe I heißt stark fair, wenn gilt: $\forall z, \hat{z} \in \mathcal{Z}^A \, \forall i \in \mathcal{I}^A$:

$$((|\{n \in \mathbb{N} \mid R(n) = z \wedge I(n) = i\}| = \infty \wedge ((z,i),\hat{z}) \in \mathcal{U}^A)$$
$$\Rightarrow |\{n \in \mathbb{N} \mid R(n) = z \wedge I(n) = i \wedge R(n+1) = \hat{z}\}| = \infty)$$

Eine Rechnung ist also stark fair, wenn sie einen Übergang, der sich ihr unendlich oft bietet, auch unendlich oft nimmt. Es gibt noch andere Begriffe von Fairness [54] – da Fairness in dieser Arbeit nur für Beispiele benutzt wird, wird an dieser Stelle nicht weiter auf dieses Konzept eingegangen.

3. Sei R eine Rechnung zur Eingabe I. $O \in (\mathbb{N} \to \mathcal{O}^A)$ heißt Ausgabe zur Eingabe I und Rechnung R, wenn gilt:

$$\forall n \in \mathbb{N} : O(n) = \mathcal{OP}^A(R(n), I(n))$$

4. $\mathcal{OP}^{A^*} = \{(I,O) \in ((\mathbb{N} \to \mathcal{I}^A) \times \mathcal{Z}^A) \times (\mathbb{N} \to \mathcal{O}^A) \mid$ Es existiert eine Rechnung R zur Eingabe I mit Ausgabe O $\}$

□

(A.28) Definition: Seien $A_1 = (\mathcal{I}_1^A, \mathcal{O}_1^A, \mathcal{Z}_1^A, \mathcal{U}_1^A, \mathcal{S}_1^A, \mathcal{OP}_1^A)$ und $A_2 = (\mathcal{I}_2^A, \mathcal{O}_2^A, \mathcal{Z}_2^A, \mathcal{U}_2^A, \mathcal{S}_2^A, \mathcal{OP}_2^A)$ zwei Automaten. $h \in (\mathcal{Z}_1^A \to \mathcal{Z}_2^A)$ heißt Automatenhomomorphismus, falls gilt:

1. $h(\mathcal{S}_1^A) = \mathcal{S}_2^A$

2. $\forall ((z_1,i), z_2) \in \mathcal{U}_1^A$:
   $((h(z_1),i), h(z_2)) \in \mathcal{U}_2^A \wedge \mathcal{OP}_1^A(z_1,i) \subset \mathcal{OP}_2^A(h(z_1),i)$

Sei R eine Rechnung von A_1 zur Eingabe I, dann ist $h(R) = (h(R(n)))_{n \in \mathbb{N}} \in (\mathbb{N} \to \mathcal{Z}_2^A)$

□

(A.29) Bemerkung: Seien $A_1 = (\mathcal{I}_1^A, \mathcal{O}_1^A, \mathcal{Z}_1^A, \mathcal{U}_1^A, \mathcal{S}_1^A, \mathcal{OP}_1^A)$ und $A_2 = (\mathcal{I}_2^A, \mathcal{O}_2^A, \mathcal{Z}_2^A, \mathcal{U}_2^A, \mathcal{S}_2^A, \mathcal{OP}_2^A)$ zwei Automaten. $h \in (\mathcal{Z}_1^A \to \mathcal{Z}_2^A)$ ein Automatenhomomorphismus.

1. Sei R eine Rechnung von A_1 zur Eingabe I. Dann ist $h(R)$ eine Rechnung von A_2 zur Eingabe I.

2. Sei R eine stark faire Rechnung von A_1 zur Eingabe I, dann ist $h(R)$ nicht notwendigerweise eine stark faire Rechnung von A_2 zur Eingabe I.

3. Sei R eine Rechnung von A_1 zur Eingabe I, so daß $h(R)$ eine stark faire Rechnung von A_2 zur Eingabe I ist. Dann ist R eine stark faire Rechnung von A_1 zur Eingabe I.

□

(A.30) Satz: (König's Lemma) Jeder endlich verzweigende unendliche Baum hat unendliche Tiefe. □

Anhang B

Kurze MuPAD-Einführung

MuPAD ist ein general purpose Computeralgebra-System. D.h. es ist prinzipiell dafür ausgelegt, in allen Bereichen der Computeralgebra eingesetzt zu werden. An dieser Stelle wird nur eine kurze Beschreibung von MuPAD gegeben. Ausführlichere Beschreibungen findet man online oder in [58, 60, 59, 57, 56].

MuPAD besitzt als general purpose System eine eigene Sprache, mit deren Hilfe die Funktionalität von MuPAD erweitert werden kann. Ein Ziel beim Entwurf von MuPAD war, alle Daten – und dazu gehören auch Programme – gleich behandeln zu können. D.h. auch Programme können als Argument an Funktionen übergeben (dies ist Standard in Computeralgebra-Systemen) und sogar mit Hilfe von normalen Funktionen manipuliert werden (dies ist *nicht* Standard). Es sollte weiterhin möglich sein, imperative Programmkonstrukte wie Zuweisungen und Schleifen zu implementieren, da ein großer Teil aller Programmierer an imperative Programmiertechniken gewöhnt ist und sich nicht umgewöhnen will.

Als Semantik von MuPAD wurde deshalb eine Obermenge der Semantik von funktionalen (sowohl normalen als auch "lazy") Programmiersprachen gewählt. Genau wie in funktionalen Programmiersprachen werden alle Operationen – auch Anweisungen – durch Funktionen ausgeführt, die auch ein Ergebnis zurückliefern. Anders aber als in funktionalen Programmiersprachen entscheiden in MuPAD die Funktionen, ob und welche ihrer Argumente ausgewertet werden. Eine Funktion kann eines ihrer Argumente auch mehrmals auswerten (was natürlich nur sinnvoll ist, um Seiteneffekte zu erzielen, bzw. wenn Seiteneffekte das Ergebnis verändert haben könnten). Auf diese Weise passen **if then else end_if**, aber auch die **for from to do end_for** und die **while do end_while** Schleifen trivial in die Semantik von MuPAD. Da die vom Benutzer erzeugten Funktionen standardmäßig alle ihre Argumente auswerten, merkt der Benutzer normalerweise nichts von dieser erweiterten Funktionalität (außer dadurch, daß er imperative Konstrukte benutzen kann). Im Bedarfsfall hat der Benutzer allerdings die Möglichkeit, diese Funktionalität auszunutzen. Eine kurze Zusammenfassung der MuPAD-Sprache wird z.B. in [67, 69] gegeben.

Innerhalb von benutzerdefinierten Funktionen – Prozeduren genannt – stehen lokale Variablen zur Verfügung. Bei Zugriffen auf Variablen wird dynamisches Scoping benutzt. D.h. eine Funktion kann auf eine lokale Variable einer Vorgängerfunktion zugreifen, falls diese Variable nicht von einer lokalen Variable desselben Namens von einer Funktion, die später im Aufrufbaum vorkommt, überdeckt wird. Zu diesem Aufrufbaum gehört die

ausführende Funktion selbst auch. Die ersten Versionen von Lisp benutzten ebenfalls
dynamisches Scoping. Später wurden aber auch Dialekte mit lexikographischem Scoping
entwickelt (d.h. der Zugriff auf Variablen hängt nicht vom Aufrufbaum sondern von der
Stelle der Definition ab), da dynamisches Scoping einige entscheidende Schwächen hat
(dynamisches Scoping wird z.B. in [3, 9] diskutiert, ohne allerdings auf einen parallelen
Aspekt einzugehen):

1. Dynamisches Scoping implementiert nicht die α-Conversion, die besagt, daß das
   Ergebnis einer Rechnung einer Funktion nicht von den Namen der verwendeten
   lokalen Variablen und Parametern abhängen soll.

2. Dynamisches Scoping modelliert – im Gegensatz zu lexikographischem Scoping – die
   β-Conversion, die besagt, wie im λ-Calculus Funktionsapplikationen durchgeführt
   werden, nicht korrekt.

3. Programme mit Lexical-Scoping sind effizienter zu compilieren, da das Verändern
   von Variablen nur ganz wenigen Funktionen bekannt gemacht werden muß und
   dadurch eine größere Anzahl von Optimierungen durchgeführt werden kann. Die
   Benutzung einer Variablen kann z.B. teilweise völlig eliminiert werden.

Da der λ-Calculus – die operationale Semantik der meisten funktionalen Sprachen – auf
der α- und β-Conversion aufbaut, ist sicher nicht zu erwarten, daß der λ-Calculus als
operationale Semantik für MuPAD dienen kann. Dies ist aber auch nicht intendiert.

Andererseits hat dynamisches Scoping auch einen entscheidenden Vorteil gegenüber lexikographischem Scoping:

Eine Funktion hat die Möglichkeit, einer 'globalen' Variable für die von ihr aufgerufenen nicht-lokalen Funktionen einen Wert zuzuweisen, ohne diese Variable am Anfang der
Funktion auf den Wert zu setzen und am Ende der Funktion wieder zurückzusetzen. Diese
'globale' Variable braucht von dieser Funktion nur als lokale Variable deklariert zu werden.

Dies ist insbesondere wichtig, wenn mehrere Funktionen parallel ausgeführt werden. Dann
ist das Verändern einer globalen Variablen nicht nur unelegant, sondern falsch. Manchmal
ist es aber nur mit sehr großem Aufwand möglich, die Verwendung solcher 'globalen'
Variablen zu vermeiden. Dem Autor ist keine Methode bekannt, mit der dieser Nachteil
des lexikographischen Scopings behoben werden kann.

Die Schwächen des dynamischen Scopings sind dagegen relativ einfach mit Hilfe von Na-
mensräumen zu beheben:

Da die Probleme des dynamischen Scoping nur auftreten, wenn Funktionen durch die
Wahl der Namen ihrer lokalen Variablen oder Parameter ungewollt Variablen verdecken,
reicht es, wenn man sicherstellt, daß die Namen von lokalen Argumenten und Parametern
verschiedener Funktionen verschieden sind.

Wenn sicher ist, daß jede Funktion einen Namensraum hat, auf den nur lokale Funktionen
zugreifen, können die Variablen aus diesem Namensraum auf genau die gleiche Weise mit
den gleichen Optimierungstechniken implementiert werden wie lexikographisch gescopte
Variablen. Ein Compiler kann diese Variablen als rein lokal erkennen und braucht ihren Wert nicht anderen Funktionen bekannt zu machen. Natürlich kann und sollte man
dem Benutzer noch die Möglichkeit einräumen, auf Wunsch Variablen aus anderen Na-
mensräumen als dem eigenen als lokale Variablen zu verwenden, um so in den Genuß der
Vorteile des dynamischen Scopings zu kommen.

Zusammenfassend läßt sich sagen, daß dynamisches Scoping echt mächtiger als lexikographisches Scoping ist und Probleme vermieden werden können, wenn dies gewollt ist. Im parallelen Fall treten beim lexikographischem Scoping Probleme auf, die mit Hilfe von dynamischem Scoping sehr elegant gelöst werden können.

Durch die Erzeugung vieler verschiedener Namensräume entsteht natürlich leicht eine sehr große Anzahl von Variablen. Dies bedeutet, daß in MuPAD die Zeit für einen Kontextwechsel nicht von der Anzahl der definierten Variablen abhängig sein darf. Shallow binding [3, 9] als Implementationsstrategie für den Stack scheidet somit aus. Da bei der Abarbeitung eines Programmes sehr häufig auf Variablen zugegriffen wird, muß auch jeder einzelne Zugriff auf Variablen sehr schnell sein, so daß deep binding [3, 9] als Implementationsstrategie für den Stack ebenfalls ausscheidet. Deshalb wurde in MuPAD eine hybride Strategie implementiert [100], die bereits in [142] vorgeschlagen wird.

Anhang C

Parallelität in MuPAD

C.1 Überblick

Die Computeralgebra ist ein Bereich, in dem bei Rechnungen aus sehr kleinen Daten riesige Datenmengen erzeugt werden können – dies ist als intermediate data swell bekannt. Dieses Anwachsen der Daten kann in den meisten Fällen nicht vorhergesagt werden. Ein einfaches Beispiel ist die Berechnung von: $(x^{100} - 1)/(x - 1)$. Das Ergebnis dieses Ausdruckes ist nämlich: $x^{99} + x^{98} + \ldots + x + 1$.

In allen heutigen Computeralgebra-Systemen wird diesem Problem mit Hilfe von Unique Data Representation entgegengewirkt. Bei dieser Technik werden logisch gleiche Daten (teilweise) auch nur einmal physikalisch gehalten, obwohl sie an völlig verschiedenen Stellen auftreten. So würde in dem Datum: $sin(ln(x))+sin(ln(x))^2+sin(ln(x))^3+sin(ln(x))^4$ das Datum $sin(ln(x))$ nur ein einziges Mal gespeichert. In diesem kleinen Beispiel ist die dadurch erzielte Speichereinsparung sehr klein. Zu jedem $c > 1$ kann allerdings ein Ausdruck so konstruiert werden, daß der Ausdruck ohne Unique Data Representation gespeichert c-mal mehr Speicher benötigt als ein optimal repräsentierter Ausdruck. Ein Prototyp eines solchen Ausdrucks ist: $f(f(f(1,1), f(1,1)), f(f(1,1), f(1,1)))$.

Die Technik der Unique Data Representation hilft auch in anderen Bereichen, z.B. dem Vergleichen von Ausdrücken. Der aufwendige Fall, logisch gleiche Ausdrücke als gleich zu erkennen, kann in Zeit O(1) gelöst werden, wenn die Ausdrücke physikalisch gleich sind – das Erkennen von Ungleichheit kann mit Hilfe von Signaturen mit großer Wahrscheinlichkeit in O(1) gelöst werden [134]. Bei Gewährleistung einer echten Unique Data Representation ist sowohl das Erkennen von Gleichheit wie auch das Erkennen von Ungleichheit immer in O(1) möglich.

Aber trotzdem wird es immer relevante Probleme geben, für die der Hauptspeicher eines Rechners nicht ausreicht. Eine Vergrößerung des Sekundärspeichers ist keine Lösung, da ein Programm durch Swappen unerträglich langsam wird. Eine Vergrößerung des Hauptspeichers ist ebenfalls keine Lösung, da eine Vergrößerung des Hauptspeichers sehr teuer ist und nicht für selten auftretende Probleme durchgeführt werden wird. Bei vielen heutigen Rechnern würden dadurch auch die Grenzen des adressierbaren Speichers überschritten. Außerdem wäre eine solche Lösung lediglich eine Speziallösung, die nur von wenigen Anwendern genutzt werden könnte.

Andererseits stehen heute allen Forschungsinstituten große verteilte Rechner in Form von Workstations zur Verfügung. Der Speicher, den alle diese Workstations zusammen besitzen, ist heute bereits sehr groß und wird in Zukunft sicher noch wesentlich wachsen (sowohl durch eine größere Anzahl von Rechnern als auch durch größere Arbeitsspeicher). Eine kanonische Lösung des Problems des zu kleinen Arbeitsspeichers ist folglich die Kombination der Hauptspeicher einer großen Anzahl von Rechnern zu einem einzigen großen Speicher – dessen Größe auch über die Größe des von einem Rechner adressierbaren Speichers hinausgehen kann.

Es ist allerdings nicht sinnvoll, die Speicher anderer Rechner nur als Sekundärspeicher eines Rechners zu benutzen, da sonst die gleichen Probleme wie bei der Benutzung von Platten auftreten. Stattdessen sollte jeder Rechner selbst an einem Teil des Problems arbeiten – das Problem müßte also parallelisiert werden – und den größten Teil der von ihm benötigten Daten im eigenen Speicher halten, um Ladezeiten von Daten zu minimieren.

Zusätzlich sollte eine Unique Data Representation auch über Rechnergrenzen hinweg möglich sein, da so der insgesamt benötigte Speicher beschränkt und der gerade auf verteilten Systemen duch Unique Data Representation erzielte Geschwindigkeitsgewinn bei Vergleichsoperationen ausgenutzt wird.

Wie bereits erwähnt wurde, kann ein Programm den gesamten Speicher und auch die Rechenkapazität eines verteilten Systems nur dann sinnvoll nutzen, wenn es parallel programmiert ist. Es ist also nötig, die Programme zu parallelisieren. Dies wird nur – relativ fehlerfrei – durchgeführt werden, wenn das parallele Paradigma effizient und einfach zu benutzen ist.

Zu den schwierigsten Aufgaben bei der parallelen Programmierung gehören:

1. Mapping von Tasks auf Prozessoren

2. Kommunikation zwischen verschiedenen Tasks

Diese Aufgaben sollten vom Computeralgebra-System übernommen werden, solange es effizient möglich ist. Dies wird in MuPAD von der Mikroparallelität geleistet.

Automatisches Mapping kann nur durchgeführt werden, wenn viel über die zu mappenden Tasks bekannt ist oder wenn die Kommunikationszeiten zwischen den einzelnen Rechnern sehr klein sind. Ein Netz von Workstations wird aber nur in wenigen Fällen sehr niedrige Kommunikationszeiten haben – wenigstens ab einer gewissen Größe. Außerdem besteht ein Netz teilweise aus räumlich weit getrennten Rechnern, so daß die Lichtgeschwindigkeit eine Grenze für die Kommunikationszeiten setzt (Latenzzeit).

Es gibt eine Reihe von Informationen, die der Benutzer geben kann, um ein Mapping zu verbessern. Syntaktische Konstrukte für diese Informationen zu finden, ist allerdings sehr schwierig, insbesondere da es wahrscheinlich unmöglich ist, alle jemals sinnvollen Informationen im Vornherein zu bestimmen. Außerdem sind heute noch keine optimalen Algorithmen für die verschiedenen Informationen und die verschiedenen zugrundeliegenden Hardware-Architekturen bekannt. Deshalb ist es sinnvoll, ein paralleles Paradigma anzubieten, das dem Programmierer völlige Kontrolle über das Mapping und die Kommunikation von Tasks gibt. Für diese Zwecke existiert in MuPAD die Makroparallelität.

Völlige Kontrolle bedeutet aber auch, daß das Programmieren aufwendig und teilweise schwierig ist. Deshalb müssen in der MuPAD-Sprache geschriebene Libraries angeboten werden, mit deren Hilfe eine große Klasse von Problemen trotzdem noch einfach zu lösen ist. Da die durch dieses Paradigma ausgenutzte Parallelität relativ grobkörnig sein wird, sind die Laufzeiten der Library-Funktionen zu vernachlässigen.

C.2 Mikroparallelität

C.2.1 Motivation

Bei der Lösung vieler Probleme tritt eine relativ feinkörnige Parallelität – eine große Anzahl von sehr schnell abzuarbeitenden Aufgaben – auf. Bei der Benutzung eng gekoppelten Rechnern (und meistens auch nur dann) lohnt es sich, diese auszunutzen. Allerdings muß die Verteilung der erzeugten Teilprobleme auf die vorhandenen Rechner sehr schnell sein, da sonst der durch die Parallelität erzielte Geschwindigkeitsgewinn wieder verloren wird. D.h. die parallelen Konstrukte können nicht in der MuPAD-Sprache sondern müssen direkt im Kern implementiert sein. Es dürfen keine in der MuPAD-Sprache implementierten Funktionen verwendet werden, um die Benutzung komfortabel zu gestalten. Auf der anderen Seite muß die Benutzung der Parallelität trotzdem einfach sein, damit sie nicht nur von Spezialisten benutzt werden kann.

Die Funktionalität der Mikroparallelität wird auch in [58, 59] ausführlich beschrieben.

C.2.2 Funktionalität

Mit Hilfe der in der Mikroparallelität vorhandenen Konstrukte hat der Benutzer die Möglichkeit, explizit Anweisungen als parallel-ausführbar bzw. als sequentiell auszuführen zu kennzeichnen. MuPAD führt die als parallel-ausführbar gekennzeichneten Anweisungen parallel auf den zur Verfügung stehenden Prozessen (logischen Ausführungseinheiten) aus.

Die Scoping-Regeln für parallel ausführbare Anweisungen sind eine kanonische Erweiterung des normalen dynamischen Scopings. D.h. eine Anweisung hat exklusiven Zugriff auf von ihr selbst angelegte Variablen, muß sich den Zugriff auf globalere Variablen aber mit ihren Geschwistern teilen. Über solche globalen Variablen ist eine Kommunikation mit anderen Anweisungen möglich. Für den Benutzer stellt sich ein Cluster also wie eine shared Memory Maschine (Abbildung C.1) dar. Eine effiziente Implementation dieser Scoping-Regel wird in [100, 142] beschrieben.

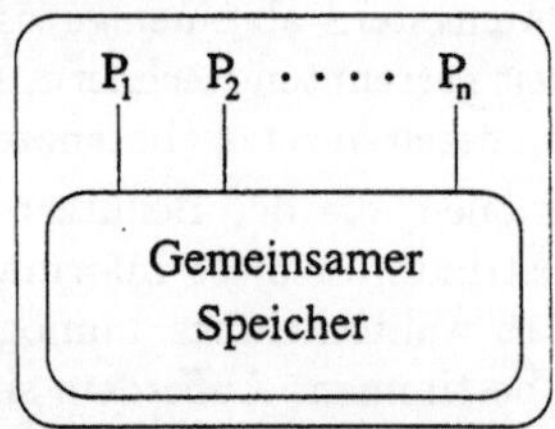

Abbildung C.1: Mikroparallelität

Die parallelen for-Schleifen

MuPAD stellt zwei Versionen der parallelen for-Schleife zur Verfügung (analog zu den sequentiellen Versionen). Eine Version ist die Schleife

```
for <i> from <start> to <end> parallel
```

```
    private <priv>;

    <stmtseq>
end_for
```

Diese Schleife führt für jeden Wert zwischen *<start>* und *<end>* einschließlich die Anweisung *<stmtseq>* aus. Dabei sind die Variablen *<priv>* – *<priv>* kann eine beliebige endliche Sequenz von Variablen sein – und *<i>* lokal für jede Anweisung. Während die Variablen *<priv>* zu Beginn der Anweisung noch für sich selbst stehen, repräsentiert *<i>* den Wert, den der Schleifenzähler beim Erzeugen dieser parallelen Anweisung hatte.

Als Ergebnis liefert die Schleife eine Sequenz der Ergebnisse der Anweisungen in ihrer natürlichen Reihenfolge.

Ähnlich arbeitet die zweite parallele Schleife

```
for <i> in <A> parallel
    private <priv>;

    <stmtseq>
end_for
```

Sie führt die Anweisung *<stmtseq>* parallel für jeden Operanden von *<A>* aus. Jede Anweisung hat dabei *<i>* und *<priv>* automatisch als lokale Variablen, wobei *<i>* den entsprechenden Operanden enthält. Auch diese Schleife gibt die Ergebnisse der Anweisungen in der Reihenfolge der Operanden von *<A>* aus.

Parallele und sequentielle Blöcke

Mit Hilfe der Anweisung

```
parbegin
    private <priv>;

    <stmt₁>
    ⋮
    <stmtₙ>
end_par
```

werden die Anweisungen *<stmt₁>* bis *<stmtₙ>* parallel ausgeführt. Es wird eine Sequenz der Ergebnisse in ihrer natürlichen Reihenfolge zurückgegeben. Jede Anweisung hat dabei *<priv>* automatisch als lokale Variablen.

Mit Hilfe der Anweisung

```
seqbegin
    private <priv>;

    <stmt₁>
    ⋮
    <stmtₙ>
end_seq
```

können die Anweisungen *<stmt₁>* bis *<stmtₙ>* auch in einer `parbegin end_par`-Anweisung sequentiell ausgeführt werden.

C.2.3 Beispiele

An Hand zweier Beispiele – der Berechnung der Fibonacci-Zahlen mit Hilfe der üblichen Definition und der normalen Matrixmultiplikation (beidesmal wurden keine optimalen Algorithmen benutzt) – soll gezeigt werden, wie ein Programm zu parallelisieren ist und welche Auswirkungen dies auf die Laufzeit hat.

Die Laufzeiten wurden auf einer mit 12 Prozessoren des Typs 80386 – jeweils mit 16MHz getaktet – ausgestatteten Sequent Symmetry gemessen. Die folgenden Angaben für die Laufzeiten geben bei den sequentiellen Programmen die benötigte Prozessorzeit an, während sie bei den parallelen Programmen die benötigte Realzeit angeben. Da die Maschine nicht vom Tester allein benutzt wurde, können bei den parallelen Programmen höhere Zeiten dadurch hervorgerufen werden, daß dem parallelen MuPAD nicht immer genügend Prozessoren zur Verfügung standen. Je größer die von MuPAD benutzte Anzahl von Prozessoren ist, desto größer ist die Wahrscheinlichkeit für dieses Ereignis. Dies war beim Testen daran zu erkennen, daß die Varianz der gemessenen Laufzeiten mit der Anzahl der benutzten Prozessoren stark anstieg.

In den folgenden Tabellen, die Laufzeiten enthalten, werden die Laufzeiten in Sekunden angegeben. Danach folgt der Speedup gegenüber dem sequentiellen Programm auf der sequentiellen Version.

Fibonacci-Zahlen

Programme: Programme, die die Definition der Fibonacci-Zahlen implementieren, können in MuPAD wie folgt aussehen:

```
f1 := proc(n)
    begin
      if n < 2 then
          1
      else
          f1(n-1) + f1(n-2)
      end_if
    end_proc:

f2 := proc(n)
    begin
      if n < 2 then
          1
      else
        _plus((parbegin
                  f2(n-1) ;
                  f2(n-2)
                end_par))
        end_if
    end_proc:

f3 := proc(n)
```

```
begin
   if n < 12 then
      f1(n)
   else
      _plus((parbegin
                f3(n-1) ;
                f3(n-2)
             end_par))
   end_if
end_proc:
```

Bei der Prozedur `f1` handelt es sich um eine kanonische sequentielle Implementation der Definition der Fibonacci-Zahlen.

Es fällt auf, daß die Summanden der Summe in `f1` unabhängig voneinander, also auch parallel berechnet werden können. Dies wird in `f2` durch eine Umschachtelung der Berechnung der Summanden mit `parbegin` `end_par` gekennzeichnet.

Die von `f2` erzeugten Tasks haben nur eine sehr geringe Laufzeit – die Parallelität ist sehr feinkörnig. Bekanntermaßen kann sich eine sehr feinkörnige Parallelität negativ auf die Laufzeit eines parallelen Programms auswirken. Aus diesem Grund wurde in `f3` darauf geachtet, daß ein großer Teil (in diesem Fall die Hälfte) der anfallenden Tasks eine längere Laufzeit hat. Dies muß momentan vom Programmierer ohne Unterstützung von MuPAD durchgeführt werden.

Laufzeiten: Auch bei der Ausführung sequentieller Programme benutzt die parallele MuPAD-Version Locks. Daher ist zu erwarten, daß die sequentielle MuPAD-Version effizienter arbeitet als die parallele. In Tabelle C.1 werden die Laufzeiten von `f1` auf der parallelen und der sequentiellen Version verglichen. Die Kosten des Locks sind klar er-

	f1(16)	f1(20)	f1(22)	f1(24)
Sequentiell	13/1	91/1	239/1	625/1
Parallel	17/0.76	117/0.77	317/0.75	837/0.74

Tabelle C.1: Laufzeit/Speedup des sequentiellen Fibonacci-Progamms auf sequentiellem und parallelem MuPAD in Sekunden

kennbar.

Interessant ist nun, wie sich die parallelen Programme `f2` und `f3` bei verschiedenen Anzahlen von Prozessoren verhalten (Tabelle C.2). Die Laufzeiten von `f2` sind um ein Vielfaches höher als die entsprechenden Laufzeiten von `f1` und `f3`. Anscheinend ist die Zeit für die Erzeugung und den Start eines Tasks erheblich höher als die Laufzeit der von `f2` erzeugten Tasks. Interessant ist, daß die Laufzeit durch Erhöhung der Prozessorzahl kaum abnimmt. Dies könnte daran liegen, daß sich die Prozessoren bei der Erzeugung und beim Nehmen von Tasks gegenseitig stören und dadurch Wartezeiten provozieren. Die Tabelle C.3 gibt an, wieviele Tasks während einer Rechnung angelegt werden.

	f3(16)	f3(20)	f3(22)	f3(24)	f2(16)	f2(20)
2	10/1.30	66/1.38	178/1.34		18/0.72	422/0.22
4	6/2.16	36/2.52				
6	4/3.25	26/3.50			10/1.30	350/0.26
8	4/3.25	21/4.33				
10	3/4.33	20/4.55	48/4.98	122/5.12	10/1.30	335/0.27

Tabelle C.2: Laufzeiten/Speedup der parallelen Fibonacci-Funktionen mit verschiedenen Prozessorzahlen in Sekunden

Aufruf	f3(16)	f3(20)	f3(22)	f3(24)	f2(16)	f2(20)	f2(22)	f2(24)
Tasks	24	176	464	1218	3192	21890	57312	150048

Tabelle C.3: Anzahl der von den parallelen Fibonacci-Funktionen während der Laufzeit erzeugten Tasks

Matrixmultiplikation

Programme: Kanonische Programme zur Multiplikation von Matrizen (repräsentiert mit Hilfe von Tabellen) sehen in MuPAD wie folgt aus:

```
mult:=
proc(n, k, m, m1, m2)
   local e, i, j, l, r;
begin
   for i from 1 to n do
      for j from 1 to m do
         e := 0;
         for l from 1 to k do
            e := e + m1[i, l]*m2[l, j]
         end_for ;
         r[i, j] := e
      end_for
   end_for ;
   r
end_proc:

ms:= #********Sequentielles Testprogramm********#
proc(n)
begin
   mult(20, n, 20, table(), table())
end_proc:

pmult:=
proc(n, k, m, m1, m2)
   local i, r;
```

```
begin
   for i from 1 to n parallel
      private j ;
      for j from 1 to m parallel
         private l, e ;
         e := 0 ;
         for l from 1 to k do
            e := e + m1[i, l]*m2[l, j]
         end_for ;
         r[i, j] := e
      end_for
   end_for ;
   r
end_proc:

mp:= #********Paralleles Testprogramm********#
proc(n)
begin
   pmult(20, n, 20, table(), table())
end_proc:
```

Laufzeiten: Wieder sind die Kosten der in der parallelen Version benutzten Locks zu erkennen, halten sich aber noch in einem vertretbaren Rahmen (Tabelle C.4). Interessanterweise unterscheiden sich die Laufzeiten der sequentiellen und der parallelen Version bei der Matrixmultiplikation wesentlich weniger als bei der Berechnung der Fibonacci-Zahlen. Der Grund dieses Phänomens ist dem Autor unbekannt. Sind die bei der Multiplikation

	ms(1)	m2(2)	ms(5)	ms(10)	m2(20)	ms(40)
Sequentiell	4/1	6/1	13/1	28/1	59/1	161/1
Parallel	6/0.66	8/0.75	16/0.81	31/0.90	64/0.92	167/0.96

Tabelle C.4: Laufzeit/Speedup des sequentiellen Multiplikationsprogamms auf sequentiellem und parallelem MuPAD in Sekunden

erzeugten Tasks sehr klein, so wird wiederum kaum oder sogar kein Geschwindigkeitsgewinn erzielt. Bereits bei Problemen mittlerer Größe erreicht die parallele Version einen einigermaßen befriedigenden Geschwindigkeitsgewinn. Beim Übergang von 5 auf 10 Prozessoren allerdings erhöht sich die Geschwindigkeit kaum. Dies könnte daran liegen, daß der Rechner während der Testphasen zu stark von anderen Nutzern belastet wurde. Die Varianzen bei der Messung mit 10 Prozessoren waren extrem hoch – es wurden Laufzeitunterschiede von fast 20 Sekunden gemessen.

C.2.4 Implementation

Bei der Implementierung der Mikroparallelität wurden nur die UNIX-Funktionen mmap() und join() sowie Funktionen zum Setzen und Rücksetzen von Locks und Verschicken von

	mp(1)	mp(2)	mp(5)	mp(10)	mp(20)	mp(40)
2	4/1	6/1	11/1.18	19/1.47	37/1.59	90/1.79
5	3/1.33	4/1.5	5/2.6	9/3.11	18/3.27	43/3.74
10	5/0.8	4/1.5	5/2.6	6/4.66	14/4.21	34/4.73

Tabelle C.5: Laufzeiten/Speedup der Multiplikationsfunktionen mit verschiedenen Prozessorzahlen in Sekunden

Signalen verwendet. Da diese Funktionen auf allen UNIX System V angeboten werden – wenn auch mit leicht unterschiedlichen Parametern und Semantik – sollte eine Portierung auf alle System V Systeme relativ einfach sein. Bei Portierung auf verschiedene Systeme stellte sich allerdings heraus, daß die Effizienz der momentanen Implementation entscheidend von der Effizienz des Setzens und Rücksetzens der Locks abhängt. Dies liegt hauptsächlich daran, daß die momentane Implementation der zugrundeliegenden Speicherverwaltung MAMMUT [134] auf der Basis von (nicht gewichteten) Referenzzählern arbeitet, die die Benutzung von Locks bei der Veränderung der Referenzzähler erfordert. Eine andere Strategie bei der Implementation von MAMMUT müßte dieses Problem beheben.

Wie in [135] gezeigt wird, ist die Performance von Locks auf einem SparcCenter1000 schlecht, während die Performance auf einer Sequent Symmetry befriedigend ist.

Eine Implementation des notwendigen parallelen Stacks wird in [100] beschrieben. Dabei wird eine in [142] vorgestellte Technik verwendet.

Die Verteilung der Aufgaben an die Prozesse funktioniert mit Hilfe eines Task-Stacks. Jeder Prozeß eines Clusters, der Tasks erzeugt, legt diese auf den Task-Stack. Jeder Prozeß des Clusters, der keine Aufgabe hat, nimmt eine Aufgabe von diesem Task-Stack. Diese Art des Mappings von Tasks auf Prozesse ist sehr einfach, dafür aber sehr effizient zu programmieren. Bei einer größeren Anzahl von Prozessoren, die sehr kurze Tasks bearbeiten, scheint der Task-Stack aber zu einem Hot-Spot werden zu können. Dies bedeutet, daß sich die Prozesse beim Ablegen/Nehmen von Tasks auf/von dem Task-Stack gegenseitig behindern und so Wartezeiten provozieren können. Es ist deshalb möglicherweise sinnvoll, eine andere Technik zu implementieren.

In den ersten parallelen MuPAD-Versionen wurde anstatt eines Task-Stacks eine Task-Queue verwendet. Dies kann zu einer großen Anzahl von gleichzeitig auftretenden Tasks führen, da der Baum der Tasks ähnlich einer Breitensuche durchlaufen wird. Bei der Verwendung von Heureka-Parallelität – also einer Parallelität, bei der die Beendigung eines Tasks mit einem positiven Resultat die Beendigung aller anderen Tasks nach sich ziehen kann – ist dieses Verfahren sehr schlecht.

Man habe z.B. das Problem, daß man zu einer Funktion g den Funktionswert $g(i,j)$ für ein *beliebiges* $(i,j) \in \{1,\ldots,n\} \times \{1,\ldots m\}$ berechnen will, wobei man über den Rechenaufwand für verschiedene Parameter nichts aussagen kann.

Auf einem sequentiellen Rechner wird dieses Problem kanonisch dadurch gelöst, daß man $g(1,1)$ (vgl. g1) berechnet. Wenn der Rechenaufwand für die Berechnung des Funktionsaufrufs für verschiedene Parameter sehr unterschiedlich ist, kann es auf einem parallelen Rechner sinnvoll sein, gleichzeitig die Berechnung von verschiedenen Funktionsaufrufen zu starten und die Berechnungen abzubrechen, sobald das erste Ergebnis vorliegt. Dies wird von g2 realisiert.

```
g1:=proc(g, n, m)
      g(1, 1)
   end_proc:


g2:=proc(g, n, m)
      local i;
   begin
      for i from 1 to n parallel
         private j;
         for j from 1 to m do
            return(g(i, j))
         end_for
      end_for
   end_proc:
```

Wird eine Task-Queue für das Mapping der Tasks benutzt und legt die äußere Schleife von g2 alle Tasks an, bevor die erste innere Schleife ausgeführt wird (dies würde in der Realität nicht passieren), so werden bei Verwendung einer Task-Queue erst alle Tasks `return(g(i, j))` – dies sind $n * m$ Tasks – erzeugt, bevor der erste dieser Tasks angefangen wird. Die Erzeugung dieser Tasks kann sehr langwierig sein, ein Heureka-Ereignis ist aber erst möglich, wenn die erzeugten Tasks bearbeitet werden.

Bei der Verwendung eines Task-Stacks dagegen ist die Zahl bei der Benutzung von p Prozessoren kleiner als $n + m * p$. Neben dem Speicherplatz, den diese große Anzahl von Tasks benötigt, wird auch viel Laufzeit für die Erzeugung von Tasks aufgewendet, die später nie ausgeführt werden.

C.3 Makroparallelität

C.3.1 Motivation

Bei der Benutzung eines allgemeinen Netzwerkes treten viele Hardware-Beschränkungen auf wie:

Übertragungsgeschwindigkeit: Obwohl lokale Netzwerke heutzutage bereits sehr hohe Übertragungsraten haben, kann man die so gekoppelten Rechner nur in den seltensten Fällen als eng gekoppelt bezeichnen. In viel stärkerem Maß tritt das Problem aber auf, wenn die Rechner an völlig verschiedenen Orten der Erde stehen.

Die Auslagerung einer Aufgabe von einem Rechner auf einen anderen lohnt sich normalerweise nur dann, wenn die für die Übertragung der benötigten Daten verbrauchte Zeit relativ klein ist im Vergleich zu der benötigten Rechenzeit.

Latenzzeit: Ist die Latenzzeit für Übertragungen zwischen Rechnern groß, so lohnt es sich nicht, Probleme, die relativ häufig miteinander kommunizieren und sich synchronisieren müssen, auf diesen Rechnern zu plazieren.

Hauptspeicher: Falls ein zu lösendes Problem sehr viele Daten benötigt, ist es sinnvoll, dieses Problem auf einem Rechner zu lösen, der einen großen Hauptspeicher hat, um Swapping zu vermeiden.

Geschwindigkeit: Falls ein Problem sehr viel Rechenzeit benötigt und das Ergebnis schnell gebraucht wird, ist es sinnvoll, das Problem auf einen sehr schnellen Rechner auszulagern. Ein Problem, das dagegen kaum Rechenzeit benötigt und bei dem das Ergebnis nicht so dringend erwartet wird, kann auf einem langsamen Rechner gelöst werden.

Architektur eines Rechners: Es gibt verschiedene Architekturen von Rechnern, die besonders für das Lösen bestimmter Klassen von Problemen geeignet sind (z.B. Vektorrechner). Um die volle Leistungsfähigkeit dieser Rechner auszunutzen, ist es sinnvoll, dort hauptsächlich solche Probleme zu bearbeiten, die dafür geeignet sind.

Durch die beschriebenen Beschränkungen erhöht sich die Ausführungszeit bei einer zufälligen Verteilung der auftretenden Probleme auf die Rechner gegenüber einer optimalen Verteilung erheblich. Bei einer zufälligen Verteilung wird die Laufzeit des parallelen Programms häufig sogar weit über der Laufzeit eines entsprechenden sequentiellen Programms liegen. Es ist deshalb wichtig, darauf zu achten, daß ein Mapping benutzt wird, welches nicht stark von einem optimalen Mapping abweicht. Zur Berechnung eines guten Mappings kann der Programmierer häufig Informationen bereitstellen – z.B. über:

Parallelität von Problemen: Ist ein erzeugtes Problem selbst sehr gut zu parallelisieren, so ist es sinnvoll, dieses Problem auf einem Rechner zu lösen, der diese Parallelität gut ausnutzen kann. Dies bedeutet, daß das Problem auf einem Rechner gelöst werden sollte, der eng mit anderen Rechnern gekoppelt ist.

Benötigte Daten: Falls ein Problem bei der Lösung sehr viele Daten benötigt, ist es sinnvoll, einen Rechner mit sehr viel Hauptspeicher zur Lösung zu benutzen, um zeitaufwendiges Swapping zu verhindern. Falls die Argumente, die das Problem mitgegeben bekommt, oder das Ergebnis sehr groß sind, ist es sinnvoll, das Problem auf einem eng gekoppelten Rechner zu lösen (im Extremfall auf dem Rechner, auf dem das Problem erzeugt wurde).

Rechenzeit: Falls ein Problem nur eine kurze Rechenzeit hat, lohnt es sich nicht, das Problem auf einem weit entfernten Rechner zu lösen, da sonst die Zeit für Übertragungen die Rechenzeit überwiegt.

Dringlichkeit des Ergebnisses: Wird ein Ergebnis sehr dringend benötigt, so ist es sinnvoll, zur Lösung den Rechner zu benutzen, der dies in kürzest möglicher Zeit durchführen kann (dabei müssen Übertragungszeiten mitgerechnet werden). Wird dagegen das Ergebnisses einer Rechnung nicht dringend benötigt, kann das Problem auf Rechnern gelöst werden, die sonst nicht genügend ausgelastet wären. Außerdem kann die Bearbeitung eines solchen Problems zu Gunsten der Bearbeitung andere Probleme zurückgestellt werden.

Häufig wird sich die Dringlichkeit eines Ergebnisses während der Rechnung ändern. Liefert ein Task bei der Benutzung von Oder-Parallelität z.B. ein positives Ergebnis, so werden die Ergebnisse der anderen Tasks nicht mehr benötigt.

Dagegen wird das Ergebnis eines Tasks um so dringender, je weniger Parallelität ohne dieses Ergebnis möglich ist. Wie sich die Parallelität, die ohne dieses Ergebnis möglich ist, entwickelt, ist normalerweise nicht vorherzusehen. In manchen parallelen Lisp-Dialekten wird dieses Problem mit Hilfe von Sponsoring [75, 141] angegangen. Bei diesem Ansatz haben Prozesse die Möglichkeit, andere Prozesse dynamisch zu unterstützen, d.h. ihnen Rechenzeit zukommen zu lassen.

Abhängigkeiten von Aufgaben: Falls verschiedene Rechner bei der Lösung von Problemen häufig miteinander kommunizieren müssen (z.B. Pipelining), ist es sinnvoll, die Probleme auf relativ eng gekoppelten Rechnern zu lösen. Dafür muß die Kommunikationsstruktur der einzelnen Tasks relativ gut bekannt sein. In [95] wird hierfür eine Sprache vorgeschlagen, mit der der Prozeßgraph eines Programms beschrieben werden kann.

Normalerweise hat der Programmierer keine exakten Werte für diese Informationen. Für viele Werte ist es sogar schwierig, Maße anzugeben. Oftmals wird der Programmierer für die meßbaren Informationen nur Wahrscheinlichkeitsverteilungen haben. Sowohl bei der Beschreibung eines Algorithmus als auch bei der Berechnung könnte deshalb Fuzzy-Logik eine wichtige Rolle spielen.

Durch Einbeziehung solcher Informationen in die Berechnung eines Mappings kann dieses teilweise erheblich verbessert werden. Es ist deshalb wichtig (aber auch sehr schwierig), ein paralleles Paradigma anzubieten, dem alle diese (und möglicherweise noch mehr) Informationen mitgegeben werden können.

Außerdem ist es wahrscheinlich unmöglich, einen Algorithmus zur Berechnung eines Mappings anzugeben, der für alle möglichen Informationen und für alle möglichen Hardware-Beschränkungen ein nahezu optimales Mapping liefert. Der Programmierer muß deshalb die Berechnung des Mappings und die Verteilung der Daten völlig kontrollieren können. Eine einfache Benutzbarkeit scheint dann kaum noch zu gewährleisten zu sein.

Aus diesem Grund existiert in MuPAD das Konzept der Makroparallelität. Dieses parallele Paradigma wird dazu benutzt, Programme auf parallelen Rechnern mit langsamer Kommunikation zu implementieren. Damit parallele Programme auf einer solchen Hardware effizient arbeiten können, muß die verwendete Parallelität grobkörnig sein. Da die Laufzeit der einzelnen Tasks ohnehin relativ groß ist, können die angebotenen parallelen Konstrukte mit Hilfe von in der MuPAD-Sprache geschriebenen Libraries benutzerfreundlich gestaltet werden. Der durch Implementierung im Kern erzielbare Laufzeitgewinn ist in diesen Fällen unerheblich.

C.3.2 Funktionalität

Ein relativ einfaches paralleles Paradigma, das dem Programmierer die gesamte Kontrolle überläßt, ist *Message Passing*. Bei der Makroparallelität von MuPAD handelt es sich im Grunde um eine sehr komfortable Form des Message Passing zwischen Clustern. MuPAD besteht aus einer beliebigen Anzahl von *Clustern*, die mit Hilfe der Makroparallelität miteinander kommunizieren können. Jeder Cluster selbst kann wieder aus einer beliebigen Anzahl von Prozessen (logischen Ausführungseinheiten) bestehen. Innerhalb eines Clusters kann Mikroparallelität für die Parallelisierung benutzt werden. Für den Benutzer stellt sich MuPAD also wie in Abbildung C.2 dar. Ähnliche Konzepte werden z.B. von

CLIDE (Clouds LIsp Distributed Environment) [144] und Distributed Eiffel [143], beide auf Clouds [50] aufbauend, oder von LADY [136] benutzt.

Für die Kommunikation zwischen Clustern stehen folgende Möglichkeiten zur Verfügung:

Queues: Für jeden Cluster gibt es zu jedem Namen eine Queue. Jeder Cluster hat mit Hilfe des Funktionsaufrufs `writequeue(name, cluster, data)` die Möglichkeit, Daten *data* in die Queue mit Namen *name* des Clusters *cluster* zu schreiben. In einer solchen Queue kann ein Cluster die Daten von vielen Clustern sammeln.

Nur der Cluster, zu dem diese Queue gehört, kann Daten mit Hilfe des Aufrufs `readqueue(name)` aus der Queue mit dem Namen *name* lesen. Der Empfänger liest die Daten in derselben Reihenfolge aus der Queue, wie sie ein Sender hineingeschrieben hat (FIFO). Die Reihenfolge von Daten verschiedener Sender ist dagegen nicht bestimmt.

Pipes: Für jedes Paar von Clustern und jeden Namen gibt es in jede Richtung zwischen den Clustern eine Pipe. Nur der Sender-Cluster hat die Möglichkeit, mit Hilfe des Aufrufs `writepipe(name, cluster, data)` in die Pipe mit dem Namen *name* des Clusters *cluster* das Datum *data* zu schreiben. Nur der Empfänger-Cluster hat die Möglichkeit, mit Hilfe des Aufrufs `readpipe(name, cluster)` aus der Pipe mit dem Namen *name*, die vom Cluster *cluster* kommt, zu lesen. Der Empfänger liest die Daten in derselben Reihenfolge aus der Pipe, wie sie der Sender hineingeschrieben hat (FIFO).

Mit Hilfe von Pipes haben Cluster also die Möglichkeit, ungestört durch andere Cluster miteinander zu kommunizieren.

Netz-Variablen: Zu jeder Variablen *a* gibt es auch eine Netz-Variable. Der Wert einer Netz-Variablen kann mit Hilfe des Aufrufs `global(a)` bestimmt werden. Ein neuer Wert kann einer Variablen mit Hilfe des Aufrufs `global(a, value)` zugewiesen werden.

Jeder Cluster hat die Möglichkeit, jede Netz-Variable zu lesen und zu verändern.

Die Kommunikation mit Hilfe von Netz-Variablen ist in der Regel aber nicht sehr effizient und sollte deshalb nur in Ausnahmefällen – wie z.B. beim Broadcasting – benutzt werden.

C.3.3 Implementation

Echte Shared Memory Maschinen

Die Makroparallelität ist vom Autor auf echten Shared Memory Maschinen implementiert worden.

Das typische Anwendungsgebiet der Makroparallelität ist allerdings hauptsächlich für Maschinen mit niedrigen Kommunikationsleistungen zu sehen - Shared Memory Maschinen sind kein Beispiel für solche Rechner. Diese Implementation ist deshalb eher aus Gründen der Portabilität als aus Gründen des realen Anwendung wichtig.

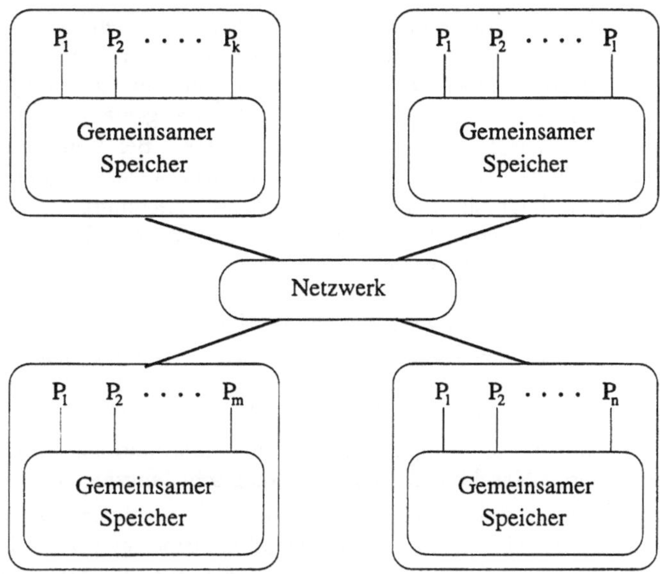

Abbildung C.2: Makroparallelität

Message Passing

Metzner [122] implementiert die Makroparallelität auf verteilten Rechnern mit Hilfe von Message Passing.

Ein Cluster, der ein Datum an einen anderen Cluster schickt, versendet dabei eine echte Kopie des Datums. Dies hat den Nachteil, daß zwischen den Clustern keine Unique Data Representation durchgeführt werden kann. Dies kann bei großen Aufgaben zu Problemen führen.

Auch die Netz-Variablen werden mit Hilfe von Message Passing implementiert. Welche der möglichen Implementationsstrategien am besten geeignet ist, muß noch genauer untersucht werden.

Der Vorteil dieser Implementation ist, daß sie relativ einfach durchzuführen und zu optimieren ist. Andere kompliziertere Implementationen können dann mit dieser Implementation auf Effizienz verglichen werden.

Virtuelles Shared Memory

In Zukunft soll die Makroparallelität mit Hilfe einer virtuellen Shared Memory Maschine auf verteilten Rechnern implementiert werden. Dies hat folgende große Vorteile:

- Unique Data Representation ist auch zwischen Clustern möglich. Unique Data Representation wird bereits von allen guten sequentiellen Computeralgebra-Systemen benutzt, da dies der einzige Weg ist, den Speicherplatzbedarf einigermaßen in Grenzen zu halten.

- Falls ein Cluster nicht mehr genügend Speicher für seine eigenen Daten zur Verfügung hat, kann er einige dieser Daten in den Speicher eines Clusters auslagern, der seinen eigenen Speicher nicht so stark auslastet. So kann eine Rechnung auch sinnvoll fortgesetzt werden, wenn ein Problem auf einen Cluster gemapped wurde, der nicht genügend Speicher zur Lösung zur Verfügung hatte. Bei vielen anderen Implementationen würde das System die gesamte (möglicherweise schon lange auf einem parallelen Rechner laufende und damit auch teure) Rechnung abbrechen müssen. Mit Hilfe des virtuellen shared Memory ist es möglich, auch dieses Teilproblem zu Ende zu lösen (wenn auch langsam).

Eine effiziente Implementation einer virtuellen shared Memory Maschine auf einem (großen) verteilten System mit langsamer Kommunikation ist heutzutage und scheint auch in Zukunft nicht möglich. Arbeiten, die sich mit der Implementation von virtuellen shared Memory Maschinen beschäftigen sind z.B. [4, 81, 103, 146, 173, 19].

Dies wirft die Frage auf, ob eine Implementation der Makroparallelität auf Basis einer virtuellen shared Memory Maschine nicht zwangsläufig sehr langsam ist.

Eine effiziente Implementation ist möglich, da bei der Implementation der Makroparallelität *keine* allgemeine virtuelle shared Memory Maschine benötigt wird. Vielmehr liefert die Makroparallelität eine Reihe von Informationen, die eine effiziente Implementation der virtuellen shared Memory ermöglichen.

So werden bei Benutzung der Makroparallelität nur Lese-Operationen auf einem einmal initialisierten Datum durchgeführt (Netz-Variablen bilden dabei eine Ausnahme). Dies erlaubt sehr effiziente Caching-Strategien.

Bei der Bereitstellung von Daten für andere Cluster ist bekannt, für welche Cluster diese Daten sind (wieder bilden die Netz-Variablen eine Ausnahme). Der erzeugende Cluster kann der virtuellen shared Memory Maschine mitteilen, welcher Cluster diese Daten benötigt und die Daten können deshalb an diesen Cluster gesandt (Presending) und dort gecacht werden, bevor dieser auf diese Daten zugreift. Dies ähnelt der in [1] beschriebenen Implementation von Linda, die die Performance von Linda durch Angabe von Mapping Funktionen verbessert.

Liest ein Cluster Daten aus einer seiner Queues oder Pipes, so ist sichergestellt, daß kein anderer Cluster aus diesen Queues und Pipes lesen kann. Es müssen deshalb keine Synchronisationen mit anderen Rechnern vorgenommen werden. Dies ist ein wichtige Unterschied zu der Implementation eines *allgemeinen* virtuellen shared Memory.

Die von der virtuellen shared Memory Implementation verwendeten Caching Strategien sollten insofern intelligent sein, als daß sie die zugrundliegende Topologie berücksichtigen – eine einfache least recently used Strategie wäre somit nicht angebracht. Vielmehr sollten bei Speicherknappheit zuerst die Teile des Caches gelöscht werden, die ohne große Verzögerung wieder importiert werden können.

Solange genügend Speicher zur Verfügung steht, arbeitet das virtuelle shared Memory genauso wie die Message Passing Implementation. In solchen Fällen sollte die Message Passing Implementation ungefähr so schnell sein wie die Implementation mit Hilfe des virtuellen shared Memory (abgesehen von etwas Verwaltungs-Overhead, der bei dem virtuellen shared Memory möglicherweise auftritt). Sobald allerdings der Speicherplatz auf einem Cluster knapp wird (in solchen Fällen würde die Message Passing Lösung nicht mehr funktionieren), werden Daten aus dem Cache gelöscht, wobei Daten bevorzugt werden, die schnell wieder zu importieren sind. Dadurch kann die Effizienz ganz erheblich leiden, dies ist aber besser, als wenn das Problem gar nicht gelöst werden könnte.

Eine mögliche Situation ist in C.3 dargestellt. Das auf Cluster1 laufende Programm hat einen Teil der benötigten Daten im Speicher von Cluster2 liegen (auch Cluster2 benötigt diese Daten). Da Cluster1 aber genügend Speicher besitzt, liegen diese Daten auch auf einem Cache auf Cluster1 vor. Das auf Cluster2 laufende Programm benötigt erheblich mehr Daten, als es im eigenen Speicher halten kann. Ein Großteil der benötigten Daten liegt deshalb im Speicher von Cluster1.

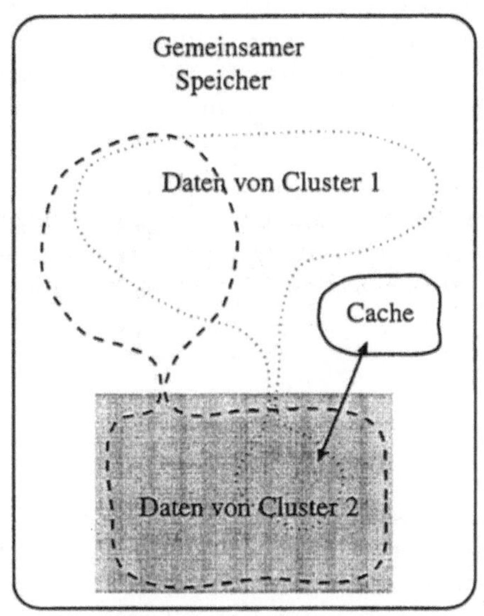

Abbildung C.3: Makroparallelität mit virtuellem shared Memory

C.4 Vergleich mit anderen parallelen Paradigmen

C.4.1 Future Construct

Eine bekannte Technik der expliziten Parallelisierung ist das future construct [93, 185, 75, 155], das hauptsächlich in Lisp verwendet wird. Ähnliche Konstrukte findet man aber z.B. auch in ABCL/1 [83], Concurrent Smalltalk-90 [140], Act 1 [104], Eiffel// [34] oder CEiffel [105]. Ein Aufruf der Form (`future X`) kehrt sofort von der Ausführung zurück und übergibt dabei ein *future* – einen Wert, der den in der Zukunft berechneten Wert von X vertritt. Außerdem wird ein neuer Prozeß erzeugt, der X tatsächlich evaluiert, wodurch Parallelität zwischen der Auswertung von X und der Benutzung des Wertes von X ermöglicht wird. Wenn die Evaluation von X ein Ergebnis liefert, wird das entsprechende *future* durch diesen Wert ersetzt. Ein Prozeß, der den Wert eines *futures* kennen muß, wird angehalten, bis dieser berechnet worden ist.

Besonders interessant wird dieses Konzept im Zusammenhang mit Sponsoring [75, 141]. Jeder Prozeß hat die Möglichkeit, andere Prozesse zu sponsoren und ihnen damit mehr Ressourcen zur Verfügung zu stellen. So werden die dringend benötigten Rechnungen schnell durchgeführt, während die weniger dringenden Rechnungen hinausgezögert werden. Jeder Task kann jederzeit sein Sponsoring ändern.

Das future construct ist relativ einfach anzuwenden, obwohl der Autor die Mikroparallelität als noch einfacher und eingängiger empfindet. Bei der Benutzung des future constructs gibt es allerdings keine Möglichkeit, auf das Mapping von Tasks Einfluß zu nehmen. In einem verteilten System mit langsamen Kommunikationszeiten ist eine Optimierung der Parallelisierung deshalb nicht möglich.

Mit Hilfe der Makroparallelität und dem Domain-Konzept ist es möglich, das future construct in MuPAD nachzubilden. Die Nachbildung des Sponsoring ist dagegen nicht trivial. Auf Systemen mit geringer Kommunikationsleistung muß der Nutzen des Sponsoring gegen die Kosten – häufige Kommunikationen – abgewogen werden.

C.4.2 Tuple-Space

Der Tupel-Space [61, 63, 62, 35] ist ein einfaches Paradigma, mit dem sequentielle Sprachen parallelisiert werden können. Dazu wird ein globaler Speicher (Tuple-Space) angelegt, in den geschrieben und aus dem gelesen werden kann. Das Lesen und Schreiben geschieht aber nicht mit Hilfe von normalen Adressen, sondern es besteht die Möglichkeit, nach Einträgen mit bestimmten Merkmalen zu suchen. Dieses Paradigma hat eine große Akzeptanz [1] gefunden und wird z.B. vom Computeralgebra-System Sugarbush benutzt [39, 40].

In MuPAD wurde die Mikroparallelität eingeführt, da die Entwickler dieses Konzept als noch intuitiver empfanden. Bei einer Implementation auf verteilten Systemen mit geringer Kommunikationsleistung macht es sich bemerkbar, daß der Tuple-Space einen globalen Speicher modelliert. In [179] wird zwar durch eine Mapping-Funktion für Daten versucht, dieses Problem zu beseitigen, eine Synchronisation – die auf Systemen mit hoher Latenzzeit sehr teuer ist – muß allerdings auch bei dieser Implementation durchgeführt werden.

Bei dem Konzept der Tuple-Spaces handelt es sich um ein einfach zu implementierendes Konzept (wenigstens in interpretierten untypisierten Sprachen), und so sind Tuple-Spaces mit Hilfe der Makroparallelität zu implementieren – eine effiziente Implementierung bzgl. Geschwindigkeit und Platzbedarf kann allerdings sehr aufwendig sein.

C.4.3 Process-Graph

In [95] wird eine Möglichkeit vorgestellt, die Beschreibung von Prozeß-Graphen in eine Programmiersprache zu integrieren. Eine solche Beschreibung des Prozeß-Graphen kann vom Compiler für die Bestimmung eines guten Mappings benutzt werden.

Dieser Ansatz bietet aber bei weitem nicht den Komfort der Mikroparallelität. Auch die Möglichkeiten der Makroparallelität sind kaum vollständig nachzubilden, da der Compiler das tatsächliche Mapping bestimmt.

Dieses Konzept ist einfach mit Hilfe der Makroparallelität zu implementieren, da es sich im wesentlichen um Direktiven für den Compiler handelt, die auch von MuPAD ausgewertet werden können.

C.4.4 Reflection

Eine sehr interessante Möglichkeit der Beschreibung von Parallelität ist durch Reflection [114, 112] insbesondere in objektbasierten Systemen gegeben. Reflection kann auch in anderen Bereichen sinnvoll eingesetzt werden und wird deshalb von vielen objektbasierten Sprachen unterstützt (Rosette [170], MerlingIII [53], Tanakas actor language [166], X0/R [115], ABCL/R [114, 174], Act/R [114, 174], ABCL/R2 [114, 112], ABCL/R3 [111], RbCl [114, 84]). Durch dieses Konzept wird eine völlige Trennung der Beschreibung der parallelen Tasks und der Berechnung eines guten Mappings erreicht, wobei beide Aspekte weiterhin völlig zu kontrollieren sind.

Der Grad der Reflection kann sehr stark variieren. In manchen Systemen ist es nur möglich, den Rechner, auf dem ein Objekt sitzt, festzustellen oder explizit anzugeben. In anderen Systemen können Informationen über die Kommunikationen der Objekte gesammelt und diesen sehr komfortabel Ressourcen zugeteilt werden – wozu auch die Platzierung gehört.

MuPAD ist trotz der objektorientierten Ansätze ein funktionales bzw. imperatives System, in das Reflection nicht so elegant einzubetten ist. Eine weitreichende Implementation von Reflection ist zur Zeit noch mit großen Laufzeiteinbußen verbunden.

Anhang D

Objektorientiertheit in MuPAD

D.1 Motivation

In der Mathematik gibt es unendlich viele verschiedene Strukturen. Im Kern eines Computeralgebra-Systems kann nicht für alle diese Strukturen bereits eine Repräsentation existieren. Natürlich werden die am häufigsten benötigten Strukturen von allen Systemen unterstützt, aber für speziellere Strukturen gibt es meist keine Repräsentation.

Man kann nun versuchen, mit Hilfe von sehr allgemeinen Datentypen (in vielen Systemen werden sogenannte Ausdrücke benutzt) Repräsentationen für neue Strukturen zu erzeugen. Diese Repräsentationen haben allerdings den Nachteil, daß sie selbst nicht "wissen", welche Struktur sie darstellen. Sie müssen mit Funktionen behandelt werden, die dieses Wissen besitzen. Dies bedeutet aber, daß der Benutzer immer beachten muß, mit welcher Struktur er gerade rechnet. Außerdem ist es schwierig, sogenannte polymorphe Algorithmen zu implementieren, d.h. Algorithmen, die auf vielen verschiedenen Strukturen arbeiten.

Es ist deshalb sinnvoll, dem Benutzer die Möglichkeit zu eröffnen, selbst neue Datentypen zu erzeugen. Funktionen, die auf Daten eines Typs arbeiten, haben die Möglichkeit, Informationen aus diesem Typ zu ziehen, mit deren Hilfe sie ihre Berechnungen durchführen können. Häufig wird es sich bei diesen Informationen wieder um eine Funktion – Methode genannt – handeln, die die weitere Berechnung übernimmt. Es sind aber auch viele andere Informationen denkbar.

Es erscheint auf jeden Fall sinnvoll, einen Typ selbst wieder als normales Datum anzusehen – wie z.B. in Smalltalk [64].

Andere Computeralgebra-Systeme, in denen dies in einer ähnlich eleganten Weise möglich ist, sind AXIOM [87] und das auf Smalltalk basierende Views [2]. Eine vergleichbare Funktionalität wird in Maple durch Gauss [131, 132] nachgebildet, eine Integration in das System findet allerdings nicht statt.

Im folgenden wird die Funktionalität der Domains und der Domain-Elemente – also der objektorientierten Erweiterung von MuPAD beschrieben. Weitere Beschreibungen findet man online und in [60, 59]. Interessant ist insbesondere auch das auf dieser Funktionalität aufbauende Domains-Paket [66, 68].

D.2 Domains

In MuPAD gibt es die Möglichkeit, eigene Datentypen zu definieren – die Domains – und
Instanzen eines Domains – die Domain-Elemente – zu erzeugen. Ein Unterschied zwischen
den vom Benutzer erzeugten Domains und den vom System bereitgestellten Datentypen
tritt nur an ganz wenigen Stellen zu Tage (eine Beschreibung dieser Unterschiede würde
an dieser Stelle zu weit führen).

Domains und Instanzen eines Domains werden im folgenden an Hand eines Beispiels –
eines Domains, dessen Elemente Polynome repräsentieren – vorgestellt. Es wird dabei
völlig auf Fehlerprüfungen verzichtet, um das Beispiel nicht zu unübersichtlich werden zu
lassen.

Ein Domain kann mit Hilfe der Funktion `domain` erzeugt werden.

```
Poly := domain();
```

Ein Domain ist eine Zusammenfassung von Daten, die mit Hilfe von Indizes und der
Funktion `domattr` ausgelesen und verändert werden können. Existiert unter einem Index
kein Eintrag, so liefert die Funktion `domattr` den Wert *FAIL*.

```
domattr(Poly,"name") := "Poly":
domattr(Poly,"name");
   "Poly"
domattr(Poly,"x") ;
   FAIL
```

Bis zu dieser Stelle sind Domains Instanzen des Typs `DOM_TABLE` sehr ähnlich – der Zugriff ist nur etwas unkomfortabler. Der entscheidende Unterschied ist aber, daß nicht nur
der Benutzer Daten aus einem Domain auslesen kann, sondern daß das System dies zu
verschiedenen Gelegenheiten auch automatisch macht und sein Verhalten entsprechend
ändert. Die Eingabe `Poly`; z.B. liefert nun als Ausgabe *Poly*. Bei der Ausgabe eines
Domains sucht MuPAD in diesem Domain unter dem Index `"name"` nach einem Eintrag.
Wird ein Eintrag gefunden, so wird dieser Wert ausgegeben, ansonsten wird eine Standardausgabe durchgeführt – das Domain bestimmt also selbst, wie es ausgegeben wird.

Auch in vielen anderen Situationen versucht MuPAD, Daten aus einem Domain zu lesen,
um sein Verhalten danach zu richten. Eine wichtige Situation entsteht, wenn unter einem
Index `index` kein Wert gefunden wurde. Dann wird unter dem Index `"domattr"` nach einem Wert gesucht. Existiert auch unter diesem Index kein Wert, so trägt `domattr` in dem
Domain unter `index` den Wert *FAIL* ein und liefert diesen auch zurück. Ansonsten wird
der gefundene Wert mit dem Domain und dem Index als Parameter aufgerufen – diese
vom Benutzer spezifizierbare Funktion implementiert also den benutzten Vererbungsmechanismus. Das Ergebnis dieses Funktionsaufrufes wird in das Domain eingetragen und
auch als Ergebnis des `domattr`-Aufrufs zurückgegeben.

```
Poly::domattr := proc(dom, index)
begin
   "Not Implemented [".index."]"
end_proc:
```

```
domattr(Poly, "y");
  Not Implemented [y]
domattr(Poly, "x");
  FAIL
```

Das Auslesen mit dem Index "x" liefert $FAIL$, da vorher bereits einmal unter diesem Index in *Poly* gesucht und das Ergebnis $FAIL$ dieses Suchvorgangs gespeichert worden ist.

Mit Hilfe dieses Mechanismus können Domains 'lazy' erzeugt werden, d.h. die Einträge können während der Laufzeit bestimmt werden. Zum einen kann so jeder berechenbare klassenbasierte Vererbungsmechanismus implementiert werden, für den nur Informationen aus dem Domain benötigt werden und bei dem sich die Methoden nicht während eines Programmlaufs verändern können (da jede berechenbare Funktion in MuPAD implementiert werden kann, wenn man von dem begrenzten Speicherplatz absieht). Zum anderen können auch Domains mit unendlich vielen Einträgen konstruiert werden. Ein Beispiel für die Mächtigkeit dieses Konzepts ist das Domains-Paket [66, 68].

In MuPAD werden fast immer Strings als Index benutzt, da diese zum einen eine intuitive Bedeutung haben und zum anderen durch Evaluation nicht verändert werden. Der Benutzer muß den Index dann nicht mit der Funktion **hold** vor Evaluierung schützen. Um dem Programmierer Schreibarbeit abzunehmen, gibt es den Operator : :, eine Kurzform der Funktion **domattr**. Das zweite Argument dieses Operators muß ein String sein, der ohne Anführungsstriche geschrieben wird. Auf diese Weise ist die Eingabe **Poly::name** äquivalent zu der Eingabe **domattr(Poly,"name")**.

Im Gegensatz zu allen anderen Datentypen in MuPAD werden Domains nicht kopiert, wenn sie verändert werden. Eine Änderung in einem Domain wirkt sich deshalb auf alle Stellen aus, in denen dieses Domain verwendet wird – dies wird Referenz-Effekt genannt. Auf diese Weise ist es möglich, daß sich ein Domain selbst wieder als Datum enthält.

```
d:=Poly:
d::self:=d:
bool(d=d::self and d=Poly) ;
  TRUE
```

Dies ist wichtig, da Methoden – ein anderer Name für in einem Domain gespeicherte Funktionen – häufig wissen müssen, zu welchem Domain sie gehören. Da der Referenzeffekt nicht immer erwünscht ist, besteht die Möglichkeit, ein Domain mit Hilfe der Funktion **domain** zu kopieren. Obwohl das kopierte Domain exakt dieselben Einträge wie das ursprüngliche Datum hat, sind die beiden Domains aus MuPAD-Sicht verschieden. Diese Funktionalität wurde gewählt, da Änderungen in einem Domain das andere Domain nicht mehr beeinflussen.

```
d:=domain(Poly):
bool(d=Poly);
  FALSE
d::x:="y" :
Poly::x ;
  FAIL
```

D.3 Domain-Elemente

Das Konzept der Domains erhält seinen Sinn erst dadurch, daß zu jedem Domain Objekte erzeugt werden können, die dieses Domain als Typ haben können – auch Instanzen dieses Domains oder Domain-Elemente genannt. Genau wie eine ganze Zahl in MuPAD den Typ DOM_INT trägt, hat eine solche Instanz dann das entsprechende Domain als Typ.

Domain-Elemente können mit Hilfe der Funktion new erzeugt werden, die das Domain und die Einträge des zu erzeugenden Domain-Elementes als Argumente bekommt. Da bei der Benutzung der Funktion new die interne Repräsentation der Domain-Elemente bekannt sein muß, sollte eine Methode unter dem Index "new" zur Erzeugung von Domain-Elementen angeboten werden, da sonst ungültige Domain-Elemente erzeugt werden könnten. Diese Methode wird automatisch angewandt, wenn ein Domain als Funktion benutzt wird:

```
Poly::new := func(new(Poly, poly(e, [u]), e, u)) :
e:=Poly(x^2+1,x);
   new(Poly, poly(x^2+1, [x]), x)
```

erzeugt ein Domain-Element des Domains *Poly*, das die Werte $poly(x^2+1,[x])$ und x als Einträge hat. Der Benutzer kann sich ein Domain-Element als eine Art Liste vorstellen. Auf die Einträge dieser Liste kann mit Hilfe der Funktion extop zugegriffen werden:

```
extop(e,2) ;
   x
```

Mit Hilfe der Funktion extsubsop können Einträge verändert werden (analog zu der Funktion subsop). Die Funktion extnops liefert die Anzahl der Einträge eines Domain-Elements.

D.3.1 Überladen von Funktionen

Die entscheidende Eigenschaft von MuPAD ist nun, daß die meisten Systemfunktionen überladen werden können. Bei der Ausführung überprüfen diese Funktionen nämlich, ob eines ihrer Argumente ein Domain-Element ist. Ist dies der Fall, so wird in dem Domain eines dieser Domain-Elemente – welches ausgewählt wird, hängt von der Funktion ab – mit dem Namen der Funktion als Index nach einem Eintrag gesucht. Existiert ein Eintrag, so wird dieser mit den Argumenten der Funktion aufgerufen. Das Ergebnis dieses Aufrufes wird in den meisten Fällen als Ergebnis des Funktionsaufrufes benutzt. Wird kein Eintrag gefunden, so wird entweder ein Fehler ausgegeben oder ein Standardalgorithmus durchgeführt.

```
Poly::sin:=proc(x)
begin
   new(Poly, mapcoeffs(extop(x,1), sin), extop(x,2))
end_proc :
sin(e) ;
   new(Poly, poly(sin(1) + x^2 *sin(1), [x]), x)
```

Auf diese Weise können auch Operatoren wie + überladen werden, der nur eine Kurz-
schreibweise für die Funktionen _plus ist.

```
Poly::_plus:=proc(x,y)
   local s1, s2, i ;
begin
   s1:=0;
   s2:=FAIL;
   for i in args(0) do
      if domtype(i) <> Poly then
         s1:=s1+i
       else
         if s2=FAIL then
            s2:=i
          else
            if extop(s2,2)=extop(i,2) then
               s2:=new(Poly,extop(s2,1)+extop(i,2),extop(s2,1))
             else
               error("Illegal Operands")
            end_if
         end_if
      end_if
   end_for;
   new(Poly, extop(s2,1)+poly(s1, [extop(s2,2)]), extop(s2,2))
end_proc:
e+e;
   new(Poly, poly(x^2*2 + 2, [x]), x)
e+2;
   new(Poly, poly(x^2 + 3, [x], x))
```

D.3.2   Interne Methoden

Nicht alle Operationen auf Daten werden von Funktionen durchgeführt – viele Operationen werden auch implizit vom System ausgeführt. Viele dieser internen Operationen sind
überladbar.

"evaluate": Bei der Evaluation eines Domain-Elements d wird im Domain von d unter
   dem Index "evaluate" nach einer Methode gesucht. Wird keine Methode gefunden,
   so evaluiert das Datum zu sich selbst. Ansonsten wird die gefundene Methode mit
   dem Argument d aufgerufen, und das Ergebnis des Aufrufs wird als Ergebnis der
   Evaluation genommen.

"func_call": Bei der Evaluation eines Funktionsaufrufes – also eines Datums des Typs
   DOM_EXPR – wird zunächst der Operator zu einem Wert e evaluiert. Handelt es sich
   bei e um einen der Standardtypen, für den die Evaluation bereits fest vorgegeben ist,
   so wird diese Standardfunktion durchgeführt. Ansonsten wird in dem Domain von e
   unter dem Index "func_call" nach einer Methode f gesucht. Wird keine Methode

gefunden, so evaluiert sich der Funktionsaufruf zu *e* – d.h. *e* wird als konstante Funktion betrachtet. Ansonsten wird die Methode f mit *e* und den (nicht evaluierten) Argumenten des ursprünglichen Funktionsaufrufes als Argumente aufgerufen.

```
Poly::func_call:=proc(e, x)
begin
   x:=context(x); #x evaluieren#
   extop(e,1)(x)
end_proc:
e(2);
   5
```

"negate": Soll das additiv Inverse eines Domain-Elements *e* berechnet werden, so wird im Domain von *e* unter dem Index `"negate"` nach einer Methode gesucht. Wird keine Methode gefunden, so wird das Element in $-1 * e$ umgewandelt. Ansonsten wird die gefundene Methode auf *e* angewandt und das Ergebnis als additiv Inverses genommen.

```
Poly::negate:=proc(e)
begin
   new(Poly, -extop(e,1), extop(e,2))
end_proc:
-e;
   new(Poly, poly(-x^2 - 1, [x]), x)
```

"invert": Das multiplikativ Inverse wird wie das additiv Inverse berechnet, nur daß unter dem Index `"invert"` nach einer Methode gesucht wird.

"print": Die von MuPAD durchgeführte Standard-Ausgabe hat nicht immer die gewünschte Form. Bei der Ausgabe eines Domain-Elements *e* – sowohl bei der impliziten Ausgabe als auch bei der expliziten Ausgabe mittels `print` – wird in dem Domain von *e* unter dem Index `"print"` nach einer Methode f gesucht. Wird keine Methode gefunden, so wird die schon bekannte Standardausgabe gewählt. Ansonsten wird f mit *e* als Argument aufgerufen. Das Ergebnis dieses Aufrufs wird dann ausgegeben.

```
Poly::print:=proc(e)
begin
   extop(e,1)
end_proc:
e;
   poly(x^2 + 1, [x])
```

D.4 Einordnung in andere Konzepte

Das Konzept der Domains ähnelt einem klassen-basierten Ansatz, wie er z.B. in Smalltalk-80 [64] gewählt wird. Dies wurde nicht aus der Überzeugung gemacht, daß die Benutzung von Klassen besser als Prototyping sei [In Sprachen mit Prototyping erben Objekte ihr Verhalten nicht von Klassen sondern von anderen Objekten, den Prototypen. Dieses geerbte Verhalten kann nachträglich noch modifiziert werden. Sprachen mit Prototyping sind SELF [38, 36] und Cecil [37]. Vielmehr ist Prototyping nach Ansicht des Autors nicht viel besser als ein klassen-basierter Ansatz, ist aber schwieriger effizient zu implementieren und in die bereits existierende Struktur von MuPAD einzupassen. Es wurde also lediglich die einfacher zu implementierende Technik gewählt, da diese in Smalltalk-80 und anderen klassen-basierten Sprachen ihre genügende Mächtigkeit bereits unter Beweis gestellt hat.

Eine Entkopplung von Klassen und Typen, wie sie gerade für ein Computeralgebrasystem sehr wünschenswert gewesen wäre, konnte leider nicht durchgeführt werden, da dies nur unter sehr großem Aufwand in die bereits existierende Implementation hätte eingefügt werden können.

Das Konzept der Domains verzichtet bewußt auf Vererbung, da gerade für ein Computeralgebra-System mehrere Vererbungsmechanismen vorstellbar sind. Vielmehr wird die Möglichkeit eröffnet, jeden gewünschten Vererbungsmechanismus zu implementieren. Das Domains-Paket [66, 68] z.B. implementiert eine Vererbungsstrategie, in der sowohl von mehreren Superklassen als auch von Kategorien geerbt werden kann. Diese Vererbungsstrategie entspricht den mathematischen Strukturen viel besser als sonst übliche Vererbungskonzepte.

Eine Schwäche von MuPAD ist derzeit noch, daß sich Objekte nicht verändern können. Bei einer Änderung wird automatisch eine neue Instanz erzeugt – Objekte haben keine eigene Identität (nur Variablen und Domains besitzen momentan Identität). Dies spiegelt die Tatsache wieder, daß MuPAD zunächst eine funktionale Sprache war, die um objektorientierte Konstrukte erweitert wurde. Da sich diese fehlende Funktionalität momentan noch nicht als Nachteil erwiesen hat, wurden noch keine Versuche der Erweiterung der Funktionalität gemacht. Bei Bedarf wird dies in Zukunft aber sicher geschehen.

Durch diese Funktionalität tritt in MuPAD keine inheritance Anomaly [24, 167, 108, 113, 168, 106, 120, 112, 116] auf – es gibt nicht einmal Funktionen zum Synchronisieren von Methoden. Sollte die Funktionalität erweitert werden, so müssen auch Synchronisationsmethoden implementiert werden. Die Synchronisation ist dann aber eine Aufgabe der Methoden und keine Aufgabe des Domain-Konzepts.

Beim Aufruf der Methoden unterscheidet sich MuPAD von den meisten objektorientierten Sprachen, da der MuPAD-Programmierer in der Regel nicht bestimmt, an welches Objekt eine Nachricht geschickt wird. Vielmehr schickt der Programmierer normalerweise keine Nachrichten selbst, sondern dies wird von den aufgerufenen Funktionen übernommen. Bei MuPAD handelt es sich also um eine Einbettung von objektorientierten Konzepten in eine funktionale Programmiersprache. Dieses Konzept hat den Vorteil, daß es eine sehr große Flexibilität hat und es insbesondere dem Benutzer auch ermöglicht, weiterhin mit der bekannten mathematischen Syntax zu arbeiten. Dies ist insbesondere in einem interaktiven System, wie es MuPAD ist, für das Erreichen von Benutzerakzeptanz von essentieller Bedeutung. Dadurch hat MuPAD etwas Ähnlichkeit mit der objektorientierten Erweiterung CLOS [94] von Lisp. Es bietet sich auch die Möglichkeit, multiple dispatching zu implementieren. Dies entzieht sich aber wiederum dem Verantwortungsbereich der Domains und fällt in den Verantwortungsbereich der Funktionen.

Literaturverzeichnis

[1] Linda-like systems and their implementation. Technical Report 91-13, Edinburgh Parallel Computing Centre, June 1991.

[2] S. Kamal Abdali, Guy W. Cherry, and Neil Soiffer. A smalltalk system for algebraic manipulation. In Gerald E. Peterson, editor, *Tutorial: Object-Oriented Computing*, volume 2, pages 92–98. Computer Society Press of the IEEE, 1987.

[3] Harold Abelson and Gerald Jay Sussman. *Structure and Interpretation of Computer Programs*. The MIT Press, 1985.

[4] D. A. Abramson and J. L. Keedy. Implementing a large virtual memory in a distributed computing system. In *Proc. of the 18th Annual Hawaii International Conf. on System Sciences 1985*, 1985.

[5] Gul Agha. The structure and semantics of actor languages. In J.W. de Bakker, W. P. de Roever, and G. Rozenberg, editors, *Foundations of Object-Oriented Languages*, volume 489 of *Lecture Notes in Computer Science*, pages 1–59, Berlin, May 1990. REX School, Springer-Verlag.

[6] Gul Agha and Carl Hewitt. Concurrent programming using actors. In Akinori Yonezawa and Mario Tokoro, editors, *Object-Oriented Concurrent Programming*, Computer Systems Series, pages 37–54. The MIT Press, 1987.

[7] Gul Agha, Ian A. Mason, Scott Smith, and Carolyn Talcott. Towards a theory of actor computation. In W. R. Cleaveland, editor, *CONCUR '92, Third International Conference on Concurrency Theory*, volume 630 of *Lecture Notes in Computer Science*, pages 565–579, Berlin, August 1992. Springer-Verlag.

[8] Gul A. Agha. *Actors: A Model of Concurrent Computation in Distributed Systems*. The MIT Press series in artificial intelligence. MIT Press, 1986.

[9] John Allen. *Anatomy of LISP*. McGraw-Hill Series in Artificial Intelligence. McGraw-Hill Book Company, Düsseldorf, New York, 1978.

[10] P. H. M. America and J. Rutten. A parallel object-oriented language: Design and semantic foundation. In J. W. de Bakker, editor, *LANGUAGES for PARALLEL ARCHITECTURES: Design, Semantics , Implementation Models*, Series in Parallel Computing, chapter 1, pages 1–49. John Wiley & Sons, Chichester, UK, 1989.

[11] Pierre America. Pool-t: A parallel object-oriented language. In Akinori Yonezawa and Mario Tokoro, editors, *Object-Oriented Concurrent Programming*, Computer Systems Series, pages 199–220. The MIT Press, 1987.

[12] Pierre America. Formal techiques for parallel object-oriented languages. In J. C. M Baeten and J. F. Groote, editors, *CONCUR '91 2nd International Conference on Concurrency Theory*, volume 527 of *Lecture Notes in Computer Science*, pages 1–17, Berlin, August 1991. Springer-Verlag.

[13] Pierre America and Jan Rutten. A layered semantics for a prallel object-oriented language. In J.W. de Bakker, W. P. de Roever, and G. Rozenberg, editors, *Foundations of Object-Oriented Languages*, volume 489 of *Lecture Notes in Computer Science*, pages 91–123, Berlin, May 1990. REX School, Springer-Verlag.

[14] Herbert Anschütz. *Kybernetik: Mathematische Grundlagen der Informationswissenschaft*. Kamprath-Reihe: Taschenbuch: Universal. Vogel-Verlag, 1979.

[15] Holger Assenmacher, Thomas Breitbach, Peter Buhler, Volker Hübsch, and Reinhard Schwarz. Panda — supporting distributed programming in c++. In Oscar M. Nierstrasz, editor, *ECOOP '93 – Object-Oriented Programming*, volume 707 of *Lecture Notes in Computer Science*, pages 361–383, Berlin, July 1993. Springer-Verlag.

[16] John K. Bennett. The design and implementation of distributed smalltalk. In *OOPSLA 87*, volume 22 of *Sigplan Notices*, pages 318–330. acm Press, December 1986.

[17] Eike Best. *Kausale Semantik nichtsequentieller Programme*, volume 174 of *GMD-Bericht*. R. Oldenbourg Verlag, München/Wien, 1989.

[18] G. Birtwistle, O. Dahl, B. Myhrtag, and K. Nygaard. *Simula Begin*. Auerbach Press, Philadelphia, 1973.

[19] Lothar Borrmann and Petro Istavrinos. Store coherency in a parallel distributed-memory machine. In *Second European Distributed Memory Conference (EDMCC2)*, April 1991.

[20] Klaus Bothe. A comparative study of abstract data type concepts. *Elektronische Informationsverarbeitung und Kybernetik*, 17(4):237–257, 1981.

[21] Frédéric Boussinot and Robert de Simone. The esterel language. Technical Report 1487, INRIA-Sophia Antipolis, i78153 Le Chesnay Cedex, France, 1991.

[22] Soren Brandt and Ole Lehrmann Madsen. Object-oriented distributed programming in beta. In Rachid Guerraoui, Oscar M. Nierstrasz, and Michel Riveill, editors, *ECOOP '93 – Object-Based Distributed Programming*, volume 791 of *Lecture Notes in Computer Science*, pages 185–212, Berlin, July 1993. Springer-Verlag.

[23] Ruth Breu. *Algebraic Specification Techniques in Object Oriented Programming Environments*, volume 562 of *Lecture Notes in Computer Science*. Springer-Verlag, 1991.

[24] J. P. Briot and A. Yonezawa. Inheritance and synchronization in concurrent object-oriented programming. In *Proc. of the European Conference on Object-Oriented Programming ECOOP '87, special Issue of Bigre No. 54*, pages 35–43, 1987.

[25] J.D. Brock and W.B. Ackerman. Scenarios: a model of non-determinate computation. In *Formalization of Programming Concepts*, volume 107 of *Lecture Notes in Computer Science*, pages 252–259. Springer-Verlag, 1981.

[26] M. Broy. Nondeterministic data-flow programs: how to avoid the merge anomaly. *Science of Computer Programming*, 10:65–85, 1988.

[27] Manfred Broy. Compositional refinement of interactive systems. Technical Report SRC-089, Systems Research Center (DEC), 1992.

[28] Manfred Broy. Functional specification of time sensitive communicating systems. *ACM Transactions of Software Engineering and Methodology*, 2(1):1–46, 1993.

[29] Manfred Broy. Advanced component interface specification. In Takayasu Ito and Akinori Yonezawa, editors, *Theory and Practice of Parallel Programming*, volume 907 of *Lecture Notes in Computer Science*, pages 369–392. Springer-Verlag, November 1994.

[30] Manfred Broy. Equations for describing dynamic nets of communicating systems. In Egidio Astesiano, Gianno Reggio, and Andrzej Tarlecki, editors, *Recent Trends in Data Type Specification*, volume 906 of *Lecture Notes in Computer Science*, pages 170–187. Springer-Verlag, May 1994.

[31] Manfred Broy and Ketil Stølen. Specification and refinement of finite dataflow networks — a relational approach. In H. Langmaack, W.-P. de Roever, and J. Vytopil, editors, *Formal Techniques in Real-Time and Fault-Tolerant Systems*, volume 863 of *Lecture Notes in Computer Science*, pages 247–267. Springer-Verlag, 1994.

[32] Didier Buchs and Nicholas Guelfi. Formal development of actor programs using structured algebraic petri nets. In Arndt Bode, Mike Reeve, and Gottfried Wolf, editors, *PARLE '93 Parallel Architectures and Languages Europe*, volume 694 of *Lecture Notes in Computer Science*, pages 353–366, Berlin, June 1993. Springer-Verlag.

[33] Luca Cardelli and Peter Wegner. On understanding types, data abstraction, and polymorphism. *Computing Surveys*, 17(4):471–522, 1985.

[34] Denis Caromel. Toward a method of object-oriented concurrent programming. *Communication of the ACM*, 36(9):90–101, 1993.

[35] Nicholas Carriero, David Gelernter, and Lenore Zuck. Bauhaus linda. In Paolo Ciancarini, Oscar Nierstrasz, and Akinori Yonezawa, editors, *Object-Based Models and Languages for Concurrent Systems (ECOOP '94)*, volume 924 of *Lecture Notes in Computer Science*, pages 66–76. Springer-Verlag, July 1994.

[36] Craig Chambers. *The Design and Implementation of the SELF Compiler, an Optimizing Compiler for Object-Oriented Programming Languages*. Phd thesis, Department of Computer Science of Stanford University, March 1992.

[37] Craig Chambers. The cecil language: Specification and rationale. Technical Report 93-03-05, Department of Computer Science and Engineering, FR-35, University of Washington, Seattle, Washington 98195 USA, March 1993.

[38] Craig Chambers, David Ungar, and Elgin Lee. An efficient implementation of self, a dynamically-typed object-oriented language based on prototypes. In Norman Meyrowitz, editor, *OOPSLA '89 Object-Oriented Programming: Systems, Languages and Applications*, volume 24 of *Special Issues of SIGPLAN Notices*, pages 49–70, New Orleans, Louisiana, October 1989. acm PRESS.

[39] B. W. Char. Progress report on a system for general-purpose parallel symbolic algebraic computation. In T. T. Sasaki, editor, *Proc. of the ISSAC*. ACM Press, 1990.

[40] B. W. Char. A user's guide to sugarbush - parallel maple through linda. Preprint, September 1993.

[41] J.S. Chase, F.G. Amador, E.D. Lazowska, K.M. Levy, and R.J. Littlefield. The amber system: Parallel programming on a network of multiprocessors. In *12th ACM Symposium on Operating System Principles*, pages 147–158, 1989.

[42] P. E. Crouch, D. Hinrichsen, A. J. Pritchard, and D. Salamon e.a. *Introduction to Mathematical Systems Theory*, volume 32 of *Mathematik – Arbeitspapiere*. Zentraldruckerei der Universität Bremen, Germany, 1988.

[43] Scott Danforth and Chris Tomlinson. Type theories and object-oriented programming. *ACM Computing Surveys*, 20(1):29–72, 1988.

[44] P. Dasgupta, R.J. LeBlanc, M. Ahamad, and U. Ramachandran. The clouds distributed operating system. In *IEEE Computer*, pages 34–44.

[45] B. A. Davey and H. A. Priestley. *Introduction to Lattices and Order*. Cambridge Mathematical Textbooks. Cambridge University Press, 1990.

[46] R. David and H. Alla. Autonomous and timed continuous petri nets. In Grzegorz Rozenberg, editor, *Advances in Petri Nets 1993*, volume 674 of *Lecture Notes in Computer Sience*, pages 71–90. Springer-Verlag, 1993.

[47] J. W. de Bakker and J. I. Zucker. Processes and the denotational semantics of concurrency. In J. W. de Bakker and J. van Leeuwen, editors, *Foundations of Computer Science IV, Distributed Systems: Part 2, Semantics and Logic*, volume 159 of *Mathematical Centre Tracts*, pages 45–100. Mathematisch Centrum, Amsterdam, Niederlande, 1983.

[48] R. Kent Dybvig. *The Scheme Programming Language*. Prentice-Hall, 1987.

[49] Joost Engelfriet, Georg Leih, and Grzegorz Rozenberg. Net-based description of parallel object-based systems, or pots and pops. In J.W. de Bakker, W. P. de Roever, and G. Rozenberg, editors, *Foundations of Object-Oriented Languages*, volume 489 of *Lecture Notes in Computer Science*, pages 229–273, Berlin, May 1990. REX School, Springer-Verlag.

[50] Dasgupta et. al. The design and implementation of clouds distributed operating systems. *USENIX Computing Systems Journal*, 3(1), 1990.

[51] A.A. Faustini. An operational semantics for pure dataflow. In *Automata, Languages, and Programming, 9th Colloquium*, volume 140 of *Lecture Notes in Computer Science*, pages 212–224. Springer-Verlag, 1982.

[52] Christiane Feder. *Ausnahmebehandlung in objektorientierten Programmiersprachen*, volume 235 of *Informatik-Fachberichte*. Springer-Verlag, 1990.

[53] Jacque Ferber. Conceptual reflection and actor languages. In Pettie Maes and Daniele Nardi, editors, *Meta-Level Architectures and Reflection*, pages 177–193. North-Holland, 1988.

[54] Nissim Francez. *Fairness*. Texts and Monographs in Computer Science. Springer-Verlag, 1986.

[55] Benno Fuchssteiner, Klaus Drescher, Andreas Kemper, Oliver Kluge, Karsten Morisse, Holger Naundorf, Gudrun Oevel, Frank Postel, Thorsten Schulze, Gerald Siek, Anreas Sorgatz, Waldemar Wiwianka, and Paul Zimmermann. *MuPAD User's Manual*. Wiley, 1996.

[56] Benno Fuchssteiner and Klaus Gottheil, editors. *mathPAD*, volume 4, Universität-GH Paderborn, 33095 Paderborn, November 1994.

[57] Benno Fuchssteiner and Waldemar Wiwianka, editors. *mathPAD*, volume 3, Universität-GH Paderborn, 33095 Paderborn, March 1993.

[58] Benno Fuchssteiner, Waldemar Wiwianka, Klaus Gottheil, Andreas Kemper, Oliver Kluge, Karsten Morisse, Holger Naundorf, Gudrun Oevel, and Thorsten Schulze. *MuPAD Benutzerhandbuch*. Birkhäuser Verlag, Basel, 1993.

[59] Benno Fuchssteiner, Waldemar Wiwianka, Klaus Gottheil, Andreas Kemper, Oliver Kluge, Karsten Morisse, Holger Naundorf, Gudrun Oevel, and Thorsten Schulze. *MuPAD User Manual (to appear)*. Birkhäuser Verlag, Basel, 1995.

[60] Benno Fuchssteiner, Waldemar Wiwianka, Klaus Gottheil, Andreas Kemper, Oliver Kluge, Karsten Morisse, Holger Naundorf, Gudrun Oevel, and Thorsten Schulze. *MuPAD Tutorial*. Birkhäuser Verlag, Basel, 1994.

[61] D. Gelernter. Generative communications in linda. *ACM Transactions on Programming Languages and Systems*, 7(1):80–112, January 1985.

[62] D. Gelernter. Getting the job done. *BYTE*, November 1988.

[63] D. Gelernter, N. Carriero, S. Chandran, and S. Chang. Parallel programming in linda. In D. Degroot, editor, *1985 International Conference on Parallel Processing*, pages 255–263, 1985.

[64] Adele Goldberg and Dave Robson. *SMALLTALK-80 the language*. Addison-Wesley, Reading, Massachusetts, USA, 1989.

[65] Adele Goldberg and Dave Robson. *SMALLTALK-80 the language and its implementation*. Addison-Wesley, Reading, Massachusetts, USA, 1989.

[66] Klaus Gottheil. Axiome, kategorien und domains. *mathPAD*, 3(2):25–30, November 1993.

[67] Klaus Gottheil. Die mupad-sprache kurzgefaßt. *mathPAD*, 3(1), March 1993.

[68] Klaus Gottheil. Axioms, categories and domains. *mathPAD*, 4(1):24–29, March 1994.

[69] Klaus Gottheil. The language in brief. *mathPAD*, 4(1), November 1994.

[70] Radu Grosu and Bernhard Rumpe. Concurrent timed port automata. Technical Report TUM-I9533, TU München, October 1995.

[71] Radu Grosu and Ketil Stølen. A model for mobile point-to-point data-flow networks without channel sharing. In M. Wirsing, editor, *AMAST'96*, Lecture Notes in Computer Science. Springer-Verlag, 1996.

[72] L. Gunaseelan and Richard J. LeBlanc Jr. Distributed eiffel: A language for programming multi-granular distributed objects on the clouds operating system. ftp://helios.cc.gatech.edu/pub/papers/dist_eiffel.ps.Z.

[73] J. R. Gurd, P. M. C. C. Barahona, A. P. W. Böhm, C. C. Kirkham, A. J. Parker, J. Sargeant, and I. Watson. Fine-grain parallel computing: The dataflow approach. In P. Treleaven and M. Vanneschi, editors, *Future Parallel Computers*, volume 272 of *Lecture Notes in Computer Science*, pages 82–152, Berlin, June 1986. Springer-Verlag.

[74] S. Habert, L. Mosseri, and V. Arossimov. Cool: Kernel support for object-oriented environments. In *Proc. of European Conf. on Object-Oriented Programming and ACM Conf. on Object-Oriented Programming: Systems, Languages and Applications*, pages 269–277, 1990.

[75] Robert H. Halstead and jr. New ideas in parallel lisp: Language design, implementation, and programming tools. In G. Goos and J. Hartmanis, editors, *Parallel Lisp: Languages and Systems*, volume 441 of *Lecture Notes in Computer Science*, pages 2–57. Springer-Verlag, June 1989.

[76] C. Hewitt. Viewing control structures as patterns of passing messages. *Journal of Artificial Intelligence*, 8(3), 1977.

[77] C. A. R. Hoare. *Communicating Sequential Processes*. Series in Computer Science. Prentice Hall, 1985.

[78] Fridolin Hofmann. *Formale Methoden zur Verhaltensbeschreibung verteilter Systeme*, pages 37–56. BI Wissenschaftsverlag, Mannheim, 1992.

[79] Kohei Honda and Mario Tokoro. On asynchronous communication semantics. In M. Tokoro, O. Nierstasz, and P. Wegner, editors, *Object-Based Concurrent Computing, ECOOP '91 Workshop*, volume 612 of *Lecture Notes in Computer Science*, pages 21–51. Springer-Verlag, July 1991.

[80] Ivo Van Horebeek and Johan Lewi. *Algebraic Specification in Software Engineering: An Introduction.* Springer-Verlag, 1989.

[81] Meichun Hsu and Va-On Tam. Transaction synchronization in distributed shared virtual memory systems. Technical Report TR-05-89, Harvard University, Center for Research in Computing Technology, 1989.

[82] C. Huizing and R. Gerth. Semantics of reactive systems in abstract time. In J.W. de Bakker, C. Huizing, W.P. de Roever, and G. Rozenberg, editors, *Real-Time: Theory in Practice*, volume 600 of *Lecture Notes in Computer Science*, pages 291–314. Springer-Verlag, 1991.

[83] Y. Ichisugi and A. Yonezwa. Exception handling and real time features in an object-oriented concurrent language. In A. Yonezawa and T. Ito, editors, *Concurrency: Theory, Language, and Architecture*, volume 491 of *Lecture Notes in Computer Science*, pages 92–109, Berlin, September 1989. Springer-Verlag.

[84] Yuuji Ichisugi, Satoshi Matsuoka, and Akinori Yonezawa. Rbcl: A reflective object-oriented concurrent language without run-time kernel. In *Proc. of ISMA '92 Int. Workshop on Reflection and Meta-Level Architecture*, 1992.

[85] Yutaka Ishikawa and Mario Tokoro. Orient84/k: An object-oriented concurrent programming language for knowledge representation. In Akinori Yonezawa and Mario Tokoro, editors, *Object-Oriented Concurrent Programming*, Computer Systems Series, pages 159–198. The MIT Press, 1987.

[86] D. Janssens and G. Rozenberg. Graph grammar-based description of object-based systems. In J.W. de Bakker, W. P. de Roever, and G. Rozenberg, editors, *Foundations of Object-Oriented Languages*, volume 489 of *Lecture Notes in Computer Science*, pages 341–404, Berlin, May 1990. REX School, Springer-Verlag.

[87] Richard D. Jenks and Robert S. Sutor. *axiom The Scientific Computation System.* Springer-Verlag, 1992.

[88] Mark P. Jones. Functional programming with overloading and higher-order polymorphism. In Johan Jeuring and Erik Meijer, editors, *Advanced Functional Programming*, volume 925 of *Lecture Notes in Computer Science*, pages 97–136. Springer-Verlag, May 1995.

[89] Bengt Jonsson. A fully abstract trace model for dataflow networks. In *Sixteenth Annual ACM Symposium on Principles of Programming Languages*, pages 155–165. ACM Press, 1989.

[90] Gilles Kahn. The semantics of a simple language for parallel processing. In *Information Processing 74*, pages 471–475, 1974.

[91] R. E. Kalman, P. L. Falb, and M. A. Arbib. *Topics in Mathematical System Theory.* International Series in Pure and Applied Mathematics. McGraw-Hill Book Company, New York, 1969.

[92] Wilhelm Kämmerer. *Einführung in mathematische Methoden der Kybernetik.* Akademie-Verlag, Berlin, 1974.

[93] Morry Katz and Daniel Weise. Continuing into the future: On the interaction of futures and first class continuations. In G. Goos and J. Hartmanis, editors, *Parallel Lisp: Languages and Systems*, volume 441 of *Lecture Notes in Computer Science*, pages 101–102. Springer-Verlag, June 1989.

[94] Sonya E. Keene. *Object-Oriented Programming in COMMON LISP: A Programmer's Guide to CLOS.* Addison-Wesley / Symbolics Press, 1988.

[95] Paul H. J. Kelly. *Functional programming for loosly-coupled multiprocessors.* Pitman Publishing, 128 Long Acre, London, UK, 1989.

[96] Andreas Kemper. *Mehrdimensionale Fast Rule Filterautomaten (To appear).* Phd thesis, Universität Paderborn.

[97] Carl Kesselman and K. Mani Chandy. Cc++ a declarative concurrent object oriented programming language. Technical Report CS-TR-92-01, California Institute of Technology, 1992.

[98] Bjørn Kirkerud. *Object-Oriented Programming with Simula.* International Computer Science Series. Addison-Wesley, Bonn, BRD, 1989.

[99] Cornel Klein, Bernhard Rumpe, and Manfred Broy. A stream-based mathematical model for distributed information processing systems – syslab system model –. In Elie Naijm and Jean-Bernard Stefani, editors, *FMOODS'96 – Formal Methods for Open Object-based Distributed Systems*, pages 323–338, 1996.

[100] Oliver Kluge. *Parallelverarbeitung und Werkzeuge zur Vereinfachung der Programmierung in Computeralgebrasystemen(To appear).* Phd. thesis, Universität Paderborn, Germany.

[101] Hans Wilhelm Knobloch and Huibert Kwqkernaak. *Lineare Kontrolltheorie.* Springer-Verlag, 1985.

[102] Ron Koymans. *Specifying Message Passing and Time-Critical Systems with Temporal Logic*, volume 651 of *Lecture Notes in Computer Science*. Springer-Verlag, Berlin, 1992.

[103] Kai Li and Paul Hudak. Memory coherence in shared virtual memory systems. In *Proc. of 5th ACM Symp. on Principles of Distributed Computing*, August 1986.

[104] Henry Lieberman. Concurrent object-oriented programming in act. In Akinori Yonezawa and Mario Tokoro, editors, *Object-Oriented Concurrent Programming*, Computer Systems Series, pages 9–36. The MIT Press, 1987.

[105] Klaus-Peter Löhr. Concurrency annotations for reusable software. *Communication of the ACM*, 36(9):81–89, 1993.

[106] Cristina Videira Lopes and Karl J. Lieberherr. Abstracting process-to-function relations in concurrent object-oriented applications. In Mario Tokoro and Remo Pareschi, editors, *ECOOP '94 – Object-Oriented Programming*, volume 821 of *Lecture Notes in Computer Science*, pages 81–99, Berlin, July 1994. Springer-Verlag.

[107] Nancy A. Lynch and Mark R. Tutle. An introduction to input/output automata. *CWI Quarterly*, 2(3):219–246, September 1989.

[108] C. MacHale, B. Walsh, S. Baker, and A. Donelly. Evaluating synchronization mechanisms: The inheritance matrix. Technical Report TCD.DS.92.18, Trinity College, Dublin, 1992.

[109] Ole Lehrmann Madsen, Birger Møller-Pedersen, and Kristen Nygaard. *Object-Oriented Programming in the BETA Programming Language*. Addison Wesley, 1993.

[110] G. Marchesini and S. K. Mitter, editors. *Mathematical Systems Theory*, volume 131 of *Lecture Notes in Economies and Mathematical Systems*. Springer-Verlag, 1975.

[111] Hidehiko Masuhara, Satoshi Matsuoka, and Akinori Yonezawa. An object-oriented concurrent reflective language for dynamic resource management in highly parallel computing. In *IPSJ SIG Notes, 94-PRG-18*, pages 57–64, 1994.

[112] Satoshi Matsuoka. *Language Features for Re-use and Extensibility in Concurrent Object-Oriented Programming Languages*. Doktorarbeit, Department of Information Science, The University of Tokyo, 7-3-1 Hongo, Bunkyo-ku, Tokyo 113, Japan, April 1993.

[113] Satoshi Matsuoka, Kenjiro Taura, and Akinori Yonezawa. Highly efficient and encapsulated re-use of synchronization code in concurrent object-oriented languages. In *ACM OOPSLA '93*, September 1993.

[114] Satoshi Matsuoka, Takuo Watanabe, Yuuji Ichisugi, and Akinori Yonezawa. Object-oriented concurrent reflective architecture. In M. Tokoro, O. Nierstasz, and P. Wegner, editors, *Object-Based Concurrent Computing, ECOOP '91 Workshop*, volume 612 of *Lecture Notes in Computer Science*, pages 211–226. Springer-Verlag, July 1991.

[115] Satoshi Matsuoka and Akinori Yonezawa. Metalevel solution to inheritance anomaly on concurrent object-oriented languages. In *Proc. of the ECOOP/OOPSLA '90 Workshop on Reflection and Metalevel Architectures in Object-Oriented Programming*, October 1990.

[116] Ciaran McHale. *Synchronisation in Concurrent, Object-oriented Languages: Expressive Power, Genericity and Inheritance*. PhD thesis, University of Dublin, Trinity College, Dublin, Ireland, October 1994.

[117] M. D. Mesarović, D. Macko, and Y. Takahara. *Theory of Hierarchical, Multilevel, Systems*, volume 68 of *Mathematics in Science and Engineering*. Academic Press, 1970.

[118] M. D. Mesarović and Y. Takahara. *General Systems Theory: Mathematical Foundations*, volume 113 of *Mathematics in Science and Engineering*. Academic Press, 1975.

[119] M.D. Mesarović and Y. Takahara. *Abstract Systems Theory*, volume 116 of *Lecture Notes in Control and Information Science*. Springer-Verlag, 1989.

[120] Jose Meseguer. Solving the inheritance anomaly in concurrent object-oriented programming. In Oscar M. Nierstrasz, editor, *ECOOP '93 – Object-Oriented Programming*, volume 707 of *Lecture Notes in Computer Science*, pages 220–246, Berlin, July 1993. Springer-Verlag.

[121] José Meseguer and Narciso Marti-Oliet. From abstract data types to logical frameworks. In Egidio Astesiano, Gianno Reggio, and Andrzej Tarlecki, editors, *Recent Trends in Data Type Specification*, volume 906 of *Lecture Notes in Computer Science*, pages 48–80. Springer-Verlag, May 1994.

[122] Torsten Metzner. Computeralgebra auf hetoregenen verteilten systemen (to appear). Diplomarbeit, Universität-Gesamthochschule Paderborn.

[123] Bertrand Meyer. *Object-oriented Software Construction*. Series in Computer Science. Prentice Hall, 1988.

[124] Bertrand Meyer. *Eiffel: The Language*. Object-Oriented Series. Prentice Hall, 1992.

[125] R. Milner. Elements of interaction. *Communications of the ACM*, 36(1):78–89.

[126] R. Milner. A proposal for standard ml. In *Proc. of the Symposium on LISP and Functional Programming*, pages 184–197. ACM, 1984.

[127] R. Milner. The polyadic pi-calculus: a tutorial. Technical Report ECS-LFCS-91-180, University of Edingburgh, 1989.

[128] R. Milner. Functions as processes. In *Automata, Language and Programming*, volume 443 of *Lecture Notes in Computer Science*. Springer-Verlag, 1990.

[129] R. Milner, J. Parrow, and D. Walker. A calculus of mobile processes, part i and ii. Technical Report ECS-LFCS-89-85 and 86, University of Edingburgh, 1989.

[130] Robin Milner. *Communication and Concurrency*. International Series in Computer Science. Prentice Hall, 66 Wood Labe End, Hemel Hempstead Hertfordshire, HP2 4RG, 1989.

[131] Michael B. Monagan. *Signatures + Abstract Types = Computer Algebra – Intermediate Expression Swell*. Doctor of philosophy in computer science, University of Waterloo, Ontario, Canada, 1989.

[132] Michael B. Monagan. Gauss: a parameterized domain of computation system with support for signature functions. In Alfonso Miola, editor, *Design and Implementation of Symbolic Computation Systems*, pages 81–94, Berlin, Deutschland, September 1993. DISCO, Springer Verlag.

[133] J. Nagata. *Modern General Topology*, volume 33 of *North-Holland Mathematical Library*. North-Holland, Amsterdam, 2 edition, 1985.

[134] Holger Naundorf. *MAMMUT: Memory Allocation ManageMent UniT (Entwurf und Implementierung einer effizienten parallelen Speicherverwaltung für symbolische Manipulation)*. Diplomarbeit, Universität Paderborn, Germany, 1992.

[135] Holger Naundorf. Threads unter solaris. *mathPAD*, 4(3):20–23, December 1994.

[136] J. Nehmer. Strukturierungskonzepte der sprache lady zur beschreibung verteilter betriebssysteme. In Karl Hubert Glässer, editor, *Verteilte Systeme: Workshop in der GMD am 4.11.1981*, volume 136 of *Berichte der GMD*, pages 99–121. R. Oldenbourg Verlag, 1981.

[137] Van Nguyen, David Gries, and Susan Owicki. A model and temporal system for networks of processes. In *Twelfth Annual ACM Symposium on Principles of Programming Languages*, pages 121–131, 1985.

[138] Nielson and Engberg. A calculus of communicating systems with label passing. Research Report DAIMI PB-208, Computer Science Department, University of Aarhus, 1986.

[139] Gerhard Niemeyer. *Kybernetische System- und Modelltheorie*. Systemstudium Wirtschaftsinformatik. Verlag Franz Vahlen, München, 1 edition, 1977.

[140] Hideaki Okamura and Mario Tokoro. Concurrentsmalltalk-90. FTP.

[141] Randy B. Osborne. Speculative computation in multilisp. In G. Goos and J. Hartmanis, editors, *Parallel Lisp: Languages and Systems*, volume 441 of *Lecture Notes in Computer Science*, pages 103–137. Springer-Verlag, June 1989.

[142] Julian Padget and John Fitch. Closurize and concentrate. In *Twelfth Annual ACM Symposium on Principles of Programming Languages*, pages 255–265, 1985.

[143] Przemyslaw Pardyak and Brian N. Bershad. A group structuring mechanism for a distributed object-oriented language. In *Proceedings of the 14th International Conference on Distributed Computing Systems*, 1994.

[144] Mark P. Pearson and Partha Dasgupta. Clide: A distributed, symbolic programming system based on large-grained persistent objects. ftp://helios.cc.gatech.edu/pub/papers/clide.ps.Z.

[145] B. C. Pierce, D. Remy, and D. N. Turner. A typed higher-order programming language based on the pi-calculus. Technical report, University of Edingburgh, 1989.

[146] U. Ramachandran, M. Ahamad, and M. Y. A. Khalidi. Unifying synchronization and data transfer in maintaining coherence of distributed shared memory. Technical Report GIT-ICS-88/23, Georgia Institute for Technology, School of Information and Computer Science, 1988.

[147] G. M. Reed and A. W. Roscoe. Analysing tm_{FS} : A study of nondeterminism in real-time concurrency. In A. Yonezawa and T. Ito, editors, *Concurrency: Theory, Language, and Architecture*, volume 491 of *Lecture Notes in Computer Science*, pages 36–63, Berlin, September 1989. Springer-Verlag.

[148] Bernhard Rumpe, Cornel Klein, and Manfred Broy. Ein strombasiertes mathematisches modell verteilter informationsverarbeitender systeme – syslab systemmodell –. Technical Report TUM-I9510, TU München, March 1995.

[149] James R. Russel. On oraclizable networks and kahn's principle. In *Seventeenth Annual ACM Symposium on Principles of Programming Languages*, pages 320–328, January 1990.

[150] Ichiro Satoh and Mario Tokoro. A timed calculus for distributed objects with clocks. In Oscar M. Nierstrasz, editor, *ECOOP '93 – Object-Oriented Programming*, volume 707 of *Lecture Notes in Computer Science*, pages 326–345, Berlin, July 1993. Springer-Verlag.

[151] David A. Schmidt. *Denotational Semantics*. Ally and Bacon, 1986.

[152] Dana Scott. Continuous lattices. In A. Dold and B. Eckmann, editors, *Toposes, Algebraic Geometry and Logic*, volume 274 of *Lecture Notes in Mathematics*, pages 97–136. Springer-Verlag, Berlin, January 1971.

[153] Dana Scott. Models for various type-free calculi. In P. Suppes, L. Henkin, A. Joja, and Gr. C. Moisil, editors, *Logic, Methodology and Philosophy of Science IV*, volume 74 of *Studies in Logic and the Foundations of Methematics*, pages 157–188, Amsterdam, 1971. North-Holland Publishing Company.

[154] Dana Scott and Christopher Strachey. Toward a mathematical semantics for computer languages. In Jerome Fox, editor, *Proc. of the Symposium on Computers and Automata*, volume XXI of *Symposia Series*, pages 19–46, Brooklyn, New York, USA, April 1971. Polytechnic Press of the Polytechnic Institute of Brooklyn.

[155] Steffen Seitz. Algebraic computing on a local net. In R. E. Zippel, editor, *Computer Algebra and Parallelism*, volume 584 of *Lecture Notes in Computer Science*, pages 19–31. Springer-Verlag, May 1990.

[156] Bran Selic, Garth Gullekson, and Paul T. Ward. *Real-Time Object-Oriented Modeling*. Wiley, 1994.

[157] Etsuya Shibayama. Sematic layers of object-based concurrent computing. In M. Tokoro, O. Nierstasz, and P. Wegner, editors, *Object-Based Concurrent Computing, ECOOP '91 Workshop*, volume 612 of *Lecture Notes in Computer Science*, pages 119–140. Springer-Verlag, July 1991.

[158] Paul A. G. Sivilotti and Peter A. Carlin. A tutorial for cc++. Technical Report CS-TR-94-02, California Institute of Technology, 1994.

[159] E. D. Sontag. *Mathematical Control Theory*, volume 6 of *Texts in Applied Mathematics*. Springer-Verlag, 1990.

[160] Andreas Sorgatz. Entwicklung einer verwaltung für binärkodeobjekte zur steige-
rung der effizienz und flexibilität von computeralgebra-systemen. Diplomarbeit,
Universität–Gesamthochschule Paderborn, November 1994.

[161] Eugene W. Stark. On the relations computable by a class of concurrent automata.
In *Seventeenth Annual ACM Symposium on Principles of Programming Languages*,
pages 329–340, January 1990.

[162] Peter H. Starke. *Analyse von Petri-Netz Modellen*. Leitfäden und Monographien
der Informatik. Teubner, 1990.

[163] Allen Stoughton. *Fully Abstract Models of Programming Languages*. Research Notes
in Theoretical Computer Science. Pitman, 1988.

[164] Joseph E. Stoy. *Denotational Semantics: The Scott-Strachey Approach to Programming Language Theory*. MIT Press, 1977.

[165] Bjarne Stroustrup. *Die C++-Programmiersprache*. Addison-Wesley, 1992.

[166] Tomoyuki Tanaka. Actor-based reflection without meta-objects. Technical Report
RT-0047, IBM Research, Tokyo Research Laboratory, August 1990.

[167] L. Thomas. Extensibility and reuse of object-oriented synchronization components.
In D. Etiemble and J.-C. Syre, editors, *Proc. of the Parallel Architecture and Language Europe PARLE '92*, volume 605 of *Lecture Notes in Computer Science*, pages
261–275, June 1992.

[168] Laurent Thomas. Inheritance anomaly in true concurrent object oriented languages:
A proposal. In *IEEE TENCON '94*, 1994.

[169] Mario Tokoro and Kazunori Takashio. Toward languages and formal systems for distributed computing. In Rachid Guerraoui, Oscar M. Nierstrasz, and Michel Riveill,
editors, *ECOOP '93 – Object-Based Distributed Programming*, volume 791 of *Lecture Notes in Computer Science*, pages 93–110, Berlin, July 1993. Springer-Verlag.

[170] C. Tomlinson, W. Kim, M. Schelvel, V. Singh, R. Will, and G. Agha. Rosette: An
object-oriented concurrent system architecture. In *Proceedings of the ACM SIG-
PLAN Workshop on Object-Based Concurrent Programming*, volume 23 of *SIG-
PLAN Notices*, pages 91–93, April 1989.

[171] Vasco Vasconcelos and Mario Tokoro. Trace semantics for actor systems. In M. Tokoro, O. Nierstasz, and P. Wegner, editors, *Object-Based Concurrent Computing,
ECOOP '91 Workshop*, volume 612 of *Lecture Notes in Computer Science*, pages
141–162. Springer-Verlag, July 1991.

[172] Felix von Cube. *Was ist Kybernetik?* Carl Schünemann Verlag, Bremen, 1967.

[173] David H. D. Warren and Seif Haridi. Data diffusion machine - a scalable shared
virtual memory multiprocessor. In *Proc. of the International Conf. on Fifth Gene-
ration Computer Systems 1988*, 1988.

[174] Takuro Watanabe and Akinori Yonezawa. An actor-based metalevel architecture for group-wide reflection. In J.W. de Bakker, W. P. de Roever, and G. Rozenberg, editors, *Foundations of Object-Oriented Languages*, volume 489 of *Lecture Notes in Computer Science*, pages 405–425, Berlin, May 1990. REX School, Springer-Verlag.

[175] David A. Watt. *Programming Language Syntax and Semantics*. International Series in Computer Science. Prentice Hall, 1991.

[176] Peter Wegner. Concepts and paradimgs of object-oriented programming. *OOPS MESSENGER*, 1(1):7–87, August 1990.

[177] Peter Wegner. Models and paradigms of interaction. In Rachid Guerraoui, Oscar M. Nierstrasz, and Michel Riveill, editors, *ECOOP '93 – Object-Based Distributed Programming*, volume 791 of *Lecture Notes in Computer Science*, pages 1–32, Berlin, July 1993. Springer-Verlag.

[178] Andrej Wierzbicki. *Models and Sensitive of Control Systems*, volume 5 of *Studies in Automaton and Control*. ELSEVIER, 1984.

[179] Greg Wilson. Improving the performance of generative communication systems by using application-specific mapping functions. In Greg Wilson, editor, *Linda-Like Systems and Their Implementation*, technical report 91-13 11, pages 129–142. Edingburgh Parallel Computing Centre, June 1991.

[180] Martin Wirsing. Algebraic specification. In J. van Leeuwen, editor, *Handbook of Theoretical Computer Science*, pages 676–788. Elsevier Science Publisher, 1990.

[181] Robert Kim Yates. *Semantics of Timed Dataflow Networks*. Phd-thesis, School of Computer Science, McGill University, Montreal, Quebec, Canada, December 1992.

[182] Robert Kim Yates. Networks of real-time processes. In Eike Best, editor, *CONCUR '93, 4th International Conference on Concurrency Theory*, volume 715 of *Lecture Notes in Computer Science*, pages 384–397, Berlin, August 1993. Springer-Verlag.

[183] Robert Kim Yates and Guang Rong Gao. A kahn principle for networks of nonmonotonic real-time processes. In Arndt Bode, Mike Reeve, and Gottfried Wolf, editors, *PARLE '93 Parallel Architectures and Languages Europe*, volume 694 of *Lecture Notes in Computer Science*, pages 209–227, Berlin, June 1993. Springer-Verlag.

[184] Akinori Yonezawa, Etsuya Shibayama, Toshihiro Takada, and Yasuaki Honda. Modelling and programming in an object-oriented concurrent language abcl/1. In Akinori Yonezawa and Mario Tokoro, editors, *Object-Oriented Concurrent Programming*, Computer Systems Series, pages 55–89. The MIT Press, 1987.

[185] Taiichi Yuasa. Premature return – another interpretation of the future construct –. In A. Yonezawa and T. Ito, editors, *Concurrency: Theory, Language, and Architecture*, volume 491 of *Lecture Notes in Computer Science*, pages 210–214, Berlin, September 1989. Springer-Verlag.